南京水利科学研究院出版基金资助

大掺量粉煤灰混凝土耐久性和动力学性能

蒋　鹏　蒋林华　刘　璨　程星燎　著

东南大学出版社
SOUTHEAST UNIVERSITY PRESS
·南京·

图书在版编目(CIP)数据

大掺量粉煤灰混凝土耐久性和动力学性能 / 蒋鹏等著. --南京:东南大学出版社, 2024.12. -- ISBN 978-7-5766-1848-8

Ⅰ. TU528.2

中国国家版本馆 CIP 数据核字第 2024Z61F26 号

责任编辑:魏晓平　责任校对:韩小亮　封面设计:王　玥　责任印制:周荣虎

大掺量粉煤灰混凝土耐久性和动力学性能

Dachanliang Fenmeihui Hunningtu Naijiuxing He Donglixue Xingneng

著　　者: 蒋　鹏　蒋林华　刘　璨　程星燎
出版发行: 东南大学出版社
社　　址: 南京市四牌楼 2 号　**邮编:** 210096
出 版 人: 白云飞
网　　址: http://www.seupress.com
经　　销: 全国各地新华书店
印　　刷: 广东虎彩云印刷有限公司
开　　本: 787 mm×1 092 mm　1/16
印　　张: 11.25
字　　数: 235 千字
版　　次: 2024 年 12 月第 1 版
印　　次: 2024 年 12 月第 1 次印刷
书　　号: ISBN 978-7-5766-1848-8
定　　价: 68.00 元

本社图书若有印装质量问题,请直接与营销部联系。电话(传真):025-83791830

前言

合理使用高掺量粉煤灰混凝土对节能和环保具有重要的经济效益和社会效益，同时可改善和优化混凝土部分性能，符合当今社会绿色、可持续发展理念，在实际工程中具有广阔的应用前景。混凝土的耐久性是建筑工程使用寿命的重要影响因素，其中又以氯离子扩散、硫酸盐侵蚀、冻融作用和碳化最为常见。近年来针对高掺量粉煤灰混凝土耐久性的研究成果颇多，为实际工程的开展提供了宝贵建议。但是目前的研究大部分是在标准养护条件下的试件上进行的，这与实际工况中复杂多变的温度历程不符。目前我国已是世界上混凝土工程规模最大、数量最多、修建技术发展速度最快的国家，未来几年全国各地仍将兴建大量的混凝土工程。因这些工程建设地点和要求的不同，混凝土成型后经历的温度历程不一，如蒸汽养护的先高后低、大体积混凝土内部的先低后高，昼夜交替的高低循环等。因此开展温度历程对高掺量粉煤灰混凝土的耐久性影响研究，对确保工程安全运行、准确预测和提高工程使用寿命具有十分重要的意义。

作为绿色混凝土，大掺量粉煤灰混凝土具有显著的经济效益和社会效益，应用前景广阔。大掺量粉煤灰混凝土的耐久性影响到结构使用安全和寿命，开展大掺量粉煤灰混凝土力学和耐久性能研究对国民经济建设具有重要意义。目前国内外针对大掺量粉煤灰混凝土力学和耐久性能的研究大部分在实验室完成，其试件的养护条件为标准养护，这与实际工况下混凝土所经历的复杂养护模式不符。

本书是笔者及其研究团队近年来关于养护模式对大掺量粉煤灰混凝土力学和耐久性能影响的研究成果总结，针对大掺量粉煤灰混凝土力学和耐久性中常见而又重要的内容，如氯离子扩散、硫酸盐侵蚀、冻融作用、碳化和冲击，研究了养护模式、粉煤灰掺量和氧化镁等因素对上述几种耐久性内容的影响规律，并基于养护模式的影响规律建立或修正了大掺量粉煤灰混凝土耐久性相关性能的预测模型。本书探明了不同养护模式下大掺量粉煤灰混凝土氯离子扩散系数随龄期和成熟度的发展规律，建立了基于成熟度的大掺量粉煤灰混凝土氯离子扩散系数预测模型；探明了不同养护模式下大掺量粉煤灰混凝土的抗硫酸盐侵蚀性能和微观物相及结构演变规律；提出了基于电化学阻抗谱（Electrochemical Impedance Spectroscopy，EIS）的大掺量粉煤灰混凝土冻融损伤程度评价方法和冻融损伤深度计算方法；提出了基于成熟度的大掺量粉煤灰混凝土碳化系数计算方法，建立了基于等效龄期的大掺量粉煤灰混凝土碳化深度预测模型；探明了蒸养大掺量粉煤灰混凝土的动力学特性；开发了石墨烯水泥基复合的力电监测材料，并建立了压力-电阻率模型 $\rho=\rho_0 e^{fF}$。

本书在研究过程中得到了蒋林华教授、储洪强教授、徐金霞教授、方永浩教授、申明霞教授、周泽华教授、宋子健教授的殷切指导，还得到了徐宁高工、朱鹏飞博士、严先萃博士、姜春萌博士、刘璨硕士、程星燎助工的大力支持和帮助，在此对所有作出贡献的老师和学生表示衷心感谢。本书的出版得到了南京水利科学研究院出版基金的资助，在此一并表示感谢。

鉴于笔者水平有限，书中难免出现错漏之处，敬请各位专家和广大读者批评指正。

笔者

2024.6

目　录

第一章　绪　论

1.1　研究背景与意义

混凝土是世界上使用最广泛的人造材料，其产量仍在增加。虽然混凝土的制造使用对社会和经济作出了贡献，但它对环境也有一些不利之处。混凝土工业消耗了大量的硅酸盐水泥，而硅酸盐水泥是由不可再生的自然资源制成的不可再生材料。此外，每生产 1 kg 水泥会排放约 1 kg 的二氧化碳[1]。二氧化碳排放量约占全球二氧化碳排放量的 7%，并将在不久的将来增长到 10%[2]。混凝土工业越来越需要符合环境可持续发展的要求，解决这些问题的方法之一是使用辅助胶结材料替代部分水泥。

近年来随着对气候变暖的日益关注，绿色、低碳胶凝材料的研发及使用成为建筑行业的热点。粉煤灰作为燃煤电厂的副产品，是世界上最有效的辅助胶结材料。据报道，粉煤灰在我国目前的排放量每年已超过 8 亿 t，其中约 70%的粉煤灰被合理使用，50%以上用于混凝土施工。与一些发达国家相比，虽然我国粉煤灰利用率处于前列，但利用水平较低。废弃粉煤灰的排放不仅占用大量土地，也对环境造成了不同程度的污染。因此，任何提高粉煤灰利用率和利用水平的途径与技术都具有重大的环保意义和巨大的经济效益。粉煤灰作为混凝土掺合料用于土木、水利和海洋等工程领域是目前粉煤灰利用的主要途径，不仅经济效益明显，还具有其他材料无法替代的技术优势，特别是作为绿色混凝土的大掺量粉煤灰混凝土的快速发展更具有广阔的应用前景。所以，提高粉煤灰在混凝土中的掺量可以节省水泥，减少水泥生产过程中的能耗和减轻对环境造成的压力，并且改善混凝土某些性能，符合绿色、环保理念，对混凝土材料的可持续发展具有重大意义。然而由于观念上及技术上的问题，粉煤灰在混凝土中的总体利用率一直不高。

1935 年，美国工程师 Davis 等[3]首次开展了粉煤灰混凝土的应用研究。根据其观点，在粉煤灰混凝土中，粉煤灰的作用已由水泥替代品转变为混凝土的基本组分，其使用目的在于提高混凝土的某些性能。至于粉煤灰掺量到达多少才能被称为大掺量，目前世界上还没有一个统一的定义。基于我国近几十年来粉煤灰在混凝土中 15%～30%的取代量而言，掺量超过30%(含30%)的混凝土已经可以被称为高掺量粉煤灰混凝土(High Fly-Ash Content Concrete,HFCC)[4]。然而在大多数国家,粉煤灰的掺量上限一般为40%,因此也有研究者认为掺量超过40%以上的混凝土可以被称为HFCC[5]。另外,还有部分学者认为只有当混凝土中粉煤灰的含量超过水泥,即粉煤灰掺量超过50%时,该混凝土才可以被称为HFCC。

混凝土耐久性影响到结构使用安全和寿命,是工程结构可靠性的重要内涵之一[6],开展混凝土耐久性研究对国民经济建设具有重要意义。近年来针对大掺量粉煤灰混凝土的耐久性研究成果颇多[7-13],也颁布了相关的试验规范,为实际工程的开展提供了宝贵建议。但是目前的研究大部分是在标准养护条件下的试件上进行的,这与实际情况不符。目前我国已是世界上混凝土工程规模最大、数量最多、修建技术发展速度最快的国家,未来全国各地仍将兴建大量的混凝土工程。这些工程因服役地点的不同,建成后经历的养护模式不一,如蒸汽养护的先高后低[14]、大体积混凝土内部的先低后高[15-16]、昼夜交替的高低循环[17-18]等。不同的养护模式将直接影响混凝土性能的发展,现有的混凝土耐久性预测模型在实际应用时有一定的局限性。因此,开展养护模式对大掺量粉煤灰混凝土的耐久性影响研究,对确保工程安全运行、准确预测和提高工程使用寿命具有十分重要的意义。

1.2 国内外研究现状

本书主要研究养护模式对大掺量粉煤灰混凝土耐久性的影响,介绍大掺量粉煤灰混凝土的性能尤其是耐久性能、养护温度对混凝土性能的影响以及氧化镁对粉煤灰混凝土的性能影响三个方面的研究现状。

1.2.1 大掺量粉煤灰混凝土性能

1.2.1.1 和易性

大掺量粉煤灰混凝土具有良好的黏聚性,能减少泌水。大掺量粉煤灰混凝土的和易性与粉煤灰质量、外加剂种类及掺量等因素有关。总体而言,只要大掺量粉煤灰混凝土的配合比恰当,搅拌时间充分,其和易性便能够满足各种不同工程的需要[13]。王怀义等[19]利用外加剂配制水胶比为0.25～0.4,粉煤灰掺量为55%的大掺量粉煤灰混凝土,坍落度均可保持在200～220 mm之间,含气量为5.5%～6.5%。Durán-Herrera等[20]测试了粉煤灰掺量从0%到75%的混凝土在2 h内的坍落度损失,如图1.1所示,结果表明,大掺量粉煤灰混凝土的最终坍落度损失相近，且比低掺量粉煤灰混凝土高50%左右。

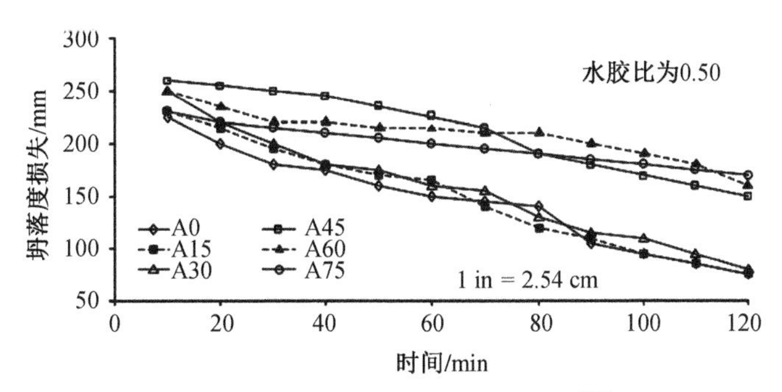

图1.1 粉煤灰混凝土坍落度损失[20]

注：A0、A15、A30、A45、A60、A75分别表示粉煤灰掺量0%、15%、30%、45%、60%、75%的混凝土试样。

近年来，国外许多研究人员在研究大掺量粉煤灰混凝土性能时所得到的坍落度与基准混凝土的变化值汇总如表1.1所示。大部分研究中大掺量粉煤灰使得混凝土坍落度增加，但也有一小部分结果相反。

表1.1 粉煤灰掺量对大掺量粉煤灰混凝土坍落度的影响

粉煤灰掺量/%	变化量/%	文献	粉煤灰掺量/%	变化量/%	文献
50	23.2	Sahmaran等[21]	50/60/70	10.98/15.79/16.54	Sahmaran等[21]
45/50	38.46/53.85	Siddique[22]			
45/55	44.44/66.67	Siddique[23]	50/60/70	11.11/29.63/44.44	Shaikh等[31]
50/60	220/300	Balakrishnan[24]			
50/60	50/25	Yoon等[25]	50/70	9.1/3.64	Duran[32]
50/60	13.64/18.18	Saravanakumar等[26]	50/60/70	54.27/57.32/52.4	Wu等[33]
60	42.86	Shaikh等[27]	55	−5	Sahmaran等[34]
60	7.46	Gesoǧlu等[28]	60	−3.77	Baert等[35]
55/65	13.3/20	Siddique等[29]	60	−2.86	Sua-Iam等[36]
50/60/70	21.43/7.14/0	Jiang等[30]	60/70	−20.39/−22.73	Silva等[37]

1.2.1.2 力学性能

混凝土中掺入粉煤灰后，其早期强度会随掺量的增加而降低，但后期有较大增长[20,31-32,38-50]。典型的粉煤灰掺量对混凝土抗压强度影响[51]如图1.2所示。张扬等[52]研究了粉煤灰掺量为50%、70%和100%的混凝土120 d抗压强度，发现混凝土抗压强度随粉煤灰掺量的增加近似呈抛物线形下降。掺入激发剂可提高大掺量粉煤灰混凝土的强度，激发作用顺序为：Na_2SO_4>$CaCl_2$>NaOH[53]。张雪松[54]将减水剂、早强剂和激发剂用于大掺量粉煤灰混凝土中,使得 3 d 抗压强度(12.9 MPa)达到了基准混凝土抗压强度的 81%,7 d 强度达到了基准混凝土强度 89%,完全可以使大掺量粉煤灰混凝土早期强度达到设计要求。但要注意引气剂的使用,大掺量粉煤灰混凝土的含气量每增加 1%,其抗压强度降低 4%～6%[55]。王祖琦等[56]的研究表明,掺入适量膨胀剂可以明显提高大掺量粉煤灰混凝土的抗压强度。国外也研究了添加超细粉煤灰、纳米氧化硅和纳米碳酸钙等对抗压强度的提升作用[27, 31, 57-61]。

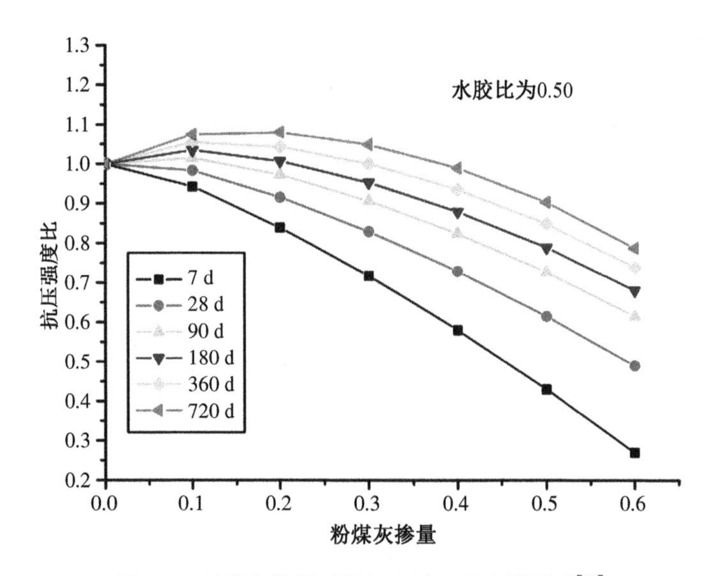

图 1.2　粉煤灰掺量对混凝土抗压强度的影响[51]

大掺量粉煤灰混凝土具有较低的抗剪强度,且粉煤灰掺量越大,强度越低,当有剪切应力存在时易发生脆性破坏[62]。而 Arezoumandi 等[63]得出相反结论,认为 70%掺量的粉煤灰混凝土抗剪强度高于 50%掺量。之后他们进一步研究了总胶凝材料含量分别为 502 kg/m^3 和 337 kg/m^3 的两种混凝土梁,其粉煤灰掺量均为 70%,结果发现,两种梁的抗剪强度差异不大[64]。

1.2.1.3　变形性能

大掺量粉煤灰混凝土的弹性模量随粉煤灰掺量的增加而减小,同时随水胶比的增加而减小[65]。其干缩和徐变要比普通混凝土小,原因是粉煤灰的稀释作用和较低的水化程度使得浆体少而集料和未水化胶凝材料多。周艳[66]的研究表明,大掺量粉煤灰对混凝土的干燥收缩有良好的抑制作用,混凝土干缩率在前期增长较快,后期增长速度减慢,大掺量粉煤灰混凝土 60 d 龄期后干缩基本不再明显发展。郑剑之等[67]也得到了相似的结论,且低烧失量的粉煤灰对混凝土的收缩抑制效果更显著。陈波等[68]进一步研究发现,一级粉煤灰对混凝土收缩的抑制效果明显优于二级粉煤灰。

李飞[69]对大掺量粉煤灰混凝土的徐变进行研究得出结论,在约束条件下,由于粉煤灰减小自收缩及自身约束应力,大掺量粉煤灰混凝土的早期徐变能力高于普通混凝土,有更高的松弛能力。其与普通混凝土的徐变对比如图 1.3 所示。Kristiawan 等[74, 70-71, 75]研究了大掺量粉煤灰自密实混凝土的干缩、自收缩和徐变性能。结果表明,随着粉煤灰掺量的增加,混凝土的干缩和自收缩均降低,当粉煤灰掺量从 35%增加至 55%~65%时,徐变下降了 50%~60%。

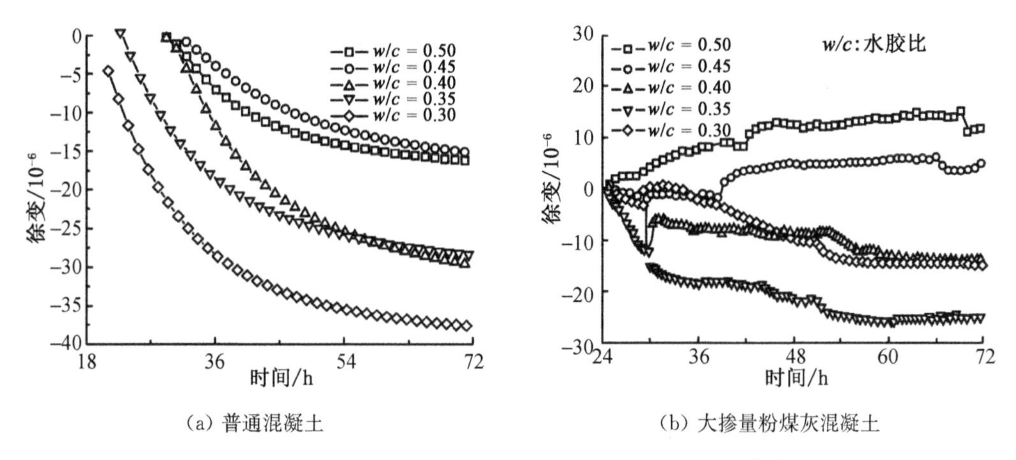

(a) 普通混凝土　　(b) 大掺量粉煤灰混凝土

图 1.3　普通混凝土与大掺量粉煤灰混凝土的徐变[69]

1.2.1.4　耐久性

(1) 氯离子扩散

由氯离子引起的钢筋锈蚀是钢筋混凝土结构在海工环境下或在除冰剂作用下所面临的最重要耐久性问题[73-75]。外部氯离子主要通过以下作用在混凝土中扩散[72,76]:①扩散渗透作用,氯离子在水压和浓度梯度作用下,向水压较低方向随水移动;②吸附作用,氯离子与胶凝材料发生吸附,产生进一步的扩散渗透压力;③毛细作用,氯离子由于毛细管的负压作用被吸收入毛细管溶液后,在湿度梯度作用下与毛细管溶液一起在混凝土中运输;④电化学迁移,氯离子向电位较高的方向迁移。当钢筋表面的氯离子含量达到一定阈值时(氯离子临界浓度),钢筋表面钝化膜就会遭到破坏,发生去钝化现象,并形成电化学腐蚀效应,从而大大加速了钢筋锈蚀速率。冯庆革等[77]的研究表明,粉煤灰的掺入对于改善混凝土抗氯离子扩散性能有明显效果。且水化中后期,火山灰效应的发挥逐渐超过水胶比对强度的影响,成为混凝土抗氯离子扩散性能的主导因素。杨仪等[78]的研究表明,单掺粉煤灰的高性能混凝土,随着粉煤灰掺量的增加,混凝土的抗氯离子渗透能力增强。但当粉煤灰掺量在 50%以上时,混凝土的抗氯离子渗透能力开始明显下降。Kayali 等[79]的研究表明,经过快速氯离子渗透试验后,大掺量粉煤灰混凝土中的总氯离子含量和通过电荷值均大于普通硅酸盐水泥混凝土中值。然而,腐蚀测试又显示,腐蚀电位和腐蚀电流值在掺 50%粉煤灰的混凝土中更小。这说明,从耐蚀性方面看,其性能较好。

为了加快实验进度，增强实验对比效果，提高实验精度，常用施加外加电场的方法来进行氯离子快速渗透实验。杨志伟等[80]及冯庆革等[81]采用电通量方法研究了粉煤灰取代50%～70%的水泥对混凝土中抗氯离子渗透性能的影响，均得出随着粉煤灰掺量的提升，混凝土电通量显著下降，表明抗氯离子渗透性能的显著增强。在杨志伟等[80]的实验中，在掺大量粉煤灰的同时复掺硅灰可以更好地提升混凝土抗渗性能。此外，李飞等[82]、蒋琼明等[83]和彭艳周等[84]的实验也得到了相似的结论。张景华等[85]进行了粉煤灰掺量为0%～60%的混凝土氯离子扩散试验。结果表明，在粉煤灰掺量为30%和40%时，混凝土的氯离子扩散系数小于不掺粉煤灰混凝土；粉煤灰掺量为50%和60%时，混凝土的氯离子扩散系数有所增大，但与不掺粉煤灰混凝土相差不大。另外，当粉煤灰掺量过大时，需要调整合理的砂率来保证混凝土的密实性，从而降低混凝土的氯离子扩散系数。Liu 等[86]研究了养护龄期对于掺粉煤灰混凝土氯离子渗透性能的影响，结果表明，试验后所有混凝土的密度均有增加。在短期养护龄期，低掺量粉煤灰会提高氯离子扩散系数；随着养护龄期的延长，掺粉煤灰混凝土的氯离子扩散系数显著降低，养护龄期28～90 d内氯离子扩散系数的降低量要大于90～180 d内的降低量；氯离子扩散系数与水胶比呈正向线性关系。Dong 等[87]在对掺粉煤灰混凝土进行氯离子扩散试验后，使用电化学阻抗谱(Electrochemical Impedance Spectroscopy，EIS)法对混凝土的电学性质进行了研究，发现掺粉煤灰水泥中氯离子渗透深度与渗透时间的开方呈线性关系。因此，可以通过增加混凝土中粉煤灰的掺量来增加渗透深度。利用EIS方法，可以预测氯离子的穿透深度，且进行的一系列实验表明，氯离子渗透深度的测量误差值可以控制在15%的范围内。

除物理因素外，氯离子在混凝土中的扩散同样伴随着化学作用。文献[88]等说明随着氯离子在混凝土中的运输，部分氯离子会通过吸附在C—S—H凝胶上或形成弗里德尔(Friedel)盐和库泽尔(Kuzel)盐与胶凝材料结合：

$$3CaO \cdot SiO_2 + H_2O \longrightarrow C\text{—}S\text{—}H(gel)$$

$$CSH\text{—}SiO^- + Ca^{2+} \longrightarrow CSH\text{—}SiO^-\ Ca^{2+} \xrightarrow{2Cl^-} CSH - SiO^-\ Ca^{2+}\ 2Cl^-$$

$$C_3A + Ca^{2+} + 2Cl^- + 10H_2O \longrightarrow C_3A \cdot CaCl_2 \cdot 10H_2O\ (\text{弗里德尔盐})$$

$$C_3A + Ca^{2+} + Cl^- + 1/2SO_4^{2-} + 11H_2O \longrightarrow C_3A \cdot 1/2CaCl_2 \cdot 1/2CaSO_4 \cdot 11H_2O\ (\text{库泽尔盐})$$

由于只有孔溶液中的自由氯离子能够导致钢筋锈蚀，氯离子的结合对于其扩散性能和混凝土寿命预测中至关重要。辅助胶凝材料会对氯离子的结合产生影响[89]。粉煤灰由于其中的活性Al_2O_3含量高而促进了弗里德尔盐的形成。于永齐等[90]通过混凝土在氯离子溶液中90 d的自然浸泡实验，发现混凝土中掺加的粉煤灰可以提高其抗氯离子扩散的能力，且其能力随粉煤灰掺量增加而提升。造成这种现象的微观原因有两方面：一是由于火山灰效应消耗了混凝中原有的 $Ca(OH)_2$ 含量，改善了水泥石和集料之间的界面，使混凝土孔级配得到改善，从而增强了混凝土抗渗性能，减弱了氯离子渗透扩散作用；二是产生了更多的低碱度的 C—S—H 凝胶，增强了对氯离子的物理吸附作用，从而减少了自由氯离子数量，提升了抗氯离子性能。Supit 等[91]在混凝土中同时掺入了 40%或 60%粉煤灰以及纳米硅灰，采用压汞法（Mercury Intrusion Porosimetry，MIP）测定了混凝土中的孔隙结构，发现掺加粉煤灰的混凝土中较普通混凝土孔隙分布主要以小孔隙为主，体现了掺粉煤灰导致的孔径减小是提高混凝土抗氯离子渗透的主要原因之一，如图 1.4 所示。Karahan[92]进行了至多 800 ℃高温下的大掺量粉煤灰和矿渣的性能实验。其中，粉煤灰的最大掺量为 90%。他发现，在高温环境下，混凝土的孔隙率显著增大，抗压强度显著减小，70%以下的粉煤灰掺量对于提高抗氯离子渗透性能依然有促进作用，而 90%的粉煤灰掺量则反而会减弱抗氯离子渗透性能。

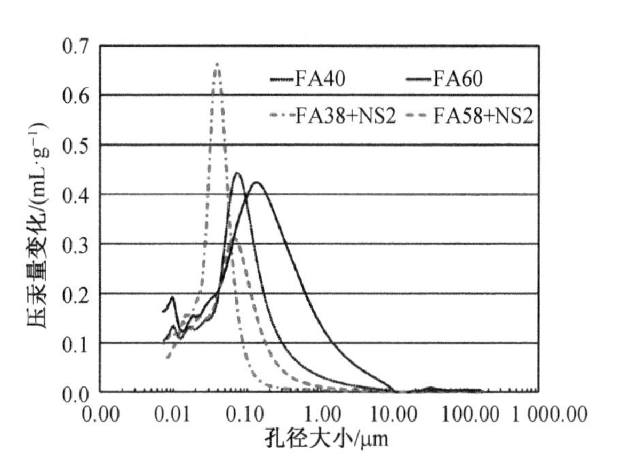

图 1.4 采用 MIP 测定的大掺量粉煤灰混凝土孔径分布结果[91]

Liu 等[86]在考虑氯离子结合的基础上对掺粉煤灰混凝土的抗渗透能力做了进一步探究，发现在海洋大气环境中，混凝土对流区氯离子含量的增加可归因于毛细管吸力和水分蒸发的作用，且这种氯离子的运输不能准确地适用菲克（Fick）第二定律扩散模型；所有的自由、结合和总氯离子的浓度分布具有相似规律；水灰比和粉煤灰掺量对流区的长度影响不大，而对扩散区的氯离子含量影响较大；在自然氯离子扩散情况下，混凝土中掺入粉煤灰有利于氯离子的结合，从而降低了氯离子的扩散系数。Higgins 等[93]对至多 70%粉煤灰掺量的混凝土进行了随时间变化的氯离子结合实验和模型分析，得出了如下结论：水泥-粉煤灰胶凝体系中氯离子结合能力随养护时间和受氯离子扩散时间的延长而增大；由于形成的 C—S—H 凝胶等结构中钙离子可电性吸附氯离子，因此具有高含钙量的粉煤灰会产生更好的氯离子结合能力；考虑到水泥中未水化的铝酸三钙（C_3A）和铁铝酸四钙（C_4AF）两相的化学结合作用以及水泥水化产物和粉煤灰火山灰效应产物的物理结合作用，提出了一个符合实验结果的预测模型。

Wongkeo 等[38]研究了掺 50%～70%高钙粉煤灰和 0%～10%的硅灰的大掺量粉煤灰自密实混凝土，尽管连通孔孔隙率和吸水性都随着粉煤灰掺量增加而增加，其电通量却一直减小。同时使用高钙粉煤灰和硅灰可以提高大掺量粉煤灰自密实混凝土的抗氯离子渗透能力。Dinakar 等[9]采用电通量法研究了大掺量粉煤灰自密实混凝土（粉煤灰掺量分别为 50%、70%和 85%）的氯离子渗透性，结果表明，它们均有很高的抗氯离子渗透能力。

此外，在各方向的进一步研究有：Zhang等[94]进行了二维方向上同时进行氯离子扩散的实验，得出了掺粉煤灰混凝土在弯曲荷载作用下的二维氯离子扩散速率相较一维无荷载扩散要大得多，混凝土结构在大跨度梁边缘位置受氯离子扩散的钢筋锈蚀最为严重。掺入粉煤灰在二维氯离子扩散情形下也有明显的抗氯离子扩散作用，且有助于分散梁的荷载。Shaikh等[8]则更直接地对大掺量粉煤混凝土遭受氯离子扩散后的钢筋锈蚀情况进行了分析，发现在大掺量粉煤灰混凝土中进一步加入纳米二氧化硅和纳米碳酸钙，早期和后期的抗压强度均有所提高，且28 d电通量显著降低，而其中纳米二氧化硅比纳米碳酸钙能够更有效地减少混凝土孔隙率及其在混凝土内部的连通性，从而降低氯离子的渗透能力。纳米二氧化硅和纳米碳酸钙的加入，使得掺粉煤灰混凝土的腐蚀电流随时间的变化较小，且电迁移后得到的钢筋锈蚀损失小于仅掺粉煤灰混凝土，又进一步小于普通混凝土。采用MIP法和热重分析（Thermogravimetry Analysis, TGA）、差热分析（Differential Thermal Analysis, DTA）证实，掺入2%纳米二氧化硅和1%纳米碳酸钙降低了氢氧化钙含量，降低了总毛细管孔隙率和孔径，可以有效防止氯离子扩散导致的钢筋锈蚀和混凝土劣化。另外，Shaikh等[57]又向大掺量粉煤灰混凝土中掺加了8%的超细粉煤灰，最终导致掺40%和60%超细粉煤灰的大掺量粉煤灰混凝土氯离子扩散系数分别下降了50%和25%。

（2）硫酸盐侵蚀

混凝土耐久性的一个主要方面是抗硫酸盐侵蚀的能力。当混凝土暴露于有硫酸盐的水溶液中时，会产生大量石膏和钙矾石或碳硫硅钙石，从而导致水泥浆体的结构改变。与硅酸盐水泥水化产物中的其他离子相比，含铝相水化产物和氢氧化钙更容易受到硫酸盐侵蚀的影响。硫酸根离子与氢氧化钙和铝酸钙水化物反应，产物为石膏、硫铝酸钙（钙矾石），它们的体积比反应前的化合物有所增大。因此，硫酸盐与胶凝材料反应导致膨胀，而膨胀产生的内应力又进一步导致混凝土的破坏。膨胀的机理可以主要理解为：固体体积的增大、拓扑化学反应的膨胀、定向晶体的生长、结晶压力、膨胀现象、渗透压和局部干燥的逆转。此外，硫酸盐在肉眼可见的胶凝材料中侵蚀的主要表现包括剥落、分层、宏观开裂，以及可能的内聚性丧失[95]。当有碳酸盐（如石灰石粉末或大气中的二氧化碳）和硫酸盐同时存在时，就可能形成梭氏体。梭氏体是一种强度很低的矿物，因此它的形成会导致水泥浆体的完全崩解。

混凝土抗硫酸盐化学侵蚀的性能主要取决于水胶比和使用的胶凝材料类型。在使用普通硅酸盐水泥时，随着硅酸三钙含量的降低，水泥的抗硫酸盐性能提高。对于高抗硫酸盐硅酸盐水泥，允许硅酸三钙含量的最大质量分数为5%。虽然高铁酸盐相也能与钙矾石发生反应，但反应速率要低得多，且生成的富铁钙矾石的膨胀率较低。应用中可以采用二次胶凝材料代替水泥，降低胶凝材料的硅酸三钙和氢氧化钙含量，通常为磨细的高炉矿渣和硅质粉煤灰，以提高硅酸盐水泥胶凝材料的抗硫酸盐化学侵蚀性能[96]。采用粉煤灰和磨细高炉矿渣时，细度越高，则孔隙结构越致密，氢氧化钙含量越低，抗硫酸盐侵蚀的能力越强。仅从膨胀率来判断，高炉矿渣水泥的膨胀率大于普通水泥，而实际上高炉矿渣和粉煤灰能够显著提高抗硫酸盐侵蚀性能。其侵蚀机理与普通硅酸盐水泥不完全相同。在含粉煤灰混凝土中，由于孔隙结构较细，硫酸根离子与水泥颗粒表面结合紧密，在硫酸盐过饱和时，单硫酸盐可形成细钙矾石晶体。这种情况在矿渣混凝土中更为明显，因为水化过程中形成的单硫酸盐含量较高，导致混凝土外层显著膨胀并随后剥落。这种效应会导致整体膨胀减少，表面损失增加，尤其是在高水灰比的情况下。因此，膨胀不应是评价混凝土抗硫酸盐侵蚀性能的唯一标准。

以受硫酸盐侵蚀后混凝土的抗压强度来体现混凝土抗硫酸盐侵蚀能力是最常用方法之一。聂宇等[97]使用抗压强度实验发现，粉煤灰混凝土的早期抗压强度较普通混凝土低，但经受硫酸盐侵蚀后的强度损失量却相对较少，表明了粉煤灰对于抗硫酸盐侵蚀具有正面影响，且在混凝土中辅以25%的再生骨料会有更好的效果。Bingöl 等[98]进一步研究了同时掺30%粉煤灰和15%硅灰的情形，得出粉煤灰可以在水化早期就提高混凝土的抗硫酸盐性能，且随龄期增大，火山灰效应会逐渐增强，而硅灰则相对有更好的抗硫酸盐侵蚀性能。苏建彪等[99]考虑到了硫酸盐侵蚀过程中往往伴随着的镁盐侵蚀：除了硫酸根离子引起的膨胀外，镁离子替代钙离子所生产的 M—S—H 几乎无胶凝强度，引起更进一步的混凝土劣化。他们发现，当镁离子浓度小于 3 000 mg/L 时，掺 60%粉煤灰的混凝土对硫酸盐和镁盐双重侵蚀具有良好抵抗性能；浓度为 3 000～6 000 mg/L 时，抵抗作用开始减小；浓度大于 15 200 mg/L时，粉煤灰混凝土也几乎难以抵挡侵蚀。Liu 等[100]也同时考虑了硫酸盐和镁盐的影响，认为 $MgSO_4$ 溶液浸泡中的砂浆逐渐膨胀，抗压强度和抗弯强度在 28 d 前略有增加，但随后迅速下降，灰岩粉和粉煤灰掺量越大，膨胀率越低，强度损失越小，如图 1.5 所示。机理分析表明，砂浆的膨胀和强度损失是由于生成石膏伴随的体积膨胀，以及水泥中 $Ca(OH)_2$ 等产物的损失，含灰岩粉和粉煤灰的砂浆抗硫酸镁性能较高。

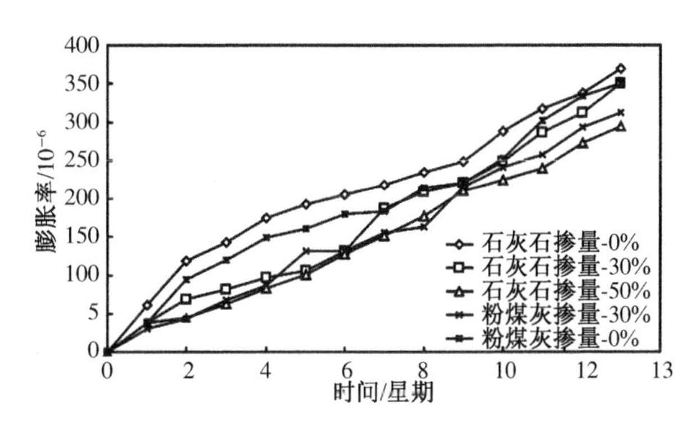

图 1.5 掺粉煤灰和石灰石混凝土受硫酸镁侵蚀后的膨胀情况[100]

Li 等[101]对大掺量粉煤灰混凝土同时进行了硫酸盐侵蚀和冻融循环，并用残余抗压强度和孔隙分布来表征硫酸盐侵蚀破坏情况，得出了对于早期混凝土，无粉煤灰混凝土早期抗压强度大于掺粉煤灰混凝土，且随粉煤灰掺量增加而降低；在养护后期，则抗压强度间的差异显著减小；掺粉煤灰混凝土在冻融循环和硫酸盐侵蚀下的残余抗压强度表现较好；5%硫酸钠溶液在冻融循环中增强了混凝土抗300次冻融循环的能力，而5%硫酸镁溶液在冻融循环初始时，对混凝土劣化有轻微的抑制作用，而后期又加速了混凝土的劣化，如图1.6所示。

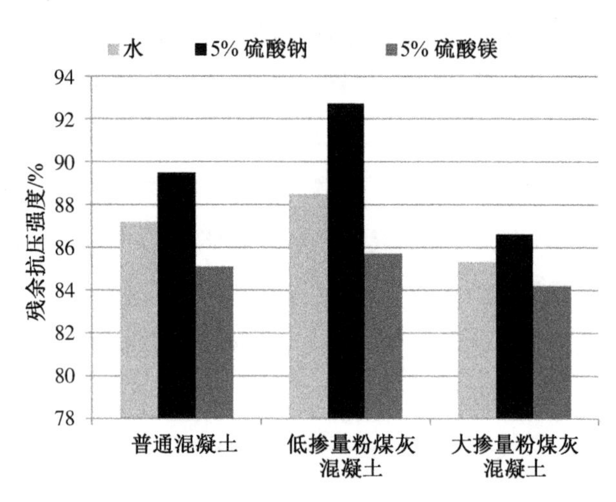

图1.6 普通混凝土、低掺量及大掺量粉煤灰混凝土的残余抗压强度[101]

Yang 等[102]对掺60%粉煤灰的混凝土经受硫酸盐侵蚀后，用抗压强度、X射线衍射和扫描电镜来表征混凝土劣化，发现了掺粉煤灰或复掺粉煤灰和矿渣混凝土的强度损失率远低于普通混凝土，粉煤灰和矿渣可以显著提高胶凝材料的抗硫酸盐侵蚀性能；加入粉煤灰和矿渣后，硫酸盐侵蚀后的强度甚至会高于普通混凝土标准养护条件下的强度。此外，文献[41, 60, 103-105]表明，在粉煤灰混凝土中加入少量硫酸钠有利于提升混凝土抗压强度等性能，一定低浓度的硫酸盐侵蚀反而对混凝土耐久性产生有利影响。

(3) 冻融作用

作为21世纪应用最为广泛的建筑材料，混凝土的耐久性是当今世界的重要研究内容。而由于众多内在、外在因素交叉影响，混凝土耐久性问题变得十分复杂。冻融损伤作为其中较为标志性的一项破坏方式，一直受到研究人员的广泛关注。目前影响混凝土耐久性的影响因素排序来看，冻融作用可以排在第二位。冻融损伤主要是指混凝土处于饱水状态下因冻融循环产生的破坏作用，其方式主要在于冻胀开裂以及表面剥蚀两个方面。目前国际上一般将其看作一个物理作用过程。

多年来，国内外学者对于粉煤灰对混凝土冻融循环破坏影响进行了大量实验研究工作，但结论依旧无法统一。严捍东等[106]在研究粉煤灰掺量与硬化混凝土气泡参数关系时得出，粉煤灰的掺入可以稳定体系中的气泡，虽然两者之间没有明显对应关系，但是粉煤灰的掺入提高了混凝土的抗冻性能。Toutanji 等[107]则在研究不同掺和料混凝土于14 d标准养护情况下采用快冻法研究其抗冻性能时指出，在水胶比不变的情况下，不同掺和料混凝土中掺有粉煤灰的混凝土抗冻性能最差，且随着掺量的提高，其抗冻性能迅速下降。班瑾等[108]则在研究不同含气量情况下粉煤灰混凝土抗冻性能时发现，当粉煤灰掺量低于30%时，混凝土抗冻性低于普通硅酸盐混凝土，但随着混凝土内含气量不断增加，粉煤灰混凝土的抗冻性能不断提高。当含气量高于5%时，其抗冻性能已优于不掺粉煤灰的普通混凝土。杨文武[109]也在研究中指出，粉煤灰的掺入会减少混凝土内部的含气量，若体系内部具有足够的含气量，其掺入对于抗冻性能劣化不大。

王鹏等[110]认为随着粉煤灰掺量的增加，混凝土的抗冻性能呈下降趋势，粉煤灰掺量为60%时，粉煤灰混凝土的质量损失率较小及相对动弹模量在90%以上，抗冻性能最佳，且随着龄期的增长，抗冻性能得到提高。王怀义等[19]研究发现，当加入引气剂并控制合适的含气量和养护龄期延长至60 d时，粉煤灰掺量为55%的混凝土抗冻性能可满足混凝土抗冻等级F500级的要求。秦子鹏等[111]发现等强度配制条件下，粉煤灰混凝土的抗冻融性和冻后自愈合能力以及抗渗性能随粉煤灰掺量的增大并未明显减弱；当水胶比为0.35、粉煤灰掺量为50%时，混凝土的力学性能、抗冻融性能和抗渗性能均较突出。陆建飞[112]研究发现，水胶比相同时，极限平均气泡间距系数值随着粉煤灰掺量的增加呈现出先增长后衰减的变化，其最高点对应的粉煤灰掺量随着水胶比的增大而减小。最大静水压力值在冻融循环中呈现出应线性增长的形式，其增长加速度值随着粉煤灰掺量的增加以二次函数的程度不断加快，即增长速度逐渐变大。当粉煤灰掺量大于60%时，其加速度值明显变大。

(4) 碳化

混凝土的抗碳化性能也是其众多耐久性能中备受关注的一项评价指标。在实际工况环境中，混凝土构件一旦发生碳化，其内部孔溶液pH值会不断下降，并由表层逐渐发展至内部。当碳化现象发展至钢筋表面时，钢筋表面的碱性保护环境遭到破坏。若此时水分和氧气等锈蚀条件充分，钢筋即可产生锈蚀，导致混凝土构件承载力下降，最终产生破坏。该类破坏现象之普遍、后果之严重，使得混凝土的抗碳化研究一直是混凝土耐久性能研究的一个重要分支。

关于粉煤灰对混凝土碳化影响方面的研究，目前也有了诸多成果。粉煤灰的掺入没有使得混凝土的碳化机理产生根本性改变，但其使得机理变得更加复杂，且诸多研究人员得出的结论也不甚相同。大多数学者认为，粉煤灰的掺入会使得混凝土的抗碳化性能减弱，究其原因乃是其体系中“贫钙”现象的出现。这种说法首次由Goñi等[113]于20世纪90年代提出，主要体现在两个方面：①粉煤灰的取代导致体系中的水泥含量降低、水化产物减少、抗碳化能力减弱；②粉煤灰的火山灰效应，即粉煤灰会与水泥的水化产物$Ca(OH)_2$发生二次水化，消耗体系中$Ca(OH)_2$的含量，降低体系抗碳化能力。刘斌[114]、朱艳芳等[115]研究者对不同粉煤灰掺量的混凝土进行28 d标准养护后，再进行28 d快速碳化试验，结论均表明，混凝土的抗碳化能力随着粉煤灰掺量的增加而产生下降。高任清等[116]则对粉煤灰混凝土再标样 28 d 后进行自然碳化试验，试验结果也表明粉煤灰的掺入会加速混凝土的碳化过程。

然而，也有不少研究人员持相反的意见，即粉煤灰的掺入并不会降低混凝土的抗碳化能力。在他们看来，粉煤灰等掺和料的加入，会优化混凝土的孔径结构，使混凝土变得更加密实，阻碍 CO_2 的侵入，从而在一定程度上提高构件的抗碳化能力[117]。蔡跃波[118]认为，当代混凝土中，由于 $Ca(OH)_2$ 过多，其定向排列的结晶体往往会在骨料界面处大量聚集，形成薄弱区，导致混凝土耐久性能减弱。粉煤灰等掺和料的加入，除物理方面的形态与微集料效应外，其与 $Ca(OH)_2$ 反应产生的低钙硅比的水化硅酸钙凝胶反而更加稳定与致密，对于混凝土内部孔隙的填充和优化作用更为明显，反而会改善混凝土的多项耐久性能。钱觉时等[119]通过对 3 种粉煤灰掺量混凝土在 28 d 标准养护后进行快速碳化试验发现，粉煤灰对于混凝土抗碳化性能的减弱只能代表其早期影响，后期由于密实度的提高，其快速碳化试验并不能完全反映出来。

陈金平[120]经过试验研究认为，大掺量粉煤灰混凝土的抗碳化能力随粉煤灰掺量的增加而减弱，并且低于不掺粉煤灰混凝土抗碳化能力。降低水胶比、掺激发剂和长期养护能提高其抗碳化能力。大掺量粉煤灰混凝土经长期养护后，其抗碳化能力有很大提高，且粉煤灰掺量越大，提高作用越明显。张小燕等[121]认为，粉煤灰掺量和水胶比是大掺量粉煤灰混凝土碳化反应的重要影响因素。粉煤灰掺量一定时，水胶比小的混凝土碳化深度在任何龄期都低于水胶比大的混凝土碳化深度。当水胶比为 0.35 时，混凝土后期碳化深度增长幅度也不大，满足工程要求。大掺量粉煤灰混凝土要保证工程耐久性的要求，水胶比应低于 0.4。宋少民等[122]研究发现，水胶比为 0.34～0.40、粉煤灰掺量为 40%～60%的大掺量粉煤灰混凝土 28 d 抗碳化能力良好，碳化深度低于 10 mm。当粉煤灰掺量超过 60%时，在低 CO_2 浓度情况下，也很容易碳化[123]。

1.2.2 养护温度对混凝土性能的影响

若把温度从 20 ℃提高到 30 ℃，硅酸盐水泥水化反应速度将提高 2 倍以上[124]。可见，温度是胶凝材料水化反应速度的重要影响因素，尤其是对粉煤灰的水化反应。而胶凝材料的水化速度影响到微观结构和孔结构发展，决定了混凝土后期的宏观力学性能以及耐久性能。目前对大掺量粉煤灰混凝土的各项性能研究绝大部分是采用实验室标准养护下的混凝土作为对象，忽略了实际工程中由于环境温度和水化温升等养护模式的作用。

实际工程中常见的养护模式有蒸汽养护、室外自然养护和大体积混凝土水化温升等形式。蒸汽养护是为了满足工程需求，使混凝土在早期采用高温养护，以快速获得强度。室外自然养护是实际工程最常见的养护方式，养护温度随当地气温变化，特点是养护温度夏季高、冬季低，白天高、夜晚低，循环往复，图 1.7 是 Liu 等[18]研究的混凝土的温度响应时测到的混凝土温度随时间的变化情况。大体积混凝土水化温升是由于胶凝材料水化放热和混凝土较差的热扩散性能共同作用，出现早期快速升高，长时间内保持较高温度，然后缓慢下降的过程。例如二滩大坝混凝土内部温度高于 25 ℃的时间超过了 50 d，最高温度达到了 33 ℃[125]。

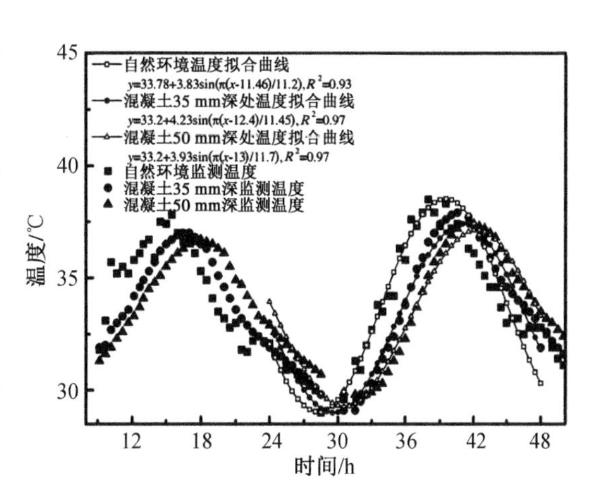

图 1.7 自然环境下混凝土不同深度处温度随时间变化[18]

养护温度对混凝土力学性能影响早在 20 世纪 60 年代便得到认同，在高温养护下，混凝土强度发展会出现交叉效应。相比标准养护，高温养护下的混凝土强度早期高、后期低，发生倒缩。对于目前掺入粉煤灰的混凝土甚至是大掺量粉煤灰混凝土而言，高温养护是否具有同样的影响作用还没有统一认识，但大部分研究认为，掺入粉煤灰可抵消或完全消除温度负效应。

Klausen 等[126]在研究现实环境养护温度对混凝土 28 d 和 91 d 龄期强度及弹性模量影响时指出，环境温度养护会普遍降低混凝土的抗压强度及弹性模量。然而，当混凝土掺有粉煤灰时，其强度和弹性模量在环境温度养护时却得到了相应提高。Yan 等[127]根据混凝土绝热温升曲线对粉煤灰混凝土进行早期温度匹配养护，研究其粉煤灰掺量对于混凝土强度的影响。结果表明，温度匹配养护下混凝土抗压强度均高于标准养护下的试件强度，且掺有粉煤灰的试件强度发展更好。Han 等[128]在研究 20 ℃标准养护、50 ℃高温养护及温度匹配养护对高强度混凝土的性能影响时发现，高温及温度匹配养护会持续提高含有矿物掺合料混凝土的强度、化学结合水含量及细化其孔结构，但是对于普通硅酸盐混凝土的长期强度和孔结构发展则会有不利的影响。另外，3 种养护方式下混凝土的性能在龄期不断增长的情况下会逐渐趋于一致，标准养护方式对于混凝土长期性能的反映依旧具有一定的参考价值。

Bentz 等[129]在研究低温养护条件（25 ℃以下）对于水泥基材料强度增长时发现，掺有 10%石粉的水泥浆体在 10 ℃养护下的 7 d 抗压强度反而会高于 23 ℃养护下的试件。该强度的增长与其在温度影响下碳酸盐水化产物的形成有着密切的联系。Munaf 等[130]研究了不同粉煤灰掺量、水灰比混凝土在 3 种养护温度（环境温度、40 ℃和 60 ℃）下的力学性能变化情况，结果表明：较高的养护温度提高了混凝土的早期强度，但降低了其后期强度；粉煤灰的掺入对于高温下混凝土新拌和及硬化浆体的物理力学性能均有改善效果；同时，研究人员还根据强度及劈裂抗拉强度结果提出了相关数学预测模型。Bougara 等[131]则在研究不同水灰比(0.30、0.40 和 0.45)、矿物掺量(30%、50%和 70%)和矿渣细度(250 m^2/kg、310 m^2/kg、410 m^2/kg 和 500 m^2/kg)的混凝土在 3 种养护温度下(20 ℃、40 ℃和 60 ℃)的水化行为和强度发展时指出,掺有细度为 310 m^2/kg 的矿渣及养护温度为 40 ℃对于混凝土的强度发展最为有利。Wang 等[132]研究了不同水化程度下不同养护温度(20 ℃、40 ℃和 60 ℃)对水泥净浆孔结构与强度,以及对混凝土强度和渗透性能的影响。研究发现,高温对于水泥净浆孔结构和强度具有负面影响,但是在水化程度较高时,该负面影响较小。对于混凝土而言,较高的养护温度会降低其强度,但是对于其抗氯离子渗透性能则影响不大。Li 等[133]在研究早期高温养护(40 ℃、60 ℃和 80 ℃)对混凝土抗碳化性能的影响时发现,由于胶凝材料水化行为及程度的影响,试件的抗碳化性能随着养护温度的升高呈现非线性变化。其抗碳化性能随温度升高起初会逐渐提高,但当养护温度超过 60 ℃时则会急剧下降。然而,不论养护温度如何,试件的抗碳化性能均随龄期的增长而提高,但矿物掺合料的掺入会降低混凝土的该项性能。Pichler 等[134]研究了不同温度(15～70 ℃)恒温养护下混凝土试件的抗压强度发展。另外,试验测量得出了水泥水化动力学相关参数以及与强度发展之间的相关关系,最终提出了多尺度预测混凝土强度的改进模型。Soutsos 等[135]在研究不同养护温度(10 ℃、20 ℃、30 ℃、40 ℃和 50 ℃)下掺有矿渣及粉煤灰的砂浆强度变化规律时发现,较高的温度对砂浆早期强度有益,但对于长期强度有不利影响。同时,在结合试验结果的基础上,他们还验证了成熟度公式对于强度预测的准确性,并指出基于成熟度理论提出的诺斯-索尔(Nurse-Saul)公式和阿伦尼乌斯(Arrhenius)公式均高估了试件的后期强度发展。之后,Soutsos 等[136]更是深入研究了成熟度预测模型与实际试验结果的相关性,结果表明所有的模型对于高温下混凝土的长期强度发展均会出现高估现象,需要在以后的成熟度理论研究中考虑该现象的影响以提高其准确度。

Upadhyaya 等[137]采用了一种以成熟度理论为基础的方法预测了大掺量粉煤灰混凝土在高温养护下的强度发展。结果表明,运用标准养护方法往往会低估粉煤灰混凝土早期强度发展,高温养护强度结果的相关性则会有提升。Han 等[138]在研究两种水灰比(0.3 和 0.6)及两种粉煤灰掺量(0%和 30%)的混凝土在不同养护温度下的强度变化时指出,在养护温度较低时,早龄期及较低成熟度的粉煤灰混凝土的强度发展不如普通硅酸盐混凝土;养护温度较高时,无论龄期及成熟度如何,粉煤灰混凝土的强度发展都优于低温时期。Xu 等[39]研究了在不同养护温度下,大掺量矿渣及粉煤灰混凝土早期水化进程及力学性能。研究结果表明,矿渣和粉煤灰的掺入在早期可以加速水泥的水化,但是当掺量超过 55%时会显著减缓水化进程。同时,结果表明,在使用成熟度理论预测早期强度发展时,对于含有大掺量矿物掺合料的混凝土需要考虑其掺合料带来的系统活化能的改变并引入相关参数以保证强度预测的准确度。Mi 等[139]在成熟度理论的基础上，考虑了养护温度及湿度的耦合作用并引入了新的湿度相关参数。此后，通过不同温湿度养护环境下的混凝土断裂试验，该参数得到修正并用于建立新的成熟度模型。研究结果发现，新模型能够更好地预测混凝土在不同温湿度养护下抗裂性能的发展情况。另外，较低的养护湿度在降低温度对于混凝土抗裂性能影响的同时，还会导致温度交叉效应出现的时间提前。

Zhao 等[140]研究了两种粉煤灰含量(35%和 80%)混凝土在两种温度养护方式下(绝热和温度匹配养护)的抗裂性能发展情况。结果显示，混凝土在温度匹配养护下相比于绝热养护具有较好的抗裂性能，且较高的粉煤灰掺量会带来更好的早期抗裂性能。Shen 等[141]研究了养护温度对于高性能混凝土早期自收缩及抗裂性能的影响。研究结果显示，养护温度对于混凝土早期收缩性能具有较大影响，较高的养护温度会导致较大的自收缩。Shen 等根据试验结果提出了高性能混凝土自收缩预测模型，同时也指出开裂温度与残余应力是混凝土抗裂试验中的主要评价因素。Fang 等[142]研究了碱激发粉煤灰矿渣混凝土在实际环境温度养护下力学性能的发展情况。试验主要研究了不同配比下，该混凝土在环境温度下的和易性、凝结时间、强度、劈裂抗拉强度和动弹模等。Almuhsin 等[143]对间断性养护及环境温度养护下粉煤灰混凝土的抗压强度发展进行了相关研究。研究结果显示，在环境温度高于 40 ℃情况下，间歇性养护相比于持续养护，在节约能源的同时，对于试件强度的发展有着促进作用。

Jonsson 等[144]研究了温度匹配养护方式下高强度混凝土的抗冻融及盐蚀性能发展情况。试验结果显示，温度匹配养护方式下的混凝土试件的抗盐蚀循环次数相比于标准样减少了 7～63 次，但是其抗冻融循环次数却高于相关标准试件。Al-Assadi 等[145-146]在探究养护情况及引气剂对于混凝土冻融循环破坏结果之间的关系时，采用多种控制条件(温度、湿度和含气量)研究模拟试件在经历夏季恶劣养护环境又经历冬季冻融循环前后的力学性能、微细观结构的变化。结果显示，良好的养护条件、适量引气剂的掺入对于试件的孔结构、抗冻融及力学性能的发展有着积极的作用。Mardani-Aghabaglou 等[147]则在类似研究的基础上，对于试件在冻融循环前后的水化进程、渗氧性能、氯离子扩散及渗水性能做了进一步的研究工作。Yang 等[148]研究了多种因素耦合下混凝土抗盐蚀及冻融性能的发展变化，包括了温度、预养护试件、含气量及粉煤灰掺量。结果显示，不掺粉煤灰混凝土在高温养护条件下的抗盐蚀及冻融性能不及标准养护下的试件，且随着温度的提高和预养护时间的减少，性能更加劣化。然而，随着含气量和粉煤灰掺量的提高，高温下试件的该两种性能会得到显著提高。Tian 等[149]在快冻法的基础上，研究了养护温度、循环参数等对于高性能混凝土试件抗冻性能的影响。结果表明，较高的升温速率、恒温养护温度及时间会降低混凝土的抗冻融性能，而提高冻融间隔时长对其抗冻性能则有积极效果。Liu 等[150]在研究不同样温度下外加剂对于混凝土抗冻性能影响时发现，当养护温度较低时，聚羧酸型减水剂相比于萘系减水剂对于混凝土的抗冻性能提高更有效，而在 SJ－2 引气剂加入后，抗冻性能的提高更加明显。当养护温度过高时，掺有外加剂的混凝土抗冻性则不会有提高。Zhang 等[151]研究了不同含气量的混凝土在低温养护下（3 ℃）的孔结构和抗冻性能，并与标准养护下的试件相对比。结果表明，当含气量较高时，低温养护下的混凝土相比于标准养护下孔径分布更加一致，内部孔结构得到明显提升。

Zhang 等[152]研究了高温养护下（60 ℃和 80 ℃），高矿物掺合量混凝土的强度、抗氯离子渗透性能。研究结果表明，提高养护温度对于不掺粉煤灰混凝土的孔结构及长期抗氯离子性能有不利影响，但是大掺量的矿渣及粉煤灰则能消除这种不利影响。So 等[153]研究了温度对于混凝土抗氯离子渗透性能的影响。结果显示，随着温度的上升，混凝土的氯离子渗透系数明显提高。另外，系数的对数与温度的倒数之间存在一定的线性相关关系。Al-Alaily 等[154]研究了钢筋混凝土在 3 种养护温度及 4 种养护龄期下的抗氯离子渗透性能，试验测量了氯离子临界值、pH 值、半电池点位、质量损失及裂缝宽度值等。结果表明，23 ℃左右养护 28 d 的混凝土试件抗氯离子渗透性能最为良好，且目前的快速试验法对于混凝土的各项腐蚀行为的评估均非常有效。

较多研究人员已经认识到养护温度对粉煤灰混凝土各种性能的影响，采用各种不同的养护模式展开相关研究，但养护方式仍比较单一，缺乏系统性。Maltais 等[155]研究温度对粉煤灰砂浆或混凝土强度发展时，采用的是不同恒温。考虑到实际工况下现场混凝土养护所经历的养护模式与实验室不同，温度匹配养护（Temperature Matched Curing）方式被提出。阎培渝等[124]采用温度匹配养护研究了大体积混凝土中钙矾石（AFt）的分解和延迟生成。宁逢伟[156]研究了基于实际养护模式的大坝混凝土抗裂性能。钱文勋[157]在其博士学位论文中采用温度匹配方式系统研究了大掺量粉煤灰水化及其碱环境稳定性。目前对采用养护模式养护的大掺量粉煤灰混凝土的耐久性还缺乏研究。

1.2.3 氧化镁对粉煤灰混凝土性能的影响

氧化镁膨胀技术对于目前大体积混凝土收缩补偿而言是一个较为新颖的方法。其发展历程较短，距研究人员首次提出也不足 50 年。其主要原理是氧化镁膨胀相水化生成 $Mg(OH)_2$，混凝土孔溶液中的 OH^- 和其他阳离子阻碍产物 $Mg(OH)_2$ 向外扩散，使其主要在反应物原位或周边区域内生长，从而挤压周围浆体产生膨胀来补偿混凝土在硬化过程中产生的体积收缩，减少形变与裂缝的产生。与传统膨胀剂（以钙矾石和氢氧化钙为主要膨胀相）相比，该膨胀剂的优点非常明显，如氧化镁水化过程需水量小，产物 $Mg(OH)_2$ 的性质稳定，整个膨胀过程调控性能优异等。实践证明，用氧化镁产生的膨胀来补偿收缩能有效防止大体积混凝土的热裂，降低温度控制成本，加快施工进度。此外，还可以通过改变煅烧条件来设计氧化镁的膨胀性能。

在膨胀剂氧化镁的类型选择中，目前根据烧结温度的不同，主要可以分为轻烧、一般与死烧氧化镁。轻烧氧化镁(烧结温度为 800～1 000 ℃)因其晶格缺陷较多、水化速率较快，一般用于补偿混凝土早期的体积收缩；一般氧化镁(烧结温度约为 1 100 ℃)由于晶体生长速率慢，一般常用于混凝土后期收缩补偿中，在大体积水工结构中较为常见；死烧氧化镁(烧结温度约为 1 450 ℃)则由于其活性非常低，体积膨胀试件长达数年，极易引起延迟膨胀导致构件开裂，因此需要加以控制，一般不予使用。

混凝土中使用的氧化镁主要来源于菱镁矿、蛇纹石、白云石等煅烧工业副产品[158]。Gao 等[159]报道，随着我国化肥或建材需求的增长，白云石、蛇纹石、菱镁矿等无机固体废弃物的累积量急剧增加。这些固体材料中有 45%～65%作为废物被丢弃。因此，加强对它们的利用是一项紧迫任务。在中国，氧化镁已经在许多大坝中用于补偿冷却期的热收缩。众多研究人员也对掺入氧化镁后混凝土的力学性能、变形性能和耐久性能做出了充分研究。

国内对于 MgO 的膨胀效应研究始于 1970 年开始修建的白山重力坝。在坝体建设过程中无意使用了含有 MgO 的水泥，意外地使大坝在极大温差作用下的裂缝极为少见，在数十年的使用过程都没有产生渗漏现象，补偿收缩效果极佳。在后期研究中，相关人员才发现这是由于当初水泥原料中含有 2%～4% MgO。水泥熟料中较多的方镁石在早期高温下水化进程加快，生成 $Mg(OH)_2$，在混凝土降温过程中补偿器收缩应力，减少了大坝裂缝的产生[160]。此后，李承木等[161-162]也通过实验证明 MgO 体积变形的持续稳定性。

因掺入氧化镁可降低混凝土水化热，减小大体积混凝土温裂风险，粉煤灰与氧化镁联合应用成为防止大坝混凝土开裂的一种有效、经济的方法。陈胡星等[163]研究了粉煤灰对氧化镁水泥的膨胀作用，结果表明，随着粉煤灰掺量的增加，水泥膨胀率将减小。Gao 等[164]在研究氧化镁对粉煤灰混凝土自生体积变形时发现，粉煤灰可抑制氧化镁对混凝土产生的膨胀量，且粉煤灰掺量越大，抑制效果越明显。李维维等[165]研究了粉煤灰对掺入氧化镁后混凝土的压蒸膨胀变形影响，认为氧化镁掺量越大，粉煤灰对混凝土的压蒸膨胀率的抑制作用越明显。

目前对掺氧化镁的混凝土硫酸盐侵蚀和碳化等耐久性已有较多研究[166-168]，而氧化镁对粉煤灰混凝土的耐久性影响还比较少见。Choi 等[169]系统研究了外掺 5%轻烧氧化镁对粉煤灰掺量为 20%的混凝土的碳化、冻融、氯离子扩散和硫酸盐侵蚀影响研究。结果表明，掺入氧化镁降低了粉煤灰混凝土后期的孔隙率，从而提高了抗压强度和测试的各项耐久性内容。迄今为止，关于氧化镁对大掺量粉煤灰混凝土的耐久性影响研究还处在起步阶段。

1.3 有待研究的问题

国内外学者对大掺量粉煤灰混凝土的性能进行了大量研究工作，其中一些研究者已经注意到养护温度对大掺量粉煤灰混凝土的工作性能和力学性能的影响。然而相关研究仍存在许多不足之处，已有研究采用的养护温度比较单一，缺乏对不同养护模式影响的系统性研究，且对大掺量粉煤灰混凝土耐久性的影响研究还比较少见，相关的耐久性寿命预测模型缺乏考虑养护模式影响的验证以及修正。笔者认为有必要对以下几个方面进一步展开研究：

(1) 养护模式对大掺量粉煤灰混凝土氯离子扩散性能的影响。

(2) 养护模式对大掺量粉煤灰混凝土硫酸盐侵蚀性能的影响。

(3) 养护模式对大掺量粉煤灰混凝土冻融性能的影响。

(4) 养护模式对大掺量粉煤灰混凝土碳化性能的影响。

(5) 养护模式对大掺量粉煤灰混凝土力学性能的影响。

1.4 研究内容

基于大掺量粉煤灰混凝土耐久性和力学性能的研究现状，针对现有研究中存在的不足，笔者认为有必要对养护模式造成的影响开展进一步的研究，探明养护模式对大掺量粉煤灰混凝土耐久性的影响规律，提出考虑养护模式影响的耐久性表征方法，建立考虑养护模式影响的大掺量粉煤灰混凝土耐久性预测模型。本书围绕“养护模式对大掺量粉煤灰混凝土耐久性和力学性能影响研究”这一主题，针对大掺量粉煤灰混凝土常见而又重要的耐久性内容，如氯离子扩散、硫酸盐侵蚀、冻融作用和碳化，探明养护模式、粉煤灰掺量和氧化镁等因素对上述 4 种耐久性内容的影响规律，并建立考虑养护模式影响的相关耐久性能预测模型，为实际工况下大掺量粉煤灰混凝土结构的寿命预测提供依据；针对混凝土服役时遭受的静态和动态荷载，探明蒸汽养护对大掺量粉煤灰混凝土冲击性能的影响；研究开发混凝土构件动态荷载及残余应力传感器元件，实现实时监测与评估。

本书主要开展以下 5 个方面的研究。

(1) 养护模式对大掺量粉煤灰混凝土氯离子扩散性能影响研究

开展不同养护模式和粉煤灰掺量对大掺量粉煤灰混凝土的氯离子扩散性能影响研究，探明不同养护模式下大掺量粉煤灰混凝土氯离子扩散系数随龄期和成熟度的发展规律，建立基于成熟度的大掺量粉煤灰混凝土氯离子扩散系数预测方法。

(2) 养护模式对大掺量粉煤灰混凝土抗硫酸盐侵蚀性能影响研究

开展不同养护模式、粉煤灰掺量和氧化镁对硫酸盐侵蚀作用下大掺量粉煤灰砂浆或混凝土的抗压强度和线性膨胀变化规律影响研究，分析侵蚀前后其物相组成和微观形貌演变规律。

(3) 养护模式对大掺量粉煤灰混凝土冻融损伤性能影响研究

开展不同养护模式、粉煤灰掺量和氧化镁对冻融作用下大掺量粉煤灰混凝土的相对动弹性模量变化和 EIS 法测试结果影响研究，提出基于 EIS 的大掺量粉煤灰混凝土冻融损伤程度评价方法和冻融损伤深度计算方法。

(4) 养护模式对大掺量粉煤灰混凝土碳化性能影响研究

开展不同养护模式和粉煤灰掺量对大掺量粉煤灰混凝土的粉煤灰水化反应程度、碳化深度和碳化系数影响研究，揭示大掺量粉煤灰混凝土粉煤灰水化反应程度与成熟度的关系、大掺量粉煤灰混凝土碳化系数与成熟度的关系以及碳化系数与抗压强度的关系，建立基于成熟度的大掺量粉煤灰混凝土碳化深度预测模型。

(5) 养护模式对大掺量粉煤灰混凝土力学性能影响研究

采用分离式霍普金森压杆(Spilt Hopkinson Pressure Bar，SHPB)试验等方法，研究蒸汽养护下大掺量粉煤灰混凝土的动态抗压强度、动态应力-应变关系和比能量吸收等性能，研究不同蒸汽养护制度和添加剂掺量对大掺量粉煤灰混凝土动力学性能的影响，研究开发混凝土构件动态荷载及残余应力传感器元件。

第二章　原材料与试验方法

2.1　原材料

试验使用的原材料有水泥、粉煤灰、氧化镁、拌和水、减水剂、引气剂、细集料等。

2.1.1　水泥

水泥为南京海螺水泥有限公司生产的 P·Ⅱ 42.5 水泥。水泥的各项性能指标达到了国家标准《通用硅酸盐水泥》(GB 175—2007)的要求，其化学组成及物理性能分别如表 2.1 和表 2.2 所示。

表 2.1　水泥的化学组成　　单位：%

组分	CaO	SiO_2	Al_2O_3	Fe_2O_3	MgO	SO_3	Na_2O	K_2O	TiO_2	MnO_2	P_2O_5	LOI
含量	63.45	21.60	5.19	4.31	0.92	1.08	0.21	0.53	0.14	0.10	0.05	1.20

表 2.2　水泥的物理性能

密度 /($g\cdot m^{-3}$)	比表面积 /($m^2\cdot kg^{-1}$)	标准稠度用水量/%	凝结时间		3 d 强度		28 d 强度	
			初凝 /min	终凝 /min	抗压 /MPa	抗折 /MPa	抗压 /MPa	抗折 /MPa
3.18	360	25.5	138	220	26.2	5.1	50.2	7.4

2.1.2　粉煤灰

粉煤灰为南京华贸电力实业有限责任公司生产的江山牌Ⅱ级粉煤灰，粉煤灰的化学组成及物理性能分别如表 2.3 和表 2.4 所示。

表 2.3　粉煤灰的化学组成　　单位：%

组分	CaO	SiO_2	Al_2O_3	Fe_2O_3	MgO	SO_3	Na_2O	K_2O	TiO_2	MnO_2	P_2O_5	LOI
含量	3.84	47.44	29.82	4.73	0.70	0.83	1.36	0.43	1.38	—	0.26	4.56

表 2.4　粉煤灰的物理性能　　单位：%

项目	《用于水泥和混凝土中的粉煤灰》(GB/T 1596—2017)			测定值
	Ⅰ级	Ⅱ级	Ⅲ级	
细度(45 μm 方孔筛筛余)	≤12	≤30	≤45	20
需水量比	≤95	≤105	≤115	101
烧失量	≤5	≤8	≤10	4.56
含水量	≤1			0.12

2.1.3　氧化镁

氧化镁为江苏博特新材料有限公司生产的轻烧氧化镁，其化学组成如表 2.5 所示。

表 2.5　氧化镁的化学组成　　单位：%

组分	CaO	SiO_2	Al_2O_3	Fe_2O_3	MgO	SO_3	Na_2O	K_2O	TiO_2	MnO_2	P_2O_5	IL
含量	21.42	11.21	1.65	1.32	63.30	—	—	—	—	—	—	1.10

2.1.4　氧化钙

采用普通氧化钙和纳米氧化钙作为添加剂，含量均在 95%以上。

2.1.5　硅粉

硅粉中 SiO_2 含量在 85%以上，平均粒径为 0.2 μm 左右，比表面积为 26.4 m^2/g，其化学组成如表 2.6 所示。

表 2.6　硅粉的化学组成　　单位：%

组分	SiO_2	Al_2O_3	Fe_2O_3	MgO	Na_2O	CaO
含量	85～95	1.1±0.1	0.9±0.2	0.7±0.1	1.3±0.2	0.3±0.1

2.1.6　石墨烯

石墨烯粉末购于深圳市国森领航科技有限公司，经物理剥离法制备而成，相关性能指标如表 2.7 所示。

表 2.7　石墨烯的性能指标

纯度/%	层数	单层率/%	片径/μm	径厚比	堆积密度/$(g \cdot cm^{-3})$	比表面积/$(m^2 \cdot g^{-1})$
>98	1～3	>80	7～12	平均 9 500	0.01～0.02	50～200

2.1.7 拌和水

拌和水为南京自来水厂自来水，满足《混凝土用水标准》(JGJ 63—2006)要求。

2.1.8 减水剂

减水剂为南京瑞迪高新技术有限公司生产的萘系高效减水剂，减水剂的减水率大于等于18%。

2.1.9 引气剂

引气剂为南京瑞迪高新技术有限公司生产的松香类引气剂。

2.1.10 分散剂和消泡剂

分散剂为十二烷基苯磺酸钠，消泡剂为有机硅类。

2.1.11 细集料

细集料为天然河砂，产自南京上元门砂厂。河砂的物理性能如表2.8所示，符合标准《普通混凝土用砂、石质量及检验方法标准》(JGJ 52—2006)中Ⅱ区中砂的规定。

表2.8 河砂的物理性能

表观密度/($kg \cdot m^{-3}$)	堆积密度/($kg \cdot m^{-3}$)	细度模数	级配区	含泥量/%
2 600	1 480	3.0	Ⅱ	0.6

2.1.12 粗集料

粗集料是粒径为5～20 mm的二级配碎石，产自南京六合区金牛湖街道。碎石的物理指标如表2.9所示。

表2.9 碎石的物理性能

表观密度/($kg \cdot m^{-3}$)	堆积密度/($kg \cdot m^{-3}$)	空隙率/%	针片状含量/%	压碎值/%	含泥量/%
2 750	1 560	46	3.80	5.20	0.20

2.2 混凝土及砂浆配合比

参考实际工程中常用的配合比，制备混凝土和砂浆两个试样体系。水泥基材料中掺入粉煤灰常用的方式有等量取代水泥法、超量取代水泥法和外加法。本书选用等量取代法，即用粉煤灰代替相同质量分数的水泥。大掺量粉煤灰混凝土的定义为粉煤灰取代量超过

50%的混凝土,故采用50%及70%两个掺量。实际工程中粉煤灰混凝土经常采用10%~40%掺量的粉煤灰,因此选取不掺粉煤灰的混凝土及掺30%粉煤灰的混凝土作为对照组。为确保水泥安定性良好,《通用硅酸盐水泥》(GB 175—2007)规定,硅酸盐水泥中氧化镁含量一般不超过5%。当混凝土中掺入粉煤灰时,由于粉煤灰的特殊效应,氧化镁的膨胀作用会受到抑制[164, 170]。经过试拌尝试,混凝土和砂浆采用的水胶比为0.5,氧化镁掺量为6%(占总胶凝材料质量比),大掺量粉煤灰混凝土减水剂掺量为1%(占总胶凝材料质量比),引气剂掺量为0.1‰(占总胶凝材料质量比),对照组不掺外加剂。

混凝土及砂浆的配合比分别如表2.10和表2.11所示。

表2.10　混凝土配合比

<table>
<tr><th>编号</th><th>水泥
/(kg·m^{−3})</th><th>粉煤灰
/(kg·m^{−3})</th><th>氧化镁
/(kg·m^{−3})</th><th>水
/(kg·m^{−3})</th><th>砂
/(kg·m^{−3})</th><th>碎石
/(kg·m^{−3})</th><th>减水剂
/%</th><th>引气剂
/‰</th></tr>
<tr><td>PC</td><td>400</td><td>—</td><td>—</td><td>200</td><td rowspan="8">540</td><td rowspan="8">1 260</td><td>—</td><td>—</td></tr>
<tr><td>PCM6</td><td>400</td><td>—</td><td>24</td><td>212</td><td>—</td><td>—</td></tr>
<tr><td>FA30</td><td>280</td><td>120</td><td>—</td><td>200</td><td>—</td><td>—</td></tr>
<tr><td>FA30M6</td><td>120</td><td>280</td><td>24</td><td>212</td><td>—</td><td>—</td></tr>
<tr><td>FA50</td><td>200</td><td>200</td><td>—</td><td>200</td><td rowspan="4">1</td><td rowspan="4">0.1</td></tr>
<tr><td>FA50M6</td><td>200</td><td>200</td><td>24</td><td>212</td></tr>
<tr><td>FA70</td><td>120</td><td>280</td><td>—</td><td>200</td></tr>
<tr><td>FA70M6</td><td>120</td><td>280</td><td>24</td><td>212</td></tr>
</table>

表2.11　砂浆配合比

<table>
<tr><th>编号</th><th>水胶比</th><th>胶砂比</th><th>水泥/%</th><th>粉煤灰/%</th><th>氧化镁/%</th></tr>
<tr><td>PC</td><td rowspan="8">0.5</td><td rowspan="8">0.4</td><td>100</td><td>0</td><td>0</td></tr>
<tr><td>PCM6</td><td>100</td><td>0</td><td>6</td></tr>
<tr><td>FA30</td><td>70</td><td>30</td><td>0</td></tr>
<tr><td>FA30M6</td><td>70</td><td>30</td><td>6</td></tr>
<tr><td>FA50</td><td>50</td><td>50</td><td>0</td></tr>
<tr><td>FA50M6</td><td>50</td><td>50</td><td>6</td></tr>
<tr><td>FA70</td><td>30</td><td>70</td><td>0</td></tr>
<tr><td>FA70M6</td><td>30</td><td>70</td><td>6</td></tr>
</table>

2.3　养护模式养护方案

根据实际工况混凝土浇筑后常经历的养护模式,确定4种养护制度来模拟实际养护过程，分别为标准养护、蒸汽养护、室外养护和匹配养护。为了准确分析养护模式对混凝土耐久性的影响，在所有养护过程中均保证相对湿度大于等于 95%。

2.3.1 养护模式养护曲线

（1）标准养护（Standard Curing，SDC）。混凝土及砂浆试件成型后，带模放置在标准养护室。养护室中温度为 20 ℃±2 ℃，相对湿度大于等于 95%。养护 24 h 后脱模继续养护至试验龄期。

（2）蒸汽养护（Steam Curing，SMC）。混凝土及砂浆试件成型后，带模放置在蒸汽养护箱。静停 2 h；升温 2 h，升温速率为 20 ℃/h；恒温 8 h，恒温温度为 60 ℃；降温 2 h，降温速率为 20 ℃/h。蒸汽养护完成后将试件脱模并放置在标准养护室养护至试验龄期。

（3）室外养护（Outdoor Curing，ODC）。混凝土及砂浆试件成型后，带模放置在室外空旷场地。试件表面覆盖草垫，洒水养护，用温湿度计监测试件周围温度湿度。养护 24 h 后脱模继续养护至试验龄期。

（4）温度匹配养护（Temperature Matched Curing，TMC）。混凝土及砂浆试件成型后，带模放置在可程式温度养护箱。按大体积混凝土水化温升曲线设置养护程式。养护 24 h后脱模继续养护至试验龄期。

蒸汽养护、室外养护和匹配养护 3 种养护模式养护曲线分别如图 2.1、图 2.2 和图 2.3 所示。

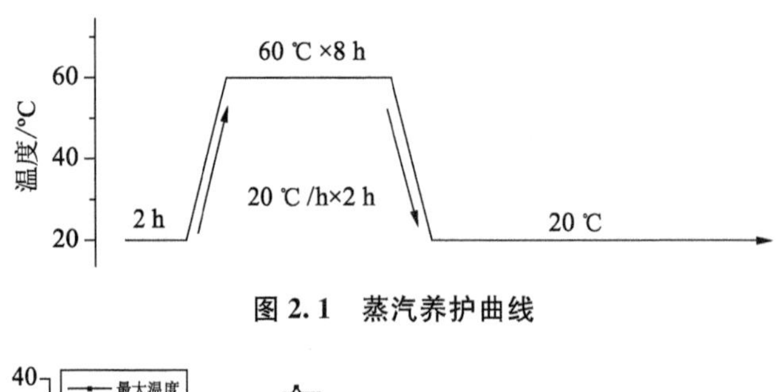

图 2.1 蒸汽养护曲线

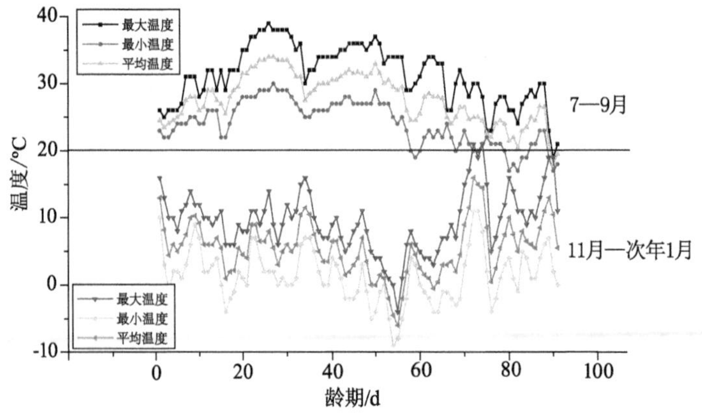

图 2.2 室外养护曲线

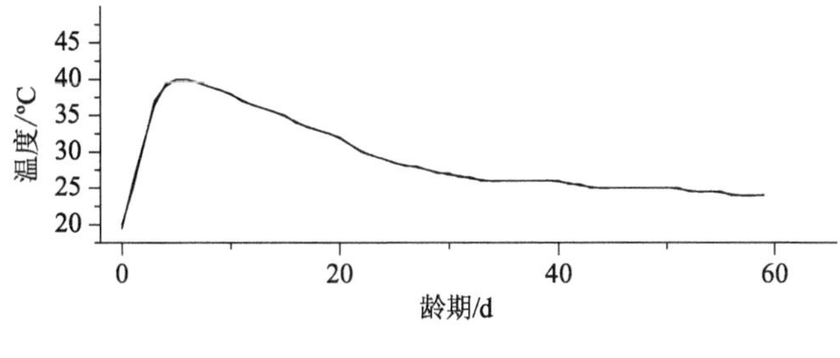

图 2.3　匹配养护曲线

2.3.2　养护曲线成熟度

1951 年，英国学者 Saul[171] 提出混凝土成熟度概念，把温度与时间的乘积定义为成熟度(Maturity)。他认为混凝土配合比一定时，只要成熟度相等，混凝土的强度也是相等的，并提出了成熟度公式：

$$M=\sum_{0}^{t}(T-T_0)\Delta t \tag{2-1}$$

式中：M 为成熟度(℃·d)；t 为养护时间(d)；T 为 Δt 时间内的平均温度(℃)；T_0 为混凝土强度停止增长温度，通常取 0 或 −10 ℃。

取 T_0 为 0 ℃，Δt 为 1 d，将标准养护、室外养护和匹配养护的养护曲线转换成成熟度与龄期的关系曲线，具体如图 2.4 所示。

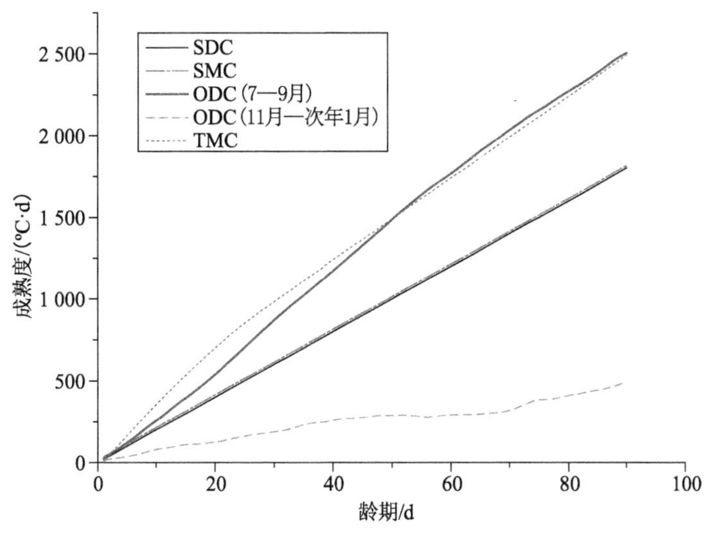

图 2.4　成熟度-龄期曲线

2.4 试验方法

2.4.1 氯离子扩散试验

按照第 2.2 节的配合比制作混凝土或砂浆试件。称取适量原材料使用混凝土自动搅拌机搅拌，砂浆采用行星式自动搅拌机搅拌，将新拌混凝土或砂浆放入尺寸为 φ100 mm×200 mm的 PVC 管模具中成型，适当振动模具使混凝土密实，然后用保鲜膜将表面覆盖。按照第 2.3 节养护模式方案养护至规定龄期，用切割机切除试样顶部和底部，将中间部分制作成尺寸为 φ100 mm×(50±2) mm 的圆饼形试件。

2.4.1.1 非稳态电迁移(RCM)试验

采用非稳态电迁移(Rapid Choride Migration，RCM)法测试混凝土的氯离子扩散系数。试验按照水利行业标准《水工混凝土试验规程》(SL 352—2006)进行，主要步骤如下：

(1) 试件预处理。表面抛光，超声洗浴清理 120 s±20 s，电吹风冷风吹至表面面干。

(2) 试验装置。阴极槽的氯离子扩散源溶液为含 5%NaCl、0.2 mol/L 氢氧化钾溶液，阳极槽为 0.2 mol/L 氢氧化钾溶液。电源采用 30 V 恒压，通电时间由初始电流决定，如表 2.12 所示。

(3) 氯离子扩散深度测试及扩散系数计算。通电结束后立即取出试件擦干，用压力机沿轴向劈开，喷洒 0.1 mol/L 硝酸银溶液，显色后测量氯离子扩散深度。氯离子扩散系数按式(2-2)计算，每个结果至少是三组数据的平均值。

$$D_{RCM}=2.872\times 10^{-6}\frac{T\cdot h(x_d-a\sqrt{x_d})}{t} \tag{2-2}$$

$$a=3.338\times 10^{-3}\sqrt{T\cdot h} \tag{2-3}$$

式中：D_{RCM} 为氯离子扩散系数(m^2/s)；T 为阳极槽电解液初始与结束时的平均温度(K)；h 为试件厚度(m)；x_d 为氯离子扩散深度(m)；t 为通电时间(s)；a 为辅助变量。

表 2.12 初始电流对应的通电时间

初始电流 I_0/mA	通电时间 t/h
$I_0<5$	168
$5\leqslant I_0<10$	96
$10\leqslant I_0<30$	48
$30\leqslant I_0<60$	24
$60\leqslant I_0<120$	8
$120\leqslant I_0$	4

2.4.1.2　氯离子自然扩散试验

为减少粗骨料带来的离散性，采用砂浆试件进行自然浸泡试验，试验主要步骤如下：

(1) 试件预处理及浸泡方法。经由养护模式养护 90 d 后，先将试件进行饱水，然后用环氧树脂密封试件侧面和底面，使浸泡时氯离子发生一维扩散。浸泡溶液采用事先配制好的 0.5 mol/L 氯化钠溶液，为保证试件之间不互相影响，每个试件单独浸泡，并每隔一个月更换一次浸泡溶液。

(2) 试样取粉。砂浆试件在氯化钠溶液中浸泡 3 个月后取出用自来水冲洗，去掉表面溶液，然后自然干燥。用小型混凝土切割机从试件表面每隔 2～3 mm 切取一次并磨成粉，粉样在 60 ℃下真空干燥 24 h。

(3) 氯离子浓度滴定。制作好的粉样分成 2 组，一组测试总氯离子浓度，一组测试自由(水溶)氯离子浓度。测试总氯离子浓度时，称取粉样 1 g，量取稀硝酸溶液 50 mL 放入三角瓶中浸泡 1 d。用滤纸过滤掉不溶物，量取滤液 20 mL，滴入 1 滴酚酞试剂，滴入适量 0.02 mol/L 氢氧化钠溶液至溶液变红以中和过量稀硝酸，再用稀硝酸滴至溶液红色消失，然后进行氯离子滴定。测试自由氯离子浓度时，称取粉样 1 g，量取去离子水 50 mL 放入三角瓶中浸泡 1 d。用滤纸过滤掉不溶物，量取滤液 20 mL，滴入 1 滴酚酞试剂，滴入稀硝酸溶液直至红色消失，确保滤液呈弱酸性，然后进行氯离子滴定。

(4) 氯离子浓度计算。总氯离子浓度和自由氯离子浓度按式(2-4)计算，结合氯离子浓度即为总氯离子浓度与自由氯离子浓度之差。

$$c=\frac{f\cdot M(\mathrm{Cl^-})\cdot c(\mathrm{AgNO_3})\cdot V(\mathrm{AgNO_3})}{m\cdot\dfrac{V_2}{V_1}}\times 100\% \tag{2-4}$$

式中：c 为总氯离子浓度或自由氯离子浓度(%)；f 为溶液稀释因子($f=10$)；M 为氯离子摩尔质量(35.45 g/mol)；$c(\mathrm{AgNO_3})$ 为滴定硝酸银浓度(0.01 mol/L)；$V(\mathrm{AgNO_3})$ 为滴定消耗的硝酸银体积(L)；m 为粉样质量(g)；V_1 为浸泡溶液体积(mL)；V_2 为量取滤液体积(mL)。

2.4.2　硫酸盐侵蚀试验

按照第 2.2 节的配合比制作混凝土或砂浆试件。成型尺寸为 ϕ100 mm×200 mm 的混凝土和砂浆试件，养护至规定龄期后制作成尺寸为 ϕ100 mm×50 mm 的圆柱试件用于吸水性测试。成型尺寸为 100 mm×100 mm×100 mm 的立方体混凝土试件和 40 mm×40 mm×160 mm 的砂浆试件用于抗压强度和质量变化测试。成型尺寸为 25 mm×25 mm×280 mm

的砂浆试件，并在两头安装铜质测头用于线性膨胀测试。试件成型后按照第 2.3 节养护模式方案养护至规定龄期，其中室外养护采用 11 月—次年 1 月养护曲线。

浸泡溶液采用质量分数为 10%的硫酸钠溶液，浸泡方式为全浸泡，浸泡前先将试件饱水，浸泡龄期为 6 个月。为保证浸泡溶液浓度基本稳定，每隔一个月更换一次溶液，并用保鲜膜密封浸泡水槽。对照组试件浸泡在自来水中至相同龄期。

2.4.3 快速冻融试验

按照第 2.2 节的配合比制作混凝土试件。成型尺寸为 100 mm×100 mm×100 mm 的立方体混凝土试件，分别在 4 种养护模式下养护至规定龄期。

快速冻融试验参照水利行业规范《水工混凝土试验规程》(SL 352—2006)进行。试验设备采用苏州市东华实验仪器有限公司生产的 HDK 型混凝土冻融试验机。具体步骤如下：

(1) 将混凝土试件分别在 4 种养护模式下养护至 86 d，放入 20 ℃自来水中浸泡 4 d。取出浸泡完的试件擦干，测试初始质量和初始自振频率，并进行第一次电化学阻抗谱(EIS)测试。

(2) 测试完的试件放入试验盒中，注入自来水，使水面高出试件 20 mm。运行冻融试验机，设定参数为混凝土试件中心温度－19～10 ℃，一次循环时间 2.5～4 h，每隔 25 次循环取出试件擦干进行一次自振频率和电化学阻抗谱(EIS)测试，然后放回试验盒继续进行冻融试验。

2.4.4 碳化试验

按照第 2.2 节的配合比制作混凝土试件。成型尺寸为 100 mm×100 mm×400 mm 的长方体混凝土试件，分别在 4 种养护模式下养护至规定龄期。

加速碳化试验参照水利行业规范《水工混凝土试验规程》(SL 352—2006)进行。试验设备采用苏州市东华实验仪器有限公司生产的 HTX-12X 型混凝土碳化试验箱。具体步骤如下：

(1) 将达到规定龄期的混凝土试件在 60 ℃烘干 48 h，早龄期的混凝土采用低温真空干燥。干燥完的试件只留一个侧面，其余 5 个面用熔化的石蜡密封。

(2) 将密封好的试件放入碳化试验箱，每个测试面之间距离大于 50 mm。调节碳化试验箱参数，保持二氧化碳浓度在 20%±3%，温度在 20 ℃±5 ℃，相对湿度在 70%±5%范围内。

(3) 将达到测试龄期的试件取出，用混凝土切割机沿测试面垂直方向切断试件。一部分用石蜡密封断面继续放回碳化试验箱碳化；另一部分将断面清理干净，吹去粉末，喷洒事先配制好的1%酚酞乙醇溶液，待显色后测量未变色区域深度，精确至1 mm，每个碳化深度至少是10个记录值的平均值。

2.4.5　抗压强度测试

混凝土试件采用电液式压力试验机，加荷速率为0.5～0.8 MPa/s。砂浆试件采用电子万能试验机，加荷速率为0.3～0.5 MPa/s。当试件接近破坏而开始迅速变形时，停止调整油门，直到试件破坏，并记录此时的荷载。试件的抗压强度值 f 按式(2-5)计算。

$$f=\frac{P}{A} \tag{2-5}$$

式中：f 为抗压强度(MPa)；P 为破坏荷载(N)；A 为受压面积(mm^2)。每个结果至少是3组试验的平均值，精确到0.1 MPa。

2.4.6　孔隙率测试

混凝土是一种非均匀的多孔材料，其中连通孔是外部介质侵入混凝土内部的主要通道。测试混凝土孔隙率通常采用两种方法：可蒸发水法和压汞法。压汞法测试的是混凝土中砂浆的孔隙率，测试样品尺寸小且具有随机性，而且随着压力增加，部分封闭孔将变成连通孔。鉴于此，本书采用可蒸发水法测试混凝土的孔隙率，以分析粉煤灰掺量、氧化镁、龄期及成熟度对混凝土早期孔隙率的发展变化影响。可蒸发水法测试混凝土孔隙率的优点在于不会造成人为破坏产生的孔隙率，可以便捷地测出大孔和小孔孔隙率，且和混凝土吸水性有良好的相关性。具体测试方法如下：

(1) 试件达到测试龄期后先进行水饱和处理。擦干试件表面水分，称取水饱和混凝土试件质量。

(2) 将水饱和试件放置在相对湿度为90.7%的干燥器中，干燥器中装有饱和氯化钡溶液，试件悬置在溶液上方，直至质量不再变化后测量试件脱水后的质量。

(3) 将脱水后的试件在105 ℃下烘干，放置在真空干燥器中自然冷却至室温，测量试件烘干后的质量。

混凝土的孔隙率计算公式如下：

$$p=\frac{m_2-m_1}{m_2-m_3}\times 100\% \tag{2-6}$$

式中：p 为混凝土孔隙率(%)；m_1 为试件脱水或干燥后的质量(g)；m_2 为试件水饱和后的质量(g)；m_3 为试件在水中的表观质量(g)。

当为试件脱水质量时，p 为混凝土大孔孔隙率；当为试件干燥后的质量时，p 为混凝土总孔隙率。它们之间的差值为混凝土小孔孔隙率。

2.4.7 线性膨胀率测试

试件成型后用比长仪测试各试件初始长度，精确至 0.001 mm。在各养护模式下养护至 180 d，分别测试 1 d、3 d、7 d、14 d、28 d、60 d、90 d 和 180 d 的试件长度。养护至 180 d 后进行饱水，用比长仪测试各试件的新初始长度，精确至 0.001 mm。从开始浸泡起，每隔 15 d测试一次试件长度。浸泡龄期为 180 d，试件的线性膨胀率用式(2-7)计算。

$$\varepsilon = \frac{l_i - l_0}{l_0} \times 100\% \tag{2-7}$$

式中：ε 为试件线性膨胀率(%)；l_i 为测试龄期 i 时的试件长度(mm)；l_0 为试件初始长度(mm)。结果精确至 0.001%。

2.4.8 相对动弹性模量测试

相对动弹性模量按式(2-8)计算。

$$P_n = \frac{f_n^2}{f_0^2} \times 100\% \tag{2-8}$$

式中：P_n 为 n 次冻融循环后试件相对动弹性模量(%)；f_0 为混凝土试件初始自振频率(Hz)；f_n 为 n 次冻融循环后试件自振频率(Hz)。最终结果至少是三组试验的平均值。

2.4.9 电化学阻抗谱(EIS)测试

将冻融完的混凝土试件取出擦干表面水分并清理干净，用导电铜箔纸作为电极，完全贴住试件两个相对侧面，并接上导线。EIS 测试采用两电极法进行，设备为 PARSTAT 2273 型电化学工作站，使用 PowerSine 模块中的 Default SS 标准模版。测试频率范围为 10～100 kHz，阻抗测试信号采用幅值为 10 mV 的正弦波，对数扫描取点数为 40 个。

2.4.10 粉煤灰水化程度测试

采用苦味酸-甲醇法测试粉煤灰的水化程度，主要步骤如下：

(1) 取规定龄期下混凝土内部试样，仔细剔除粗骨料，磨粉并过 16 μm 筛，60 ℃真空干燥 24 h。精确称取干燥后粉样 1 g 加入 10 g 苦味酸，搅拌 10 min，加入 40 mL 蒸馏水继续搅拌 30 min。

(2) 真空过滤，用甲醇冲洗残渣至褪色，然后用蒸馏水多次冲洗。

(3) 将残渣和滤纸灼烧至恒重。

2.4.11　X射线衍射(XRD)

X射线衍射(X-ray Diffractometer，XRD)测试主要用于分析混凝土的物相组成。XRD样品制备与测试：取混凝土内砂浆碎块，于40 ℃烘干6 h。烘干后的砂浆碎块用磨粉机研磨成粉，并用16 μm筛筛除细集料和大块浆体。过筛后的粉样于60 ℃真空干燥24 h。XRD测试采用德国布鲁克D8-Advance XRD衍射仪进行，电压为40 kV，电流为30 mA，扫描范围为5°～80°，扫描速度为10°/min，步长为0.02°。

2.4.12　扫描电镜(SEM)

扫描电镜(Scanning Electron Microscope，SEM)测试主要用来分析混凝土的微观形貌及微观结构。SEM测试样品取XRD测试中砂浆碎块，挑选1 cm^2大、5 mm厚的薄片。测试设备采用日立S-3400N扫描电子显微镜，加速电压设为15 kV。

2.4.13　热重-差示扫描量热(TG-DSC)分析

热重-差示扫描量热(Thermogravimetric-Differential Scanning Calorimetry，TG-DSC)分析测试样品同XRD测试粉样。测试设备采用德国耐驰热分析仪，加热范围为30～800 ℃，升温速率为10 K/min。

第三章　养护模式对大掺量粉煤灰混凝土氯离子扩散性能影响研究

3.1　引言

氯离子侵入引发的钢筋锈蚀造成的混凝土结构耐久性问题非常严重，造成了巨大的经济损失。确保氯盐环境中钢筋混凝土结构的耐久性依然是目前面临的严峻挑战，因此合理评估氯离子的侵入性能是确保氯盐环境中钢筋混凝土结构耐久性的首要任务。

本章围绕养护模式对大掺量粉煤灰混凝土氯离子扩散性能的影响，系统开展了养护模式对大掺量粉煤灰的氯离子传输特性及传输机理的研究。通过RCM法测试了不同养护模式下不同粉煤灰掺量的混凝土早期氯离子扩散系数与龄期和成熟度的关系，通过自然浸泡法测试分析了养护模式和粉煤灰掺量对砂浆长期的氯离子扩散性能的影响。采用XRD和SEM微观测试手段分析了氯离子在大掺量粉煤灰混凝土中的扩散机理，同时研究了不同养护模式下大掺量粉煤灰混凝土的抗压强度和孔结构，分析了其与氯离子扩散性能之间的关联性，为钢筋混凝土结构的耐久性设计以及寿命预测模型的建立提供理论基础。

3.2　试验

配合比及试件制作按第二章进行，由于试验在夏季完成，室外养护采用7—9月的养护曲线。制作混凝土试件以用于RCM试验，制作砂浆试件以用于自然浸泡试验。

3.3　非稳态电迁移(RCM)试验结果与分析

3.3.1　养护模式和粉煤灰掺量对氯离子扩散系数的影响

粉煤灰掺量分别为0%、30%、50%和70%的混凝土在4种养护模式下养护至28 d和

60 d 的氯离子扩散系数如图 3.1 所示。由图 3.1 可见，随着粉煤灰掺量的增加，氯离子扩散系数先减小后增大。28 d 龄期粉煤灰掺量为 50%时氯离子扩散系数最小，而 60 d 龄期粉煤灰掺量为 30%和 50%的混凝土氯离子扩散系数相当。相比较而言，粉煤灰掺量为 70%的混凝土虽然在养护 28 d 时有较大的氯离子扩散系数，当养护至 60 d 时有明显改善。

同时可以看出，养护模式对掺 0%和 30%粉煤灰的混凝土在 28 d 时的氯离子扩散系数影响不大。因为在此龄期下，占胶凝材料主要的水泥水化程度均较高。当养护至 60 d 时，不掺粉煤灰混凝土氯离子扩散系数出现了“倒缩”现象，即高的养护模式养护导致混凝土抗氯离子扩散能力降低。而在低掺或高掺粉煤灰情况下，蒸汽养护、室外养护和匹配养护下的混凝土氯离子扩散系数明显小于标准养护，这与粉煤灰的火山灰效应有关。总体而言，大掺量粉煤灰混凝土在后期同样可以获得较低的氯离子扩散系数，较高的养护模式对大掺量粉煤灰混凝土抗氯离子扩散能力有正向影响。

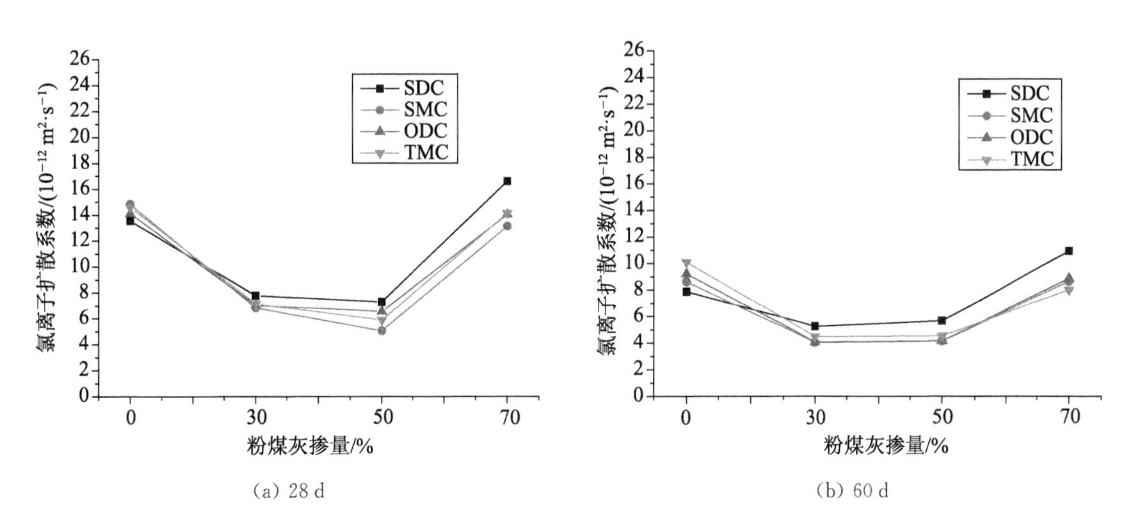

(a) 28 d　　(b) 60 d

图 3.1　不同粉煤灰掺量的混凝土在不同养护模式养护下的氯离子扩散系数

养护模式造成这种情况的原因可从混凝土的抗压强度来解释。一般来说，其他因素相同情况下，强度越高，氯离子扩散系数越小。分别掺 0%、30%、50%、70%粉煤灰的混凝土试件在标准养护、蒸汽养护、室外养护以及匹配养护 28 d 和 60 d 的抗压强度结果如图 3.2 所示。对于不掺粉煤灰的混凝土，相比于标准养护，较高的养护模式会导致混凝土出现早期抗压强度较高而后期低的现象，即所谓的“交叉效应”。图 3.2 中不掺粉煤灰的混凝土在标准养护下养护 28 d 和 60 d 的抗压强度均大于在较高养护模式下养护的混凝土抗压强度。文献[172]中采用不同恒温养护也得到了类似的试验结果。此现象出现的原因目前认为主要是早期高温导致水泥水化速度过快，使得部分水泥颗粒被 C—S—H 凝胶包裹不能水化，导致后期水泥水化程度降低和相对更差的微观结构。相应地，提高养护温度对混凝土的抗氯离子渗透性能也存在此温度负效应。对于掺粉煤灰的混凝土，养护温度的提高可以促进粉煤灰二次水化,降低或消除高温负效应[173]。从图 3.2 可以看出,在 30%、50%、70%这 3 种粉煤灰掺量下,无论养护模式如何,粉煤灰混凝土的抗压强度均随粉煤灰掺量的增加而降低。在同一粉煤灰掺量下,试样的抗压强度从大到小的顺序为 ODC>TMC>SMC>SDC。不同养护模式对低掺量粉煤灰混凝土 28 d 及以后龄期抗压强度的影响不明显。这是由于水泥水化已经较为充分,水泥的进一步水化和粉煤灰火山灰反应提高的强度有限。但对于大掺量粉煤灰混凝土,养护模式对其抗压强度影响较大。例如,粉煤灰掺量为 70%的试样在 SMC、ODC 和 TMC 养护 28 d 后的抗压强度分别比 SDC 养护龄期提高 24.1%、36.8%和 28.1%。这是因为粉煤灰占比重越大,其水化产生的凝胶对强度的贡献越大。粉煤灰二次水化对温度敏感,较高的温度促使水泥水化加快,产生更多 $Ca(OH)_2$。同时粉煤灰活性更高,与 $Ca(OH)_2$ 反应更容易,产生更多的二次水化产物。从图 3.2(b)可以看出,在 60 d 时,二者的差异会变小,同时抗压强度从大到小的顺序是一致的。因此,养护模式是影响大掺量粉煤灰混凝土早期抗压强度的敏感因素,甚至在后期可以使得抗压强度一直领先标准养护下的抗压强度,完全消除温度负效应。

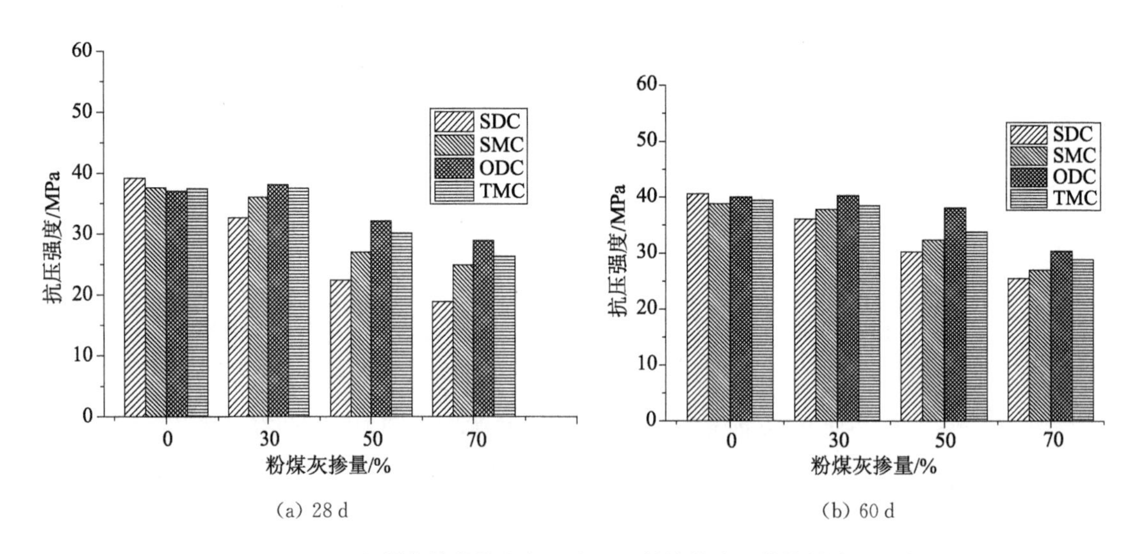

图 3.2 不同粉煤灰掺量的混凝土在不同养护模式下养护的抗压强度

3.3.2 龄期对氯离子扩散系数的影响

粉煤灰掺量分别为 0%、30%、50%和 70%的混凝土在 4 种养护模式下养护至 60 d 的氯离子扩散系数随龄期变化关系如图 3.3 所示。由图 3.3 可见,各试样的氯离子扩散系数均随龄期的增加而减小。在粉煤灰掺量一定时,混凝土在 4 种养护模式养护下的早期氯离子扩散系数从大到小的顺序为 SDC>ODC>TMC>SMC,28 d 后差异变小。图 3.3(a)中不掺粉煤灰混凝土的氯离子扩散系数在 20 d 左右出现了交叉,如第 3.3.1 节混凝土抗压强度那样，同样存在温度负效应。且养护温度越高，后期氯离子扩散系数越高，这一点在实际工程中不容忽视。掺粉煤灰的混凝土没有发现此现象，对于大掺量粉煤灰混凝土，早期氯离子扩散系数虽高于普通混凝土，但在 60 d 时，氯离子扩散系数会变小甚至降低。

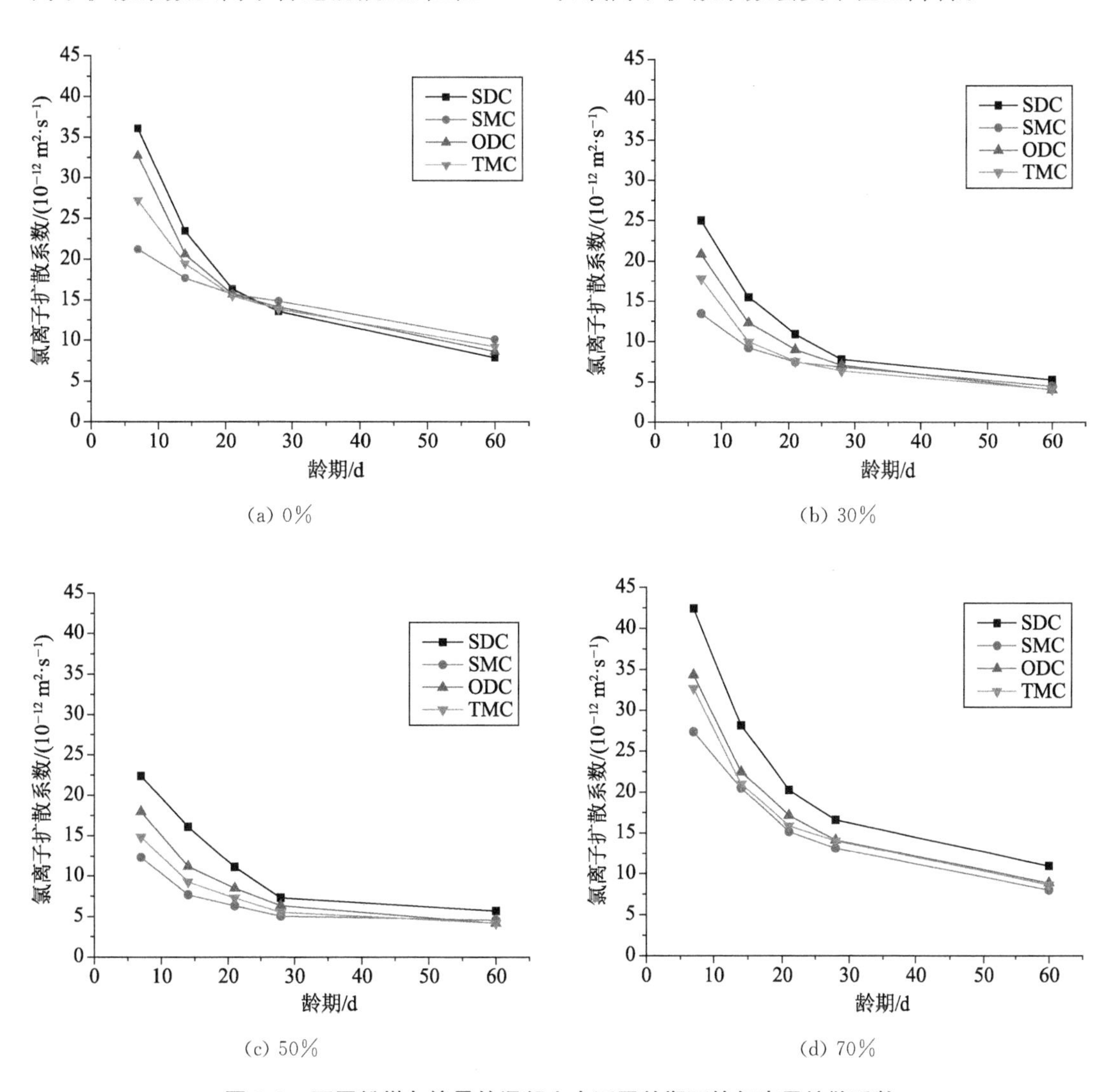

图 3.3　不同粉煤灰掺量的混凝土在不同龄期下的氯离子扩散系数

3.3.3　微观分析

3.3.3.1　孔隙率

孔隙率和连通孔隙是决定混凝土氯离子扩散性能的关键因素。分别掺 0%、30%、50%、70%粉煤灰的混凝土试件在标准养护、蒸汽养护、室外养护以及匹配养护 28 d 和 60 d 的总孔隙率结果如图 3.4 所示。结果表明，在这 4 种粉煤灰掺量下，混凝土的总孔隙率先减小后增大。当粉煤灰掺量为 30%时，总孔隙率达到最低；粉煤灰掺量为 50%时，总孔隙率比掺量为30%时略大，但仍比不掺粉煤灰混凝土小；粉煤灰掺量为70%时，总孔隙率明显增大。这是因为粉煤灰的粒径小于水泥，在粉煤灰掺量较低时，微集料效应可以改善混凝土的孔隙结构。粉煤灰二次水化产生的水化产物可以填充混凝土内部较大的孔隙。但随着粉煤灰掺量的增加，水泥含量降低，与粉煤灰水化的 $Ca(OH)_2$ 不足，水化产物相对较少，造成粗大孔增加。

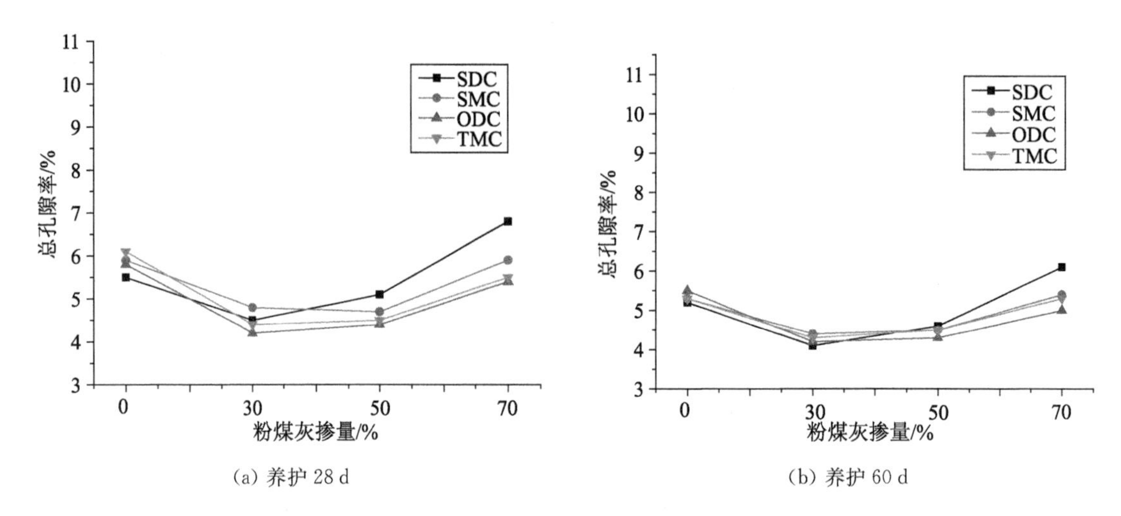

(a) 养护 28 d　　(b) 养护 60 d

图 3.4　不同粉煤灰掺量的混凝土在不同养护模式养护下的总孔隙率

由图 3.4 可以看出，养护模式对混凝土 28 d 的总孔隙率的影响比 60 d 大。养护 28 d 时，不掺粉煤灰混凝土的总孔隙率和抗压强度一样出现了温度负效应，掺 30%粉煤灰的混凝土降低或消除了部分温负效应，掺 50%和 70%粉煤灰的混凝土总孔隙率在蒸汽养护、室外养护、匹配养护模式下比标准养护有明显改善。但这些影响在养护至 60 d 时逐渐减小，除了 70%掺量粉煤灰的混凝土总孔隙率，其他 3 种掺量的混凝土总孔隙率趋于一致。由于粉煤灰早期火山灰反应较慢，水化产物较少，对比 28 d 和 60 d 龄期的混凝土总孔隙率可以发现，较高的养护模式对大掺量粉煤灰混凝土的总孔隙率发展是有利的。

分别掺 0%、30%、50%和 70%粉煤灰的混凝土试件在标准养护、蒸汽养护、室外养护以及匹配养护 28 d 的总孔隙率、小孔孔隙率和大孔孔隙率结果如图 3.5 所示。结果发现掺粉煤灰可以降低混凝土的大孔孔隙率，掺量为 50%或 70%时仍可保持低水平。不同养护模式下各混凝土试件的大孔隙率比较相近，因此养护模式可能不是粉煤灰混凝土大孔孔隙率的敏感因素，但影响小孔孔隙率。小孔孔隙率随着粉煤灰掺量增加，先减小后增大。标准养护下，粉煤灰掺量为 30%的混凝土小孔孔隙率最低，大掺量粉煤灰混凝土小孔孔隙率均较大。蒸汽养护、室外养护、匹配养护模式下，粉煤灰掺量为 50%时与 30%相近，掺量为 70%时仍较大但有所降低。一般来说，在低掺量下，粉煤灰的微集料效应和二次水化改善了孔隙结构，降低了混凝土的渗透性。在大掺量下，水泥含量大量减少，粉煤灰在细化混凝土孔隙的同时，由于水化产物总量减少，造成总孔隙度率较大，孔隙弯曲度较大，孔隙断开程度较大。较高的孔隙曲折度可以降低氯离子扩散系数。这可能是大掺量粉煤灰混凝土后期氯离子扩散系数较低的原因。

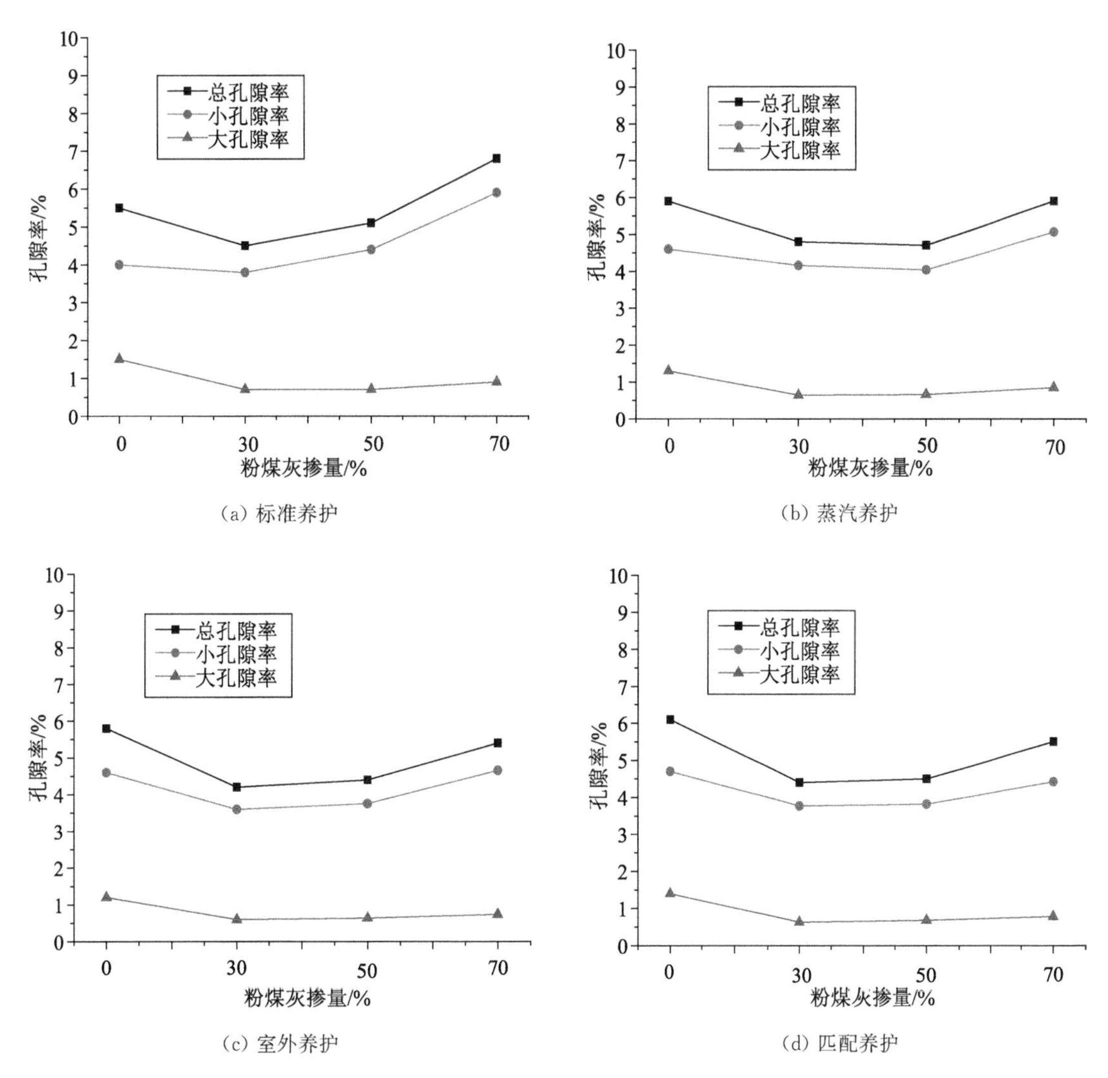

图 3.5　不同粉煤灰掺量的混凝土在不同养护模式下养护 28 d 的总孔隙率、小孔孔隙率和大孔孔隙率

Shaikh 等[31]采用压汞法给出了粉煤灰掺量为 40%和 60%的混凝土累积孔隙率分布和孔径分布，分别如图 3.6 和图 3.7 所示。粉煤灰掺量为 40%和 60%时的混凝土孔隙率相比不掺粉煤灰混凝土总孔隙率明显增大。从孔径分布来看，相比不掺粉煤灰混凝土，掺 40%时，最可几孔径不变，但对应的峰值增大；掺 60%时，最可几孔径及对应的峰值均增大。大掺量粉煤灰的掺入不利于混凝土粗大孔的细化。这与本书可蒸发水法测得的结果有出入，可能是因为测试样品尺寸不同的原因。本书测试的是大试件的孔隙率，在干燥器中水分无法完全蒸发。

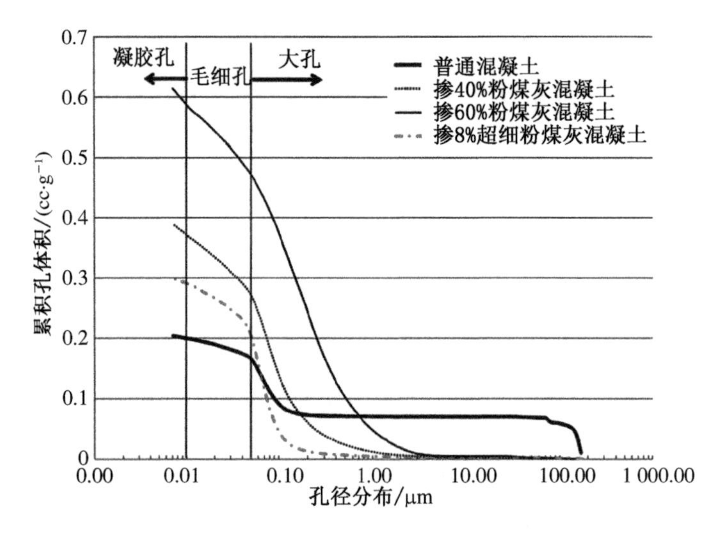

图 3.6 粉煤灰混凝土累积孔隙率分布[31]

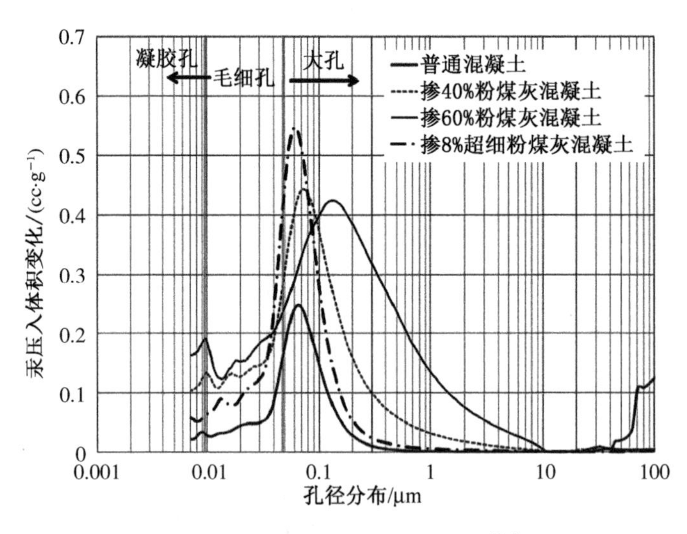

图 3.7 粉煤灰混凝土孔径分布[31]

3.3.3.2 X 射线衍射(XRD)

粉煤灰掺量分别为 30%和 70%的混凝土在 4 种养护模式下养护至 28 d 并经过 RCM 试验后的 XRD 谱图如图 3.8 和图 3.9 所示，为方便分析，去除了砂子带来的氧化硅特征峰。图 3.8 的 XRD 图谱表明，RCM 测试氯离子侵入后并未改变混凝土浆体原来的物相，而增加了弗里德尔盐的特征峰(11.2°)。弗里德尔盐可由侵入混凝土体系的氯离子和未水化的水泥矿物 C_3A 反应形成[174]，也可由氯离子与水泥水化产物单硫型水化硫铝酸钙(AFm 相)反应形成。其反应过程下式所示：

$$C_3A + Ca^{2+} + 2Cl^- + 10H_2O \longrightarrow C_3A \cdot CaCl_2 \cdot 10H_2O$$

$$C_3A \cdot CaSO_4 \cdot 12H_2O + 2Cl^- \longrightarrow C_3A \cdot CaCl_2 \cdot 10H_2O + SO_4^{2-} + 2H_2O$$

比较 4 种养护模式养护下试样的 $Ca(OH)_2$ 峰值，标准养护试样的 $Ca(OH)_2$ 峰明显高于蒸汽养护、室外养护和匹配养护试样的峰。结果表明，较高的养护模式作用下，粉煤灰反应掉更多的 $Ca(OH)_2$，使浆体更密实，侵入的氯离子含量减少，对应的弗里德尔盐峰值降低。

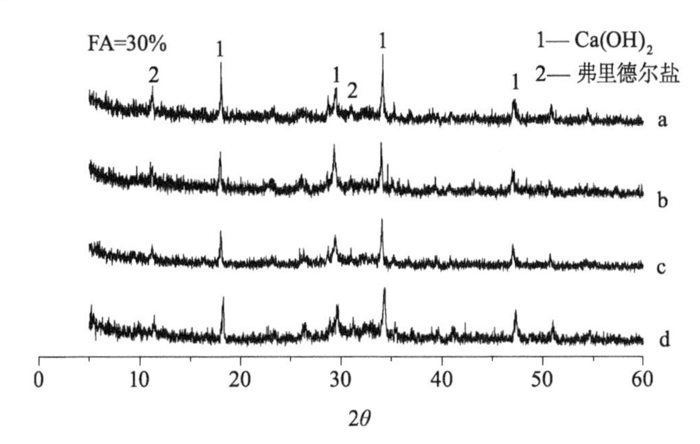

图 3.8 粉煤灰掺量(FA)为 30%的混凝土在不同养护模式下养护 28 d 经过 RCM 测试后的 XRD 图谱

注：a. 标准养护；b. 蒸汽养护；c. 室外养护；d. 匹配养护。

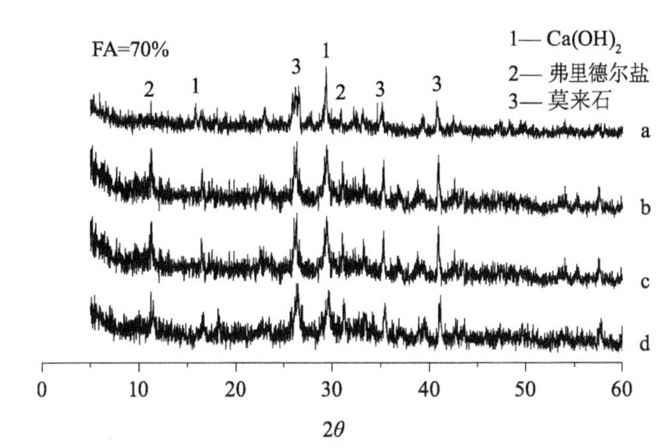

图 3.9 粉煤灰掺量(FA)为 70%的混凝土在不同养护模式下养护 28 d 经过 RCM 测试后的 XRD 图谱

注：a. 标准养护；b. 蒸汽养护；c. 室外养护；d. 匹配养护。

图 3.9 的 XRD 图谱中，由于 C—S—H 凝胶与非晶凝胶相似，XRD 无法对其进行识别，更高的粉煤灰掺量显示出比图 3.8 更加杂乱的图谱，莫来石相更多。样品的主要产物为 $Ca(OH)_2$、弗里德尔盐和莫来石。$Ca(OH)_2$ 的峰值均远低于图 3.8，大掺量粉煤灰导致水泥组分很少，产生的 $Ca(OH)_2$ 及 AFm 相都减少。混凝土中 $Ca(OH)_2$ 的量越少，孔隙溶液 pH 值越低。pH 值越低，OH^- 与 Cl^- 之间的离子交换速度越慢。

3.3.3.3 扫描电镜(SEM)

粉煤灰掺量为 30%的混凝土在标准养护、蒸汽养护、室外养护和匹配养护 28 d 和 60 d 的 SEM 图如图 3.10 所示。标准养护 28 d 时，浆体体系较为松散，孔洞较多，大部分粉

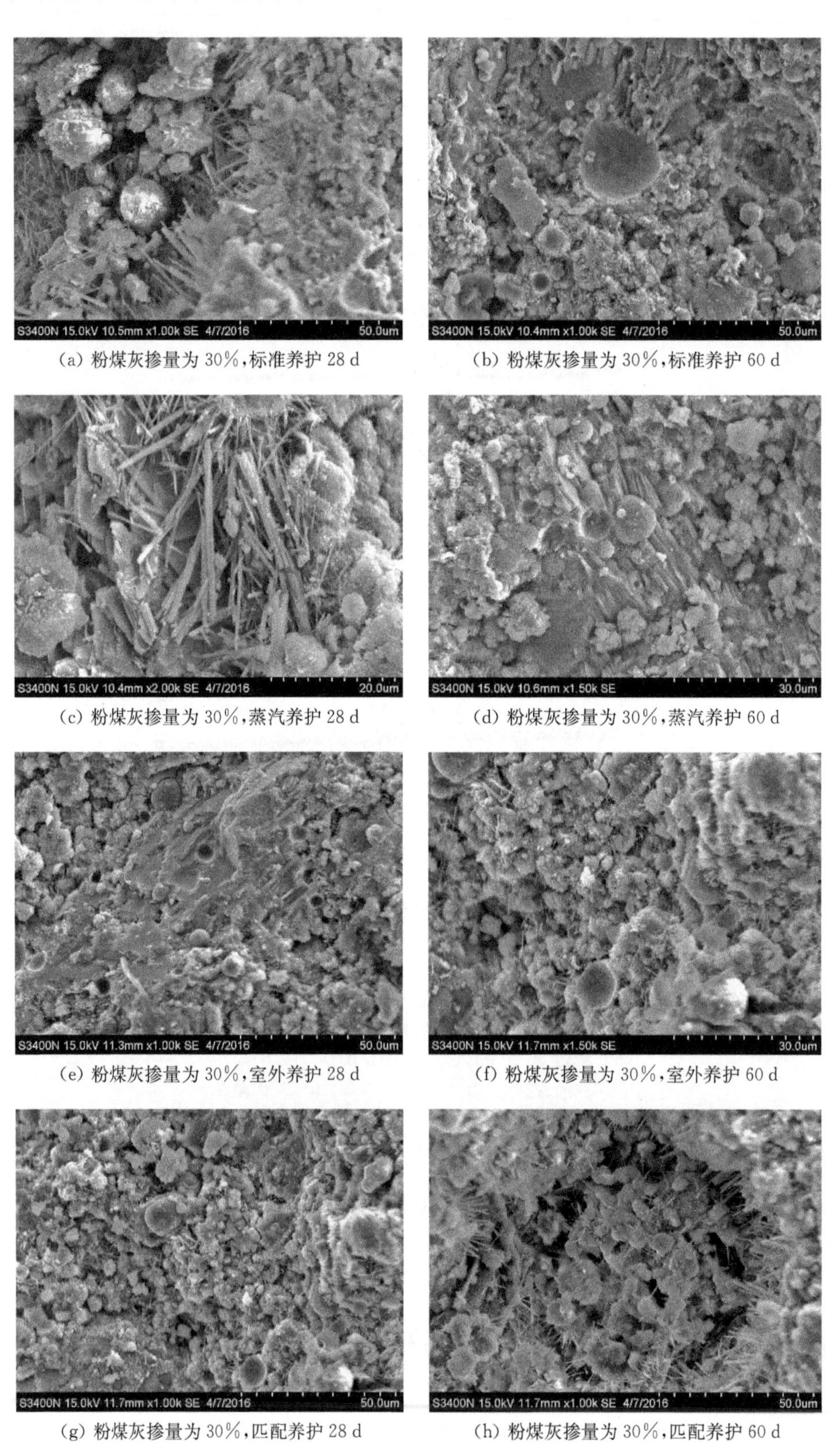

(a) 粉煤灰掺量为 30%,标准养护 28 d　(b) 粉煤灰掺量为 30%,标准养护 60 d

(c) 粉煤灰掺量为 30%,蒸汽养护 28 d　(d) 粉煤灰掺量为 30%,蒸汽养护 60 d

(e) 粉煤灰掺量为 30%,室外养护 28 d　(f) 粉煤灰掺量为 30%,室外养护 60 d

(g) 粉煤灰掺量为 30%,匹配养护 28 d　(h) 粉煤灰掺量为 30%,匹配养护 60 d

图 3.10　粉煤灰掺量为 30%的混凝土在不同养护模式下养护 28 d 和 60 d 的 SEM 图

煤灰颗粒表面仍是光滑的，意味着粉煤灰还没有开始反应。粉煤灰颗粒周围是大量的无定形水泥水化产物 C—S—H 凝胶、片状氢氧化钙和针棒状钙矾石。养护至 60 d 时，仍有部分粉煤灰颗粒未水化，大部分粉煤灰颗粒表面粗糙，周围布满不规则片状 C—S—H 凝胶，浆体整体空隙减少。采用养护模式养护时，蒸汽养护 28 d，浆体空隙较大，结构松散，粉煤灰颗粒表面模糊，并被大量松散的 C—S—H 凝胶包裹，氢氧化钙和钙矾石尺寸相比标准养护较大。蒸汽养护 60 d，浆体结构比较致密，粉煤灰颗粒嵌入凝胶。室外养护 28 d，虽然存在未水化光滑粉煤灰颗粒，但粉煤灰很好地发挥了形态效应，浆体较为致密，养护至 60 d 时，粉煤灰二次反应进一步填充空隙。匹配养护 28 d 时，浆体微观形貌与室外养护相似，养护至 60 d 可以发现粉煤灰颗粒周围的氢氧化钙以及钙矾石晶体尺寸均变小，粉煤灰水化比较充分，消耗了与之接触的氢氧化钙，使周围 pH 值下降，导致钙矾石失稳发生分解。

掺 70%粉煤灰的混凝土在标准养护、蒸汽养护、室外养护和匹配养护 28 d 和 60 d 的 SEM 图如图 3.11 所示。与掺 30%粉煤灰的混凝土微观图相比，掺 70%粉煤灰的混凝土微观图无论是形貌还是成分上都有所不同。当粉煤灰掺量为 70%时，水泥含量很少，水泥水化产物氢氧化钙和钙矾石含量自然很少，加上粉煤灰二次水化消耗部分氢氧化钙，从微观形貌图上比较难发现典型的氢氧化钙和钙矾石矿物相。另外，浆体中由粉煤灰水化生成的低钙硅比凝胶占比重较大，从微观图上可看出养护 28 d 和 60 d 的浆体结构都比粉煤灰掺量为 30%的要疏松，多为发散稻草状或细小针状 C—S—H 凝胶。

氯离子侵入混凝土除受混凝土孔隙影响外，还受到混凝土内部物相的结合作用，包括化学结合和物理吸附。化学结合作用在第 3.3.3.2 节 XRD 分析中已阐明，在此不再赘述。物理吸附作用指氯离子被水泥水化产物 C—S—H 凝胶吸附，同时粉煤灰具有复杂的空心结构和较大的内比表面积，也会不可逆地吸附氯离子。粉煤灰的二次反应消耗了部分氢氧化钙，导致 pH 值降低，另外粉煤灰中铝相的水化生成的水化铝酸钙可以进一步形成 AFm，从而提高化学结合能力。当粉煤灰掺量继续增大，水泥含量减少，使得浆体体系凝胶和 AFm 相均减少，大大降低了混凝土的氯离子化学结合能力。同时由于粉煤灰水化缓慢，在早期大量的未水化粉煤灰颗粒导致混凝土孔隙率更大，连通孔更多，加快了氯离子的传输速度，但大量增加的粉煤灰颗粒对氯离子的物理吸附作用不可忽视。因此，随着粉煤灰掺量的增加，对混凝土的氯离子扩散既有有利因素，也有不利因素，存在一个降低化学结合能力和提高物理吸附能力的平衡点。较高的养护模式促使粉煤灰水化加快，在早期产生更多凝胶，提高大掺量粉煤灰混凝土的抗氯离子侵入性能。

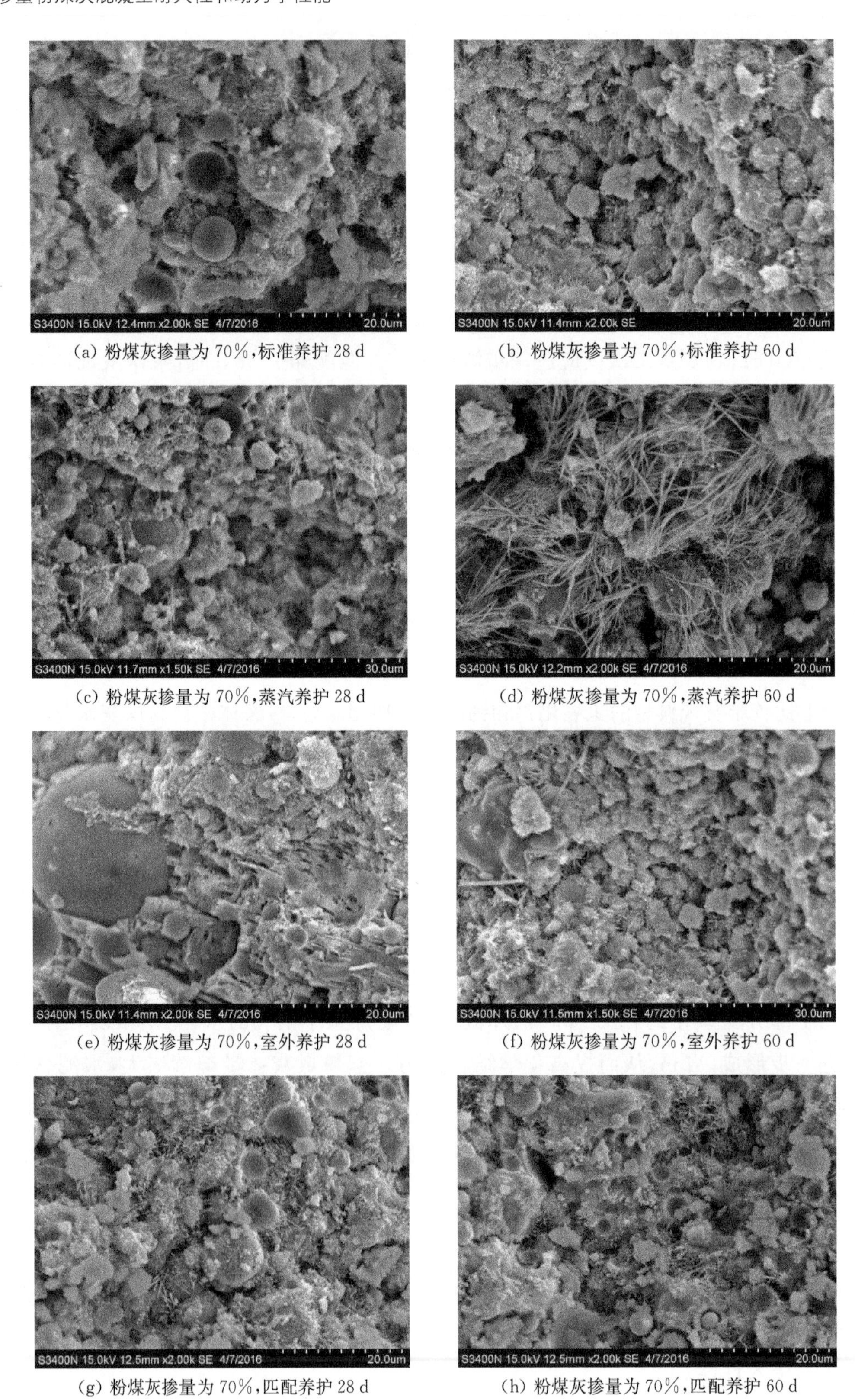

(a) 粉煤灰掺量为 70%,标准养护 28 d

(b) 粉煤灰掺量为 70%,标准养护 60 d

(c) 粉煤灰掺量为 70%,蒸汽养护 28 d

(d) 粉煤灰掺量为 70%,蒸汽养护 60 d

(e) 粉煤灰掺量为 70%,室外养护 28 d

(f) 粉煤灰掺量为 70%,室外养护 60 d

(g) 粉煤灰掺量为 70%,匹配养护 28 d

(h) 粉煤灰掺量为 70%,匹配养护 60 d

图 3.11　掺量为 70%的混凝土在不同养护模式下养护 28 d 和 60 d 的 SEM 图

3.4 基于成熟度的氯离子扩散系数预测

Tang 等[175]对不同养护龄期下的混凝土进行快速氯离子扩散试验，发现氯离子扩散系数与龄期之间存在显著的相关性，并参考克兰克(Crank)的扩散数学模型，给出了基于龄期的氯离子扩散系数数学表达式[176]：

$$D = m(t)^{-n} \tag{3-1}$$

式中：D 为基于龄期的氯离子扩散系数；t 为混凝土养护龄期；n 为常数，通常称为龄期影响因子；m 为常数，无特定物理含义。

取一个参照龄期 t_0 和此时的扩散系数 D_0 代入式(3-1)可得：

$$D = D_0\left(\frac{t}{t_0}\right)^{-n} \tag{3-2}$$

由第 3.3.2 节混凝土氯离子扩散系数与龄期的变化关系可以看出，在相同养护模式养护下，扩散系数与龄期近似呈幂函数关系，与 Tang 等[175]的结果一致。而在相同养护龄期下，不同养护模式养护的混凝土氯离子扩散系数差异较大。参考混凝土成熟度理论对于强度与养护温度的处理方法，将式(3-1)中龄期转换成成熟度，根据图 3.3 可得出混凝土氯离子扩散系数与成熟度关系，如图 3.12 所示。按式(3-3)拟合图 3.12 中的数据，拟合结果列于表 3.1 中，从拟合结果看，氯离子扩散系数与成熟度相关性良好。将成熟度引入式(3-1)有：

$$D = m'(M)^{-n} \tag{3-3}$$

$$D = D_0'\left(\frac{M}{M_0}\right)^{-n'} \tag{3-4}$$

式中：常数 n' 为成熟度影响因子；m' 为常数；M 为成熟度；D_0' 为参考成熟度 M_0 时的扩散系数。

Mangat 等[177]根据试验结果给出了龄期影响因子的计算公式，认为 n 与水灰比之间是线性关系，即：

$$n = 2.5\frac{W}{C} - 0.6 \tag{3-5}$$

式中：W/C 为水灰比。

根据 n 值的物理含义，其反映出混凝土氯离子扩散系数随龄期发展的敏感性。对于高掺粉煤灰的混凝土，由于粉煤灰二次水化反应的滞后性，n 值应与粉煤灰掺量有关：

$$n = f_{W/B^*} \cdot f_{FA} \tag{3-6}$$

$$f_{W/B^*}=2.5\frac{W}{B^*}-0.6 \tag{3-7}$$

$$\frac{W}{B^*}=\frac{W}{C+F'}=\frac{1-N}{1-\alpha}\cdot\frac{W}{C+F} \tag{3-8}$$

式中：W、C、F 分别为水、水泥和粉煤灰含量；α 为粉煤灰含量；W/B^* 为有效水胶比；F' 为大掺量粉煤灰混凝土中可反应的粉煤灰含量；N 为理论上粉煤灰最大反应含量，文献[178]给出了其具体计算方法。

根据表 3.1 的结果，n 值随粉煤灰掺量(α)先增大后减小，将 f_{FA} 以二次函数表示：

$$f_{FA}=-2.4\alpha^2+1.2\alpha+0.9 \tag{3-9}$$

则不同养护模式养护下大掺量粉煤灰混凝土的氯离子扩散系数与成熟度关系如式(3-10)所示：

$$D=D_0'\left(\frac{M}{M_0}\right)^{-\left(2.5\frac{W}{B^*}-0.6\right)\left(-2.4\alpha^2+1.2\alpha+0.9\right)} \tag{3-10}$$

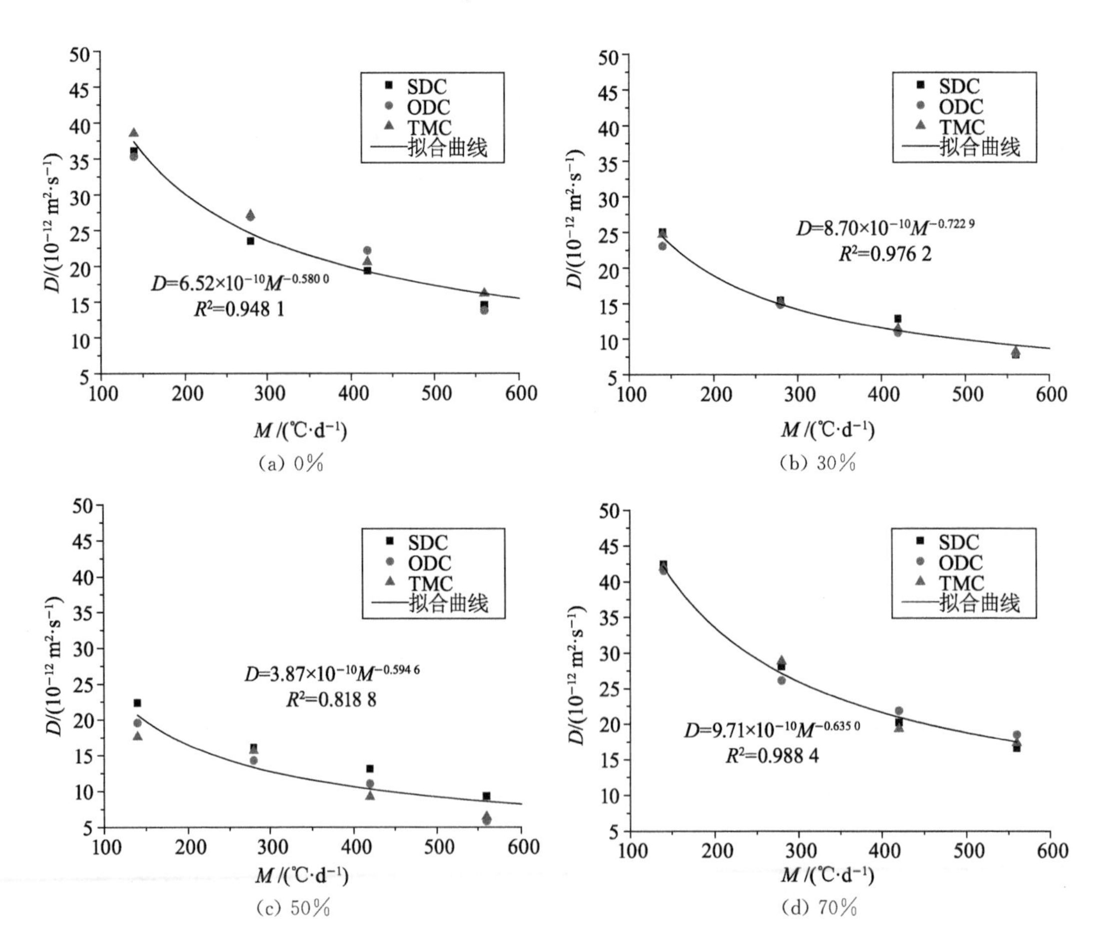

图 3.12 不同粉煤灰掺量混凝土氯离子扩散系数与成熟度的关系

表 3.1　氯离子扩散系数与成熟度的拟合结果

粉煤灰掺量/%	$D/(10^{-12}\,m^2\cdot s^{-1})$	M	R^2
0	6.25	−0.580 0	0.948 1
30	8.70	−0.722 9	0.976 2
50	3.87	−0.594 6	0.818 8
70	9.71	−0.635 0	0.988 4

3.5　自然浸泡试验结果与分析

3.5.1　氯离子浓度分布

3.5.1.1　粉煤灰掺量的影响

分别掺 0%、30%，50%和 70%的砂浆试件标准养护 90 d 后，浸泡在 0.5 mol/L NaCl 溶液中至 3 个月，取粉，滴定测得的总氯离子浓度分布如图 3.13 所示，氯离子浓度分布如图 3.14 所示。由图 3.13 可知，浸泡后的 4 种砂浆内部的总氯离子浓度从表层到内部不断降低，且在表层总氯离子浓度较大的区域快速降低，越往内部下降趋势越缓慢，这与表层的连通孔隙率和氯离子浓度梯度较大有关。不掺粉煤灰的砂浆试件和掺 50%粉煤灰的砂浆试件总氯离子浓度分布规律相似，只在每个测试深度处总氯离子浓度略高。掺 30%粉煤灰的砂浆试件在表层拥有最大的总氯离子浓度，同时浓度随深度下降速度最快。掺 70%粉煤灰的砂浆试件总氯离子浓度在每个测试深度处都相对较高，下降速度最缓慢。

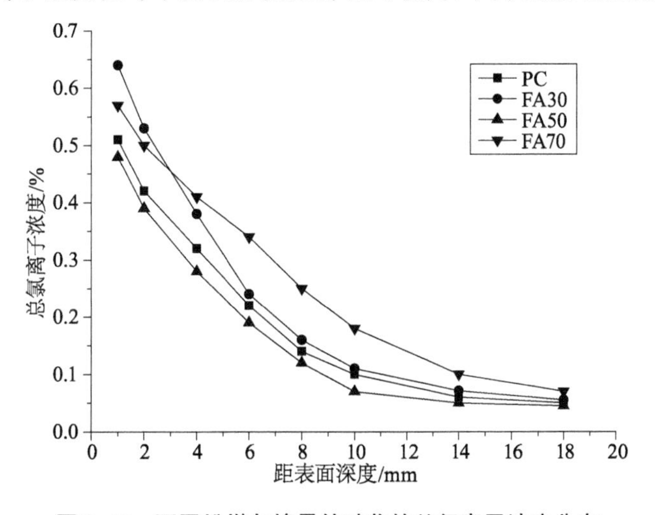

图 3.13　不同粉煤灰掺量的砂浆的总氯离子浓度分布

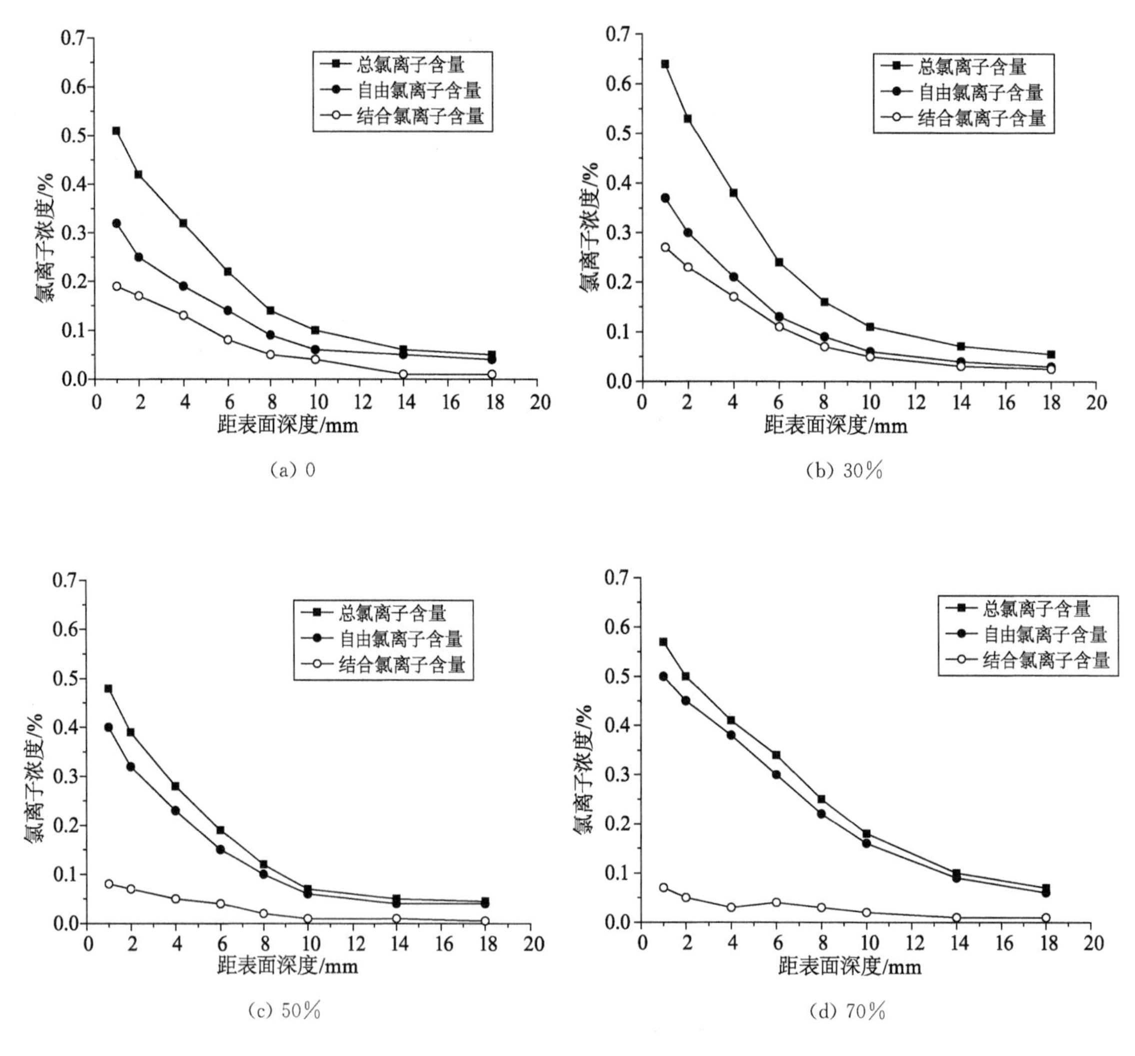

(a) 0　　(b) 30%

(c) 50%　　(d) 70%

图 3.14　不同粉煤灰掺量的砂浆氯离子浓度分布

氯离子侵入砂浆内部后有 2 种存在方式，即以离子形式存在于孔隙液中和被浆体结合，其中结合方式又有物理吸附和化学结合之分。物理吸附指被 C—S—H 凝胶或粉煤灰颗粒吸附，化学结合指氯离子与 AFm 相发生化学反应生成弗里德尔盐。从图 3.14 可以看出，随着粉煤灰掺量增加，试件 6 mm 以内的自由氯离子含量增加。大掺量粉煤灰导致试件孔隙率增大，有害孔增多，加快了氯离子扩散侵入速度。粉煤灰掺量为 30%时，细化了试件孔隙，其自由氯离子浓度依然高于不掺粉煤灰试件。随着粉煤灰掺量增加，结合氯离子含量先增加后减小，超过 50%掺量时结合氯离子含量极少。粉煤灰中氧化铝含量高，试件中掺入适量的粉煤灰二次水化生成更多的铝酸盐，提高了可化学结合氯离子的物质含量。粉煤灰掺入过量时，侵入的氯离子多以物理吸附结合，在 pH 值较小环境下，水化产物不稳定，结合氯离子向自由氯离子转化[179]。

3.5.1.2 养护模式的影响

不同粉煤灰掺量的砂浆试件在不同养护模式下养护 90 d 后，浸泡在 0.5 mol/L 氯化钠溶液中 3 个月，取粉，滴定测试得到的总氯离子和结合氯离子浓度分布如图 3.15 所示。

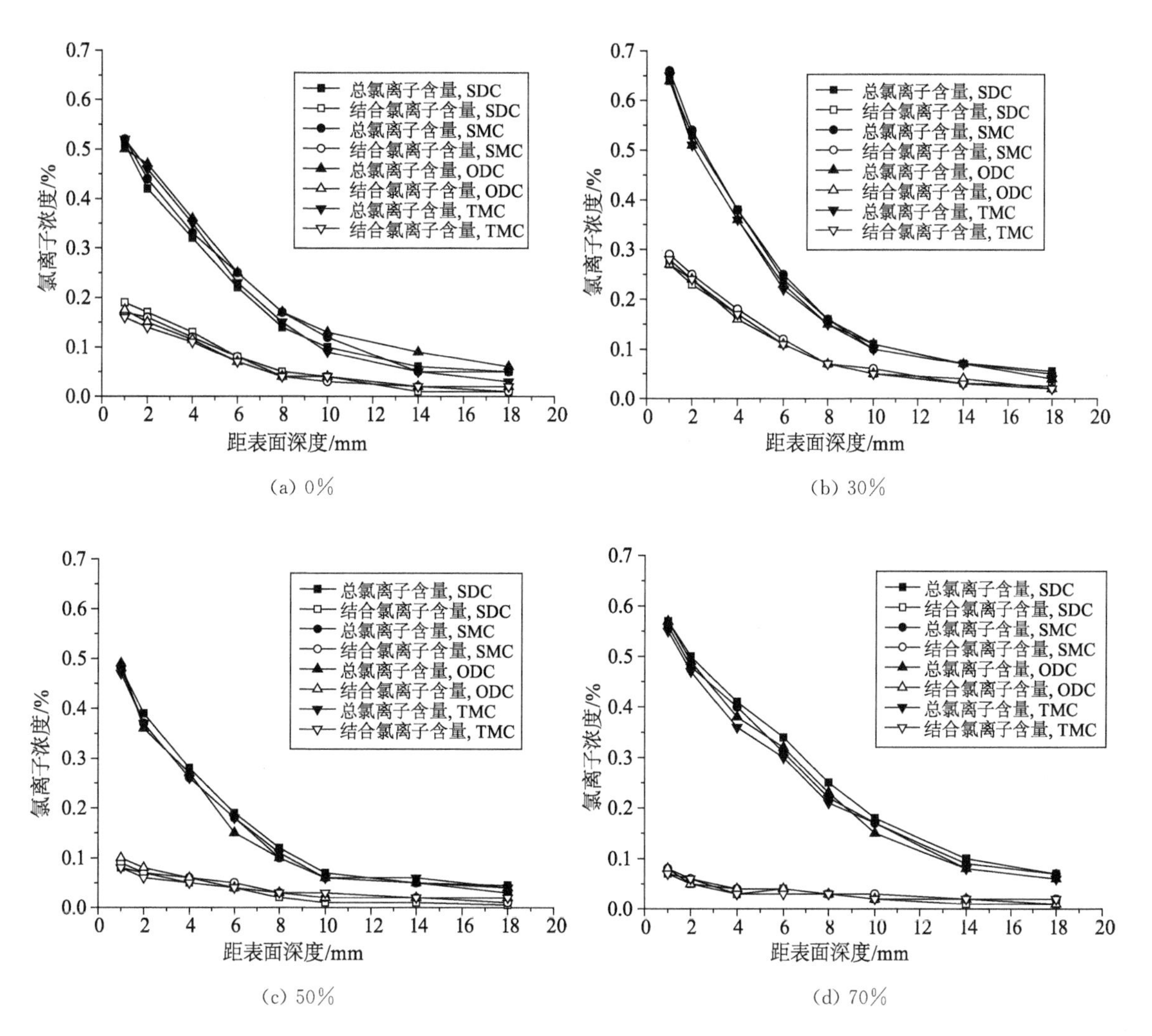

(a) 0%　(b) 30%　(c) 50%　(d) 70%

图 3.15　不同粉煤灰掺量的砂浆在不同养护模式养护下的氯离子浓度分布

从图 3.15 可以看出，养护模式对各组试件的氯离子浓度分布影响不大，90 d 的养护龄期削弱了养护模式对试件氯离子扩散和结合的影响。

3.5.2 氯离子结合率

用图 3.14 中不同粉煤灰掺量的试件结合氯离子含量和总氯离子含量数据计算各自的氯离子结合率，结果如图 3.16 所示。从图 3.16 可以看出，不掺粉煤灰的试件氯离子结合率约为 40%;粉煤灰掺量为 30%时,氯离子结合率约为 45%,有小幅度提高;粉煤灰掺量为 50%时,氯离子结合率约为 20%,约下降了一半;粉煤灰掺量为 70%时,氯离子结合率约为 10%,大幅度下降。大掺量粉煤灰会降低试件的氯离子结合率,具体趋势为 FA30>PC>FA50>FA70。氯离子结合率随着取样深度的变化并不是固定的,表 3.2 给出了不同粉煤灰掺量的试件在不同养护模式养护下浸泡在 0.5 mol/L 氯化钠溶液 3 个月后不同深度处的氯离子结合率。随着取样深度增加,氯离子结合率大体上先增加后减小,表层氯离子结合率小可能是由于溶蚀作用的影响,而内部扩散进入的氯离子含量较低。

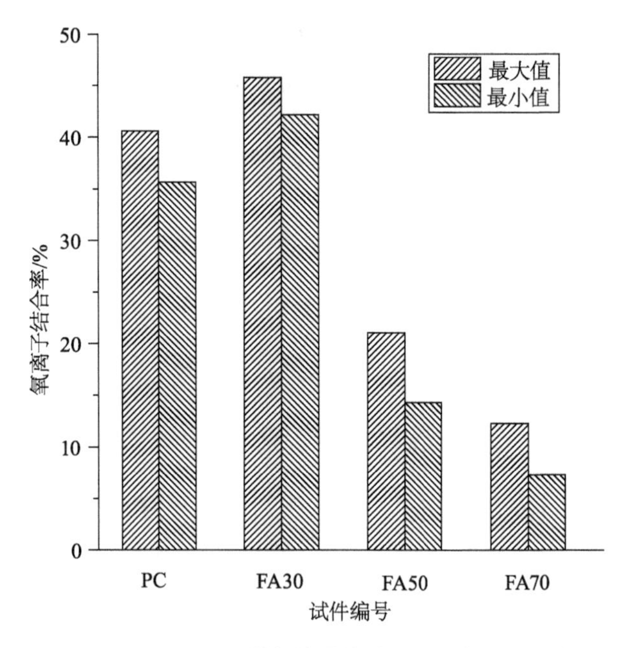

图 3.16　不同粉煤灰掺量的砂浆的氯离子结合率

3.5.3　表观氯离子扩散系数

氯离子自然浸泡是一种非稳态扩散试验方法,其扩散规律遵循菲克第二定律。菲克第二定律的解析解为:

$$c = c_s f_{error}\left(\frac{x}{\sqrt{4D_{app}t}}\right) \tag{3-11}$$

式中:c 为深度 x 处的氯离子浓度;c_s 为表面氯离子浓度;f_{error} 为误差函数;D_{app} 为表观氯离子扩散系数;t 为扩散时间。

根据式(3-11)拟合图 3.13 和图 3.15 中的总氯离子浓度分布数据,得到各自的氯离子扩散系数,如图 3.17、图 3.18 和图 3.19 所示。

表 3.2 不同养护模式养护下不同粉煤灰掺量的砂浆在不同深度处的氯离子结合率

单位：%

深度/mm	PC				FA30				FA50				FA70			
	SDC	SMC	ODC	TMC	SDC	SMC	ODC	TMC	SDC	SMC	ODC	TMC	SDC	SMC	ODC	TMC
1	37.3	32.7	35.0	30.8	42.2	43.9	42.2	43.1	16.7	18.8	20.4	17.0	12.3	11.3	11.0	12.7
2	40.5	36.4	31.9	30.4	43.4	46.3	47.1	47.1	17.9	18.9	22.2	16.2	10.0	12.5	10.2	12.8
3	40.6	36.4	31.9	31.4	44.7	47.4	44.4	47.2	17.9	23.1	22.2	19.2	7.3	10.0	10.5	8.3
6	36.4	32.0	28.0	30.4	45.8	48.0	47.8	50.0	21.1	27.8	26.7	22.2	11.8	12.9	12.5	10.0
8	35.7	23.5	23.5	26.7	43.8	43.8	46.7	46.7	16.7	30.0	30.0	27.3	12.0	13.6	13.0	14.3
10	40.0	25.0	30.8	44.4	45.5	60.0	45.5	50.0	14.3	33.3	33.3	50.0	11.1	17.6	13.3	11.8

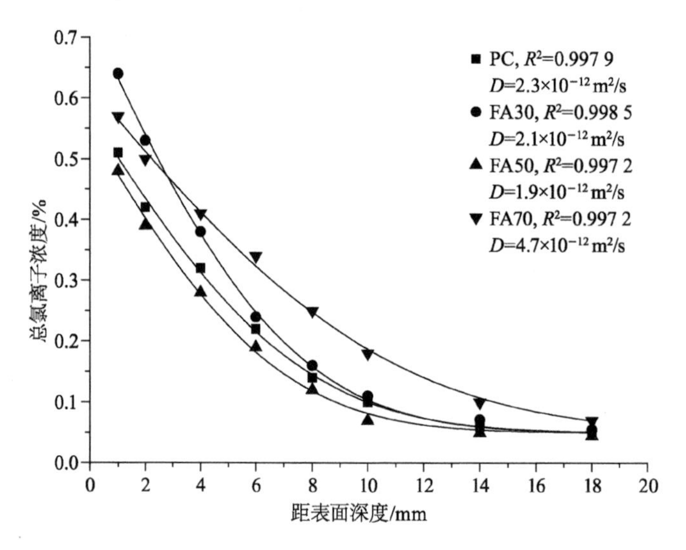

图 3.17　不同粉煤灰掺量的砂浆的总氯离子浓度分布拟合曲线

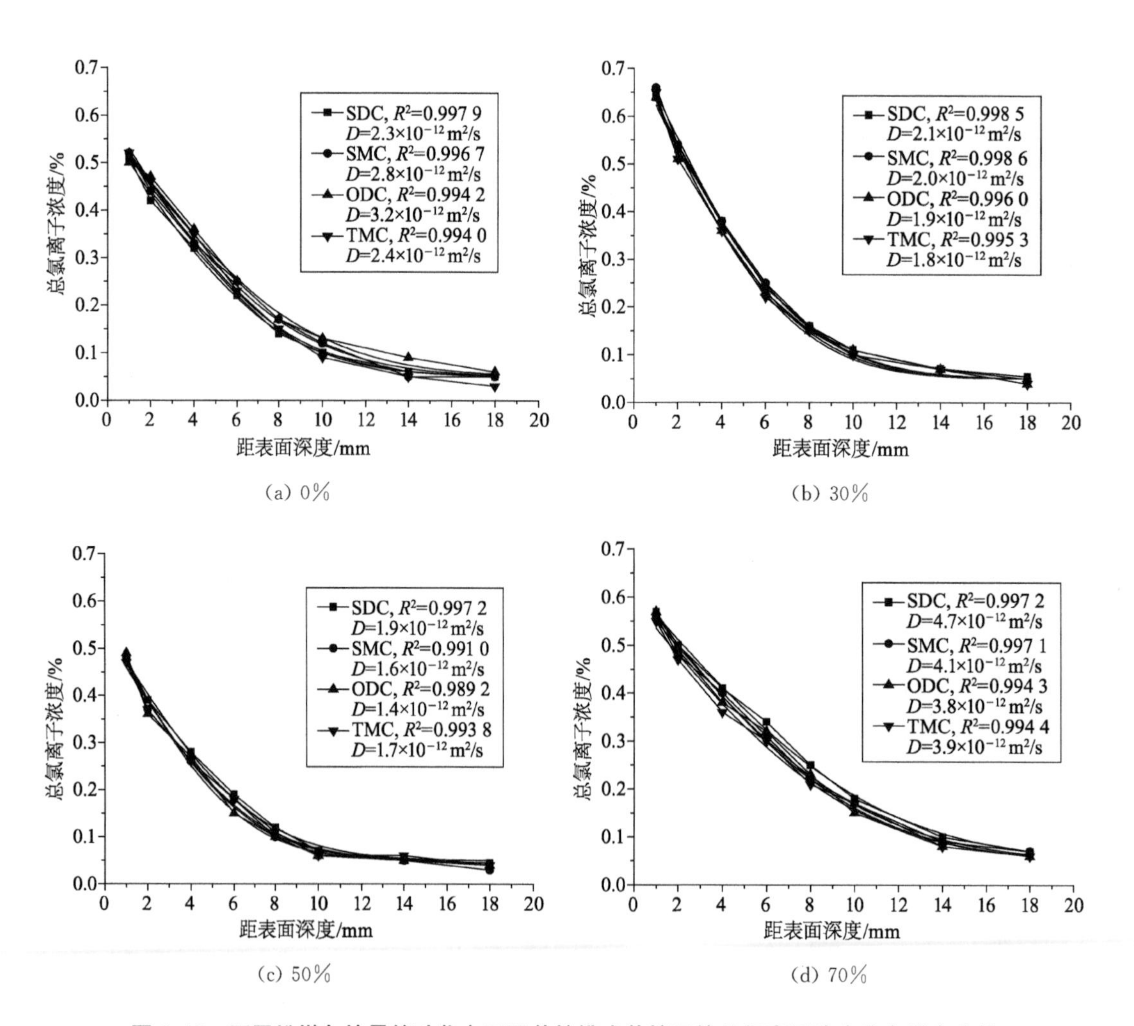

图 3.18　不同粉煤灰掺量的砂浆在不同养护模式养护下的总氯离子浓度分布拟合曲线

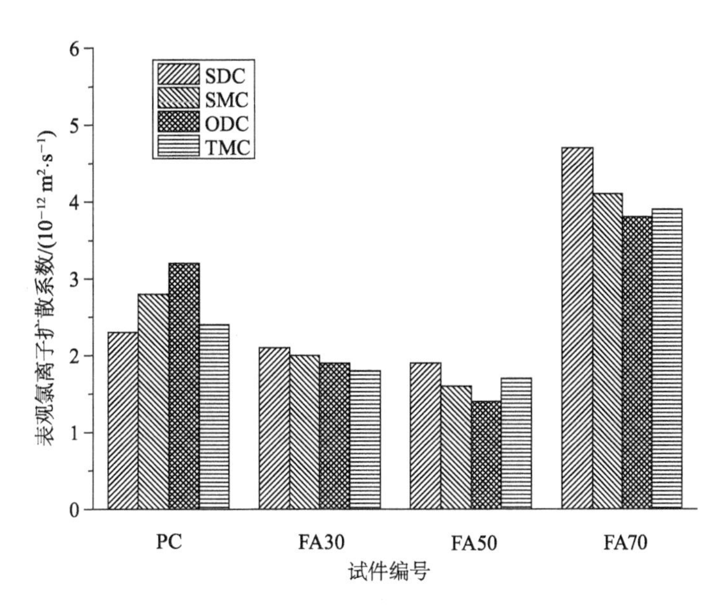

图 3.19　不同粉煤灰掺量的砂浆在不同养护模式养护下的表观氯离子扩散系数

3.6　本章小结

本章通过 RCM 法和自然扩散法试验研究了养护模式及粉煤灰掺量对试件氯离子扩散的影响，得到如下结论：

(1) 随着粉煤灰掺量的增加，氯离子扩散系数先减小后增大，70％粉煤灰掺量的混凝土虽然在养护 28 d 时有较大的氯离子扩散系数，当养护至 60 d 时有明显改善。大掺量粉煤灰混凝土在后期同样可以获得较低的氯离子扩散系数，较高的养护模式可提高粉煤灰混凝土抗氯离子扩散能力。

(2) 在粉煤灰掺量一定时，混凝土在 4 种养护模式养护下的早期氯离子扩散系数从大到小的顺序为 SDC>ODC>TMC>SMC，28 d 后差异变小。在相同养护模式养护下，扩散系数与龄期近似呈幂函数关系，且扩散系数随龄期的增加而减小。在不同养护模式下，混凝土氯离子扩散系数发展与成熟度关系密切，并建立了基于成熟度的大掺量粉煤灰混凝土氯离子扩散系数预测模型。

(3) 较高的养护模式会导致不掺粉煤灰的混凝土的抗压强度后期发生倒缩，相应地在养护过程中其氯离子扩散系数也出现了类似现象，即高的养护模式养护会导致混凝土抗氯离子扩散能力降低。对于掺粉煤灰的混凝土，养护温度的提高可以促进粉煤灰二次水化，降低或消除早期较高养护温度带来的负效应。

（4）氯离子结合率随着粉煤灰掺量的增加呈现先增加后减小趋势，具体为 FA30＞PC＞FA50＞FA70。氯离子随着取样深度不同发生变化，大致上表层和内部略小于中间位置。养护模式对各取样位置的氯离子结合率影响不大。

（5）粉煤灰砂浆表观氯离子扩散系数随着粉煤灰掺量的增加先减小后增大，具体规律是 $D_{FA70} > D_{PC} > D_{FA30} \approx D_{FA50}$。粉煤灰掺量为 30％和 50％时，各养护模式养护下的试件拟合结果相近，影响较小。粉煤灰掺量为 70％时，蒸汽养护、室外养护和匹配养护下的试件拟合结果相比标准养护均降低 20％左右。

（6）混凝土孔隙率随着粉煤灰掺量增加先减小后增大，较高的养护模式对大掺量粉煤灰混凝土的孔隙率发展是有利的。

（7）各试件表层位置自由氯离子含量随着粉煤灰掺量增加而增加。粉煤灰掺量超过 50％时，结合氯离子含量变得非常少。

第四章　养护模式对大掺量粉煤灰混凝土硫酸盐侵蚀性能影响研究

4.1　引言

硫酸盐侵蚀造成的破坏是混凝土耐久性研究的主要与热点问题之一。当混凝土表面有硫酸盐存在时，硫酸根离子会通过混凝土内部孔隙扩散侵入，与混凝土内部水泥水化产物发生物理化学作用，生成石膏和钙矾石等膨胀性产物，最终导致浆体发生膨胀甚至开裂乃至表面剥落。国内外对于混凝土硫酸盐侵蚀的破坏机理和影响因素的研究取得了丰硕成果，例如适量掺入粉煤灰可以提高混凝土的抗硫酸盐侵蚀能力。粉煤灰的掺入降低了水泥用量，减小氢氧化钙含量，同时二次反应也继续消耗了部分氢氧化钙，降低了硫酸根侵蚀反应所需的 Ca^{2+}。粉煤灰的火山灰效应也改善了浆体的孔隙结构，提高了混凝土的密实性，有利于降低硫酸根离子的扩散速度。

为解决大体积混凝土温降导致的开裂问题，许多工程中采用掺入适量氧化镁膨胀剂来补偿收缩。对于混凝土中掺入氧化镁的研究侧重氧化镁的膨胀性能，而关于掺入氧化镁对混凝土的硫酸盐侵蚀性能影响研究较少，尤其是大掺量粉煤灰混凝土的影响鲜有报道。目前对于混凝土的硫酸盐侵蚀试验研究多基于实验室成型养护的试件，忽略了实际工况下混凝土构件浇筑后所经历的养护模式影响。温度是影响水泥、粉煤灰和氧化镁水化的重要因素之一，不同的养护模式导致混凝土后期具有不同的孔结构和水化产物形貌，进而影响硫酸盐侵蚀性能。开展实际养护模式养护对混凝土的硫酸盐侵蚀性能影响研究对于校正现有实验结果和实际工程具有重要参考意义。

本章通过测试浸泡在 10%硫酸钠溶液中的砂浆或混凝土试件在不同浸泡时间下的抗压强度和长度变化，研究养护模式、粉煤灰掺量和氧化镁对硫酸盐侵蚀作用下的抗压强度和线性膨胀规律的影响。通过 XRD、SEM 和导数热重(Derivative Thermogravimetry，DTG)、DSC 测试手段分析养护模式对粉煤灰及氧化镁的水化产物影响，经硫酸盐侵蚀后的产物物相分布及微观形貌结构，研究硫酸盐侵蚀作用下大掺量粉煤灰浆体的劣化机理和损伤过程。

4.2 试验

配合比及试件制作按第二章进行，由于成型在冬季完成，室外养护采用11月—次年1月的养护曲线。制作混凝土及砂浆试件以用于硫酸盐全浸泡侵蚀试验，为方便试验进行，本章主要采用砂浆试件，试验按照第2.4.2节进行。

4.3 硫酸盐侵蚀下大掺量粉煤灰砂浆强度变化试验结果与分析

4.3.1 粉煤灰掺量的影响

不同粉煤灰掺量的砂浆试样浸泡在10%硫酸钠溶液和水中的抗压强度随时间变化规律如图4.1所示。从图4.1可以看出，随着浸泡时间的增加，浸泡在水中的砂浆试验抗压强度仍在不断增加，但是增加幅度很小，粉煤灰掺量越大，抗压强度增加的幅度也越大。这是因为粉煤灰不像水泥那样容易水化，它的二次反应需要更多时间来完成，后期继续水化的水泥和粉煤灰填充了砂浆内部孔隙，从而使抗压强度有所增强。而浸泡在硫酸盐溶液中的砂浆试样分为两种情况：一是粉煤灰掺量低于70%的试样（PC、FA30和FA50）的抗压强度随着浸泡时间的增加呈现出先增大后减小的规律；二是粉煤灰掺量为70%时（FA70），砂浆试样的抗压强度一直增加，且增加幅度略大于浸泡在水中的对比试样抗压强度。对于粉煤灰掺量低于70%的试样，其抗压强度随浸泡时间变化分为两个阶段，即强化阶段和劣化阶段。强化阶段指浸泡早期，试样抗压强度有所提高。原因是硫酸根离子扩散进入试样内部与胶凝材料水化产物发生化学反应，生成钙矾石和石膏等膨胀性晶体，堵塞填充了试样内部孔隙，使得微观结构更加密实。劣化阶段指浸泡中后期，试样抗

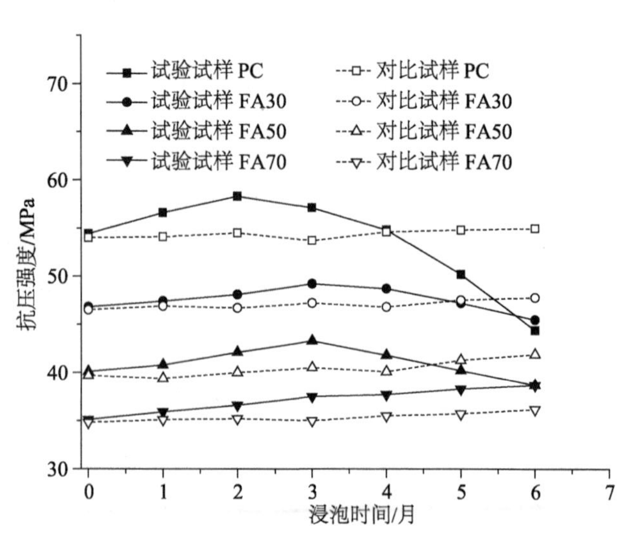

图4.1 浸泡于10%硫酸钠溶液和水中的不同粉煤灰掺量砂浆抗压强度随浸泡时间的变化

压强度开始低于对比试样。随着浸泡时间的增加，硫酸盐侵蚀产生的膨胀产物越来越多，当试样内部孔隙容纳不下侵蚀产物便会产生膨胀应力。膨胀应力超过试样的极限抗拉应力时，内部出现微裂纹，随着微裂纹的发展，试样抗压强度开始下降，当抗压强度低于对比试样时便进入劣化期。典型的硫酸盐侵蚀水泥石抗压强度随浸泡时间的变化[180]如图 4.2 所示。

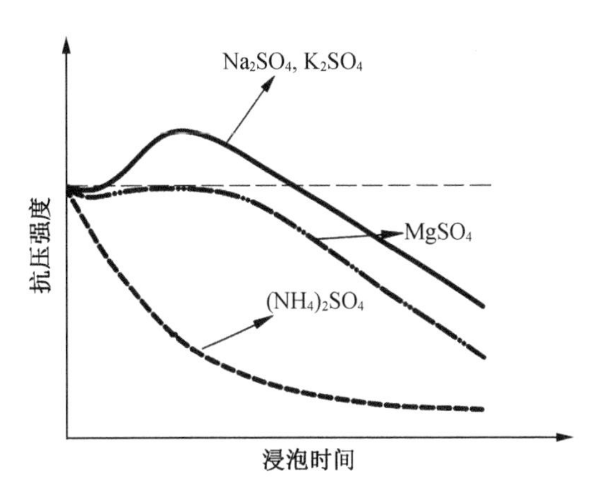

图 4.2　典型的硫酸盐侵蚀水泥石抗压强度随浸泡时间的变化[180]

从第三章研究可知，随着粉煤灰掺量的增加，试样孔隙率先降低后增加。对于不掺粉煤灰的砂浆试样，其抗压强度在浸泡后期严重降低。当粉煤灰掺量为 30%时，在相同浸泡时间下，其抗压强度损失比不掺粉煤灰砂浆试样大大降低。适量的粉煤灰改善了砂浆的孔隙结构，降低了硫酸根离子的扩散速度。当粉煤灰掺量为 50%时，在相同浸泡时间下，其抗压强度损失在不掺粉煤灰砂浆试样和掺 30%粉煤灰试样之间。掺入 50%的粉煤灰大大减少了水泥用量，粉煤灰二次水化产生大量的 C—S—H 凝胶钙硅比较低，其强度相比水泥水化产生的凝胶更低，因此在硫酸盐侵蚀下更容易发生破坏。当粉煤灰掺量达到 70%时，其对水泥的稀释效应和火山灰效应导致砂浆内部氢氧化钙含量较低，发生硫酸盐侵蚀时产生的膨胀晶体数量有限，且砂浆内部有较大的孔隙，使得在浸泡后期试样强度不仅没有降低，而且仍有小幅度的增长。

不同粉煤灰掺量的砂浆试样浸泡在 10%硫酸钠溶液和水中的抗压强度变化率随浸泡时间变化规律如图 4.3 所示。抗压强度变化率按式(4-1)计算：

$$\Delta\sigma(t)=\frac{\sigma_s(t)-\sigma_w(t)}{\sigma_w(t)}\times 100\% \tag{4-1}$$

式中：$\Delta\sigma(t)$ 为抗压强度变化率(%)；$\sigma_s(t)$ 为浸泡时间 t 时浸泡在硫酸盐溶液中砂浆试样的抗压强度(MPa)；$\sigma_w(t)$ 为浸泡时间是 t 时浸泡在水中砂浆试样的抗压强度(MPa)。

此处抗压强度变化率以浸泡在水中的砂浆试样强度作为基准，抗压强度变化率大于 0 的阶段即是强化阶段。将强化阶段最大抗压强度变化率定义为强化峰(ehancement peak)，强化峰越大，说明试样受硫酸盐侵蚀造成的强度增加幅度越高。强度变化率小于 0 的阶段即为劣化阶段，将抗压强度变化率变为 0 时的时间定义为劣化开始时间(degradation time)，劣化开始时间越大，说明试样强化时间越长，抵抗硫酸盐侵蚀能力越高。从图 4.3 可以看出，随着粉煤灰掺量的增加，强化峰大小顺序为 PC≈FA50≈FA70＞FA30，出现此情况与砂浆试样孔隙率和自身强度有关。劣化开始时间为PC 4个月左右，FA30 5个月左右，FA50 4.6个月左右，而FA70在浸泡3个月以后趋于定值。

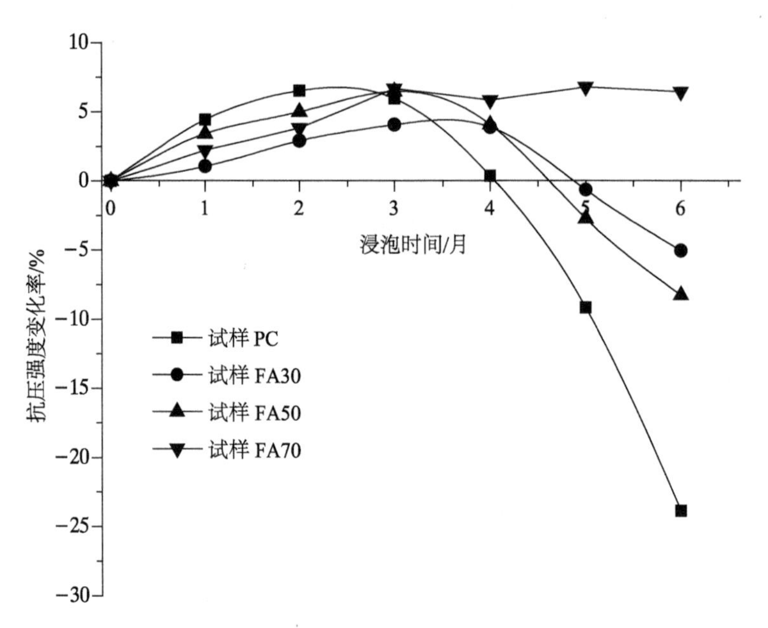

图4.3 浸泡于10%硫酸钠溶液中的不同粉煤灰掺量砂浆抗压强度变化率随浸泡时间的变化

4.3.2 氧化镁的影响

不同粉煤灰掺量并外掺6%氧化镁的砂浆试样浸泡在10%硫酸钠溶液和水中的抗压强度随浸泡时间变化规律如图4.4所示。从图4.4可以看出，每组试样的初始抗压强度均比图4.1中未掺氧化镁的试样高。掺入氧化镁后，其水化生成的氢氧化镁晶体体积增大，填充了砂浆内部孔隙，使得结构更加密实，从而提高了强度。随着浸泡时间增加，浸泡在硫酸钠溶液和水中的试样抗压强度变化规律也和未掺氧化镁的试样相似。

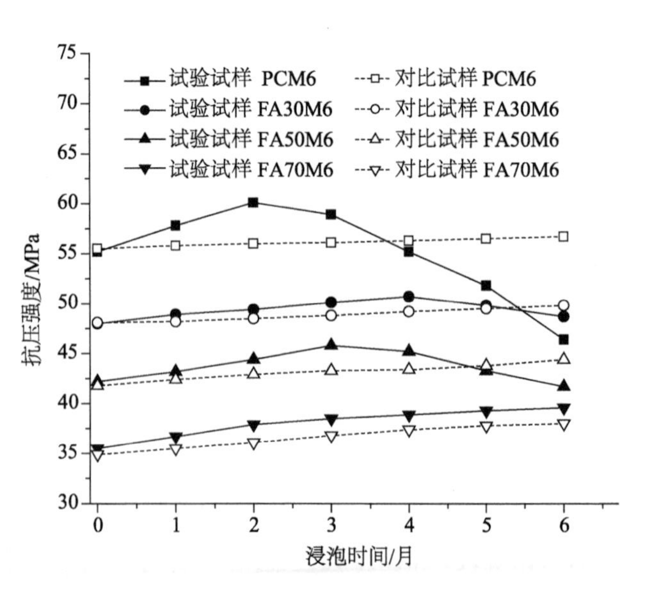

图4.4 浸泡于10%硫酸钠溶液和水中的不同粉煤灰掺量外掺6%氧化镁砂浆抗压强度随浸泡时间的变化

同样的，氧化镁对不同粉煤灰掺量的砂浆试样浸泡在10%硫酸钠溶液和水中的抗压强度变化影响可用强度变化率随浸泡时间的变化规律来反映，如图 4.5 所示。与未掺氧化镁的试样相比，PCM6 试样的劣化开始时间有所提前，说明其强化阶段被缩小，可能是 6%掺量的氧化镁水化产物已填充了部分的孔隙，使得硫酸盐侵蚀产生的膨胀性晶体更早地开始造成膨胀应力，从而劣化开始时间提前。而对于 FA30M6 和 FA50M6 来说，相比未掺氧化镁的试样，其强化峰都有所减小，同时劣化开始时间延长。FA70M6 的强度变化率与未掺氧化镁的一致，没有劣化阶段。说明掺入适量氧化镁可以提高大掺量粉煤灰砂浆的抗硫酸盐侵蚀性能。

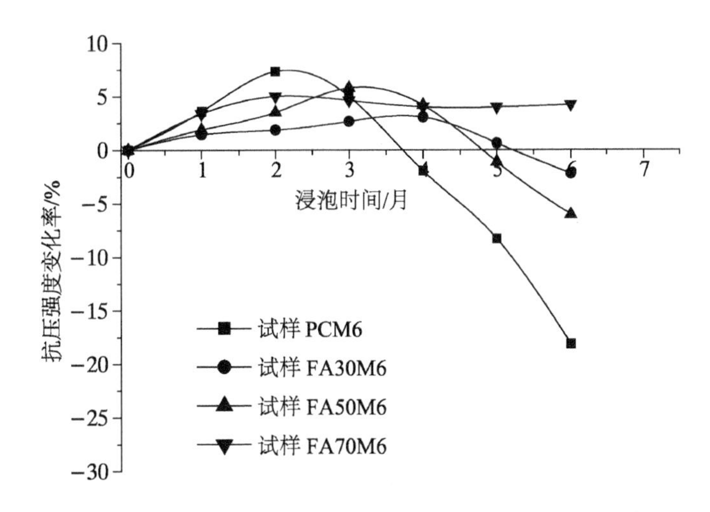

图 4.5 浸泡于 10%硫酸钠溶液中的不同粉煤灰掺量外掺 6%氧化镁砂浆抗压强度变化率随浸泡时间的变化

4.3.3 养护模式的影响

不同粉煤灰掺量的砂浆试样在不同养护模式下养护后浸泡在 10%硫酸钠溶液中的强化峰和劣化开始时间如图 4.6 所示，掺 6%氧化镁的砂浆试样如图 4.7 所示。可以看出，对于不掺粉煤灰的试件，无论掺氧化镁与否，相比标准养护，蒸汽养护和匹配养护均增加了强化峰且减小了劣化开始时间，不利于抵抗硫酸盐侵蚀，室外养护的结果与标准养护几乎持平。对于掺 30%和 50%粉煤灰试件而言，养护模式对强化峰和劣化开始时间影响较小，而掺 70%的粉煤灰试件由于在硫酸盐侵蚀下强度一直缓慢增长，故而不存在强化峰与劣化开始时间，图 4.6 和图 4.7 不再给出。

混凝土试样在硫酸盐中和水中的强度变化规律和砂浆类似，在此不再加以描述。不同养护模式养护下砂浆和混凝土试样浸泡在 10%硫酸钠溶液中 6 个月的抗压强度变化率如表 4.1 和表 4.2 所示。

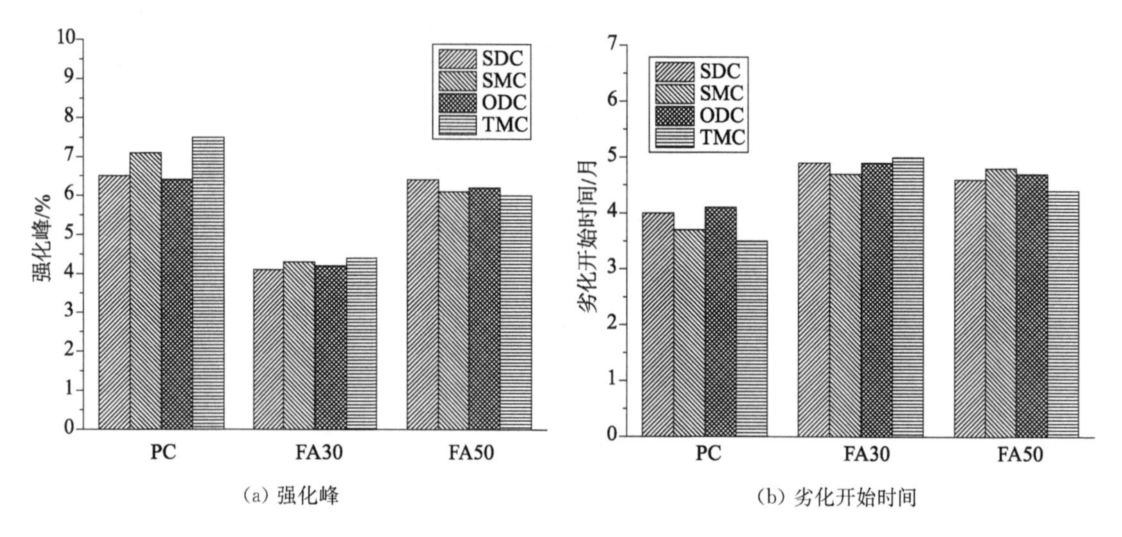

(a) 强化峰　　(b) 劣化开始时间

图 4.6　不同养护模式和粉煤灰掺量的砂浆浸泡在 10%硫酸钠溶液中的强化峰和劣化开始时间

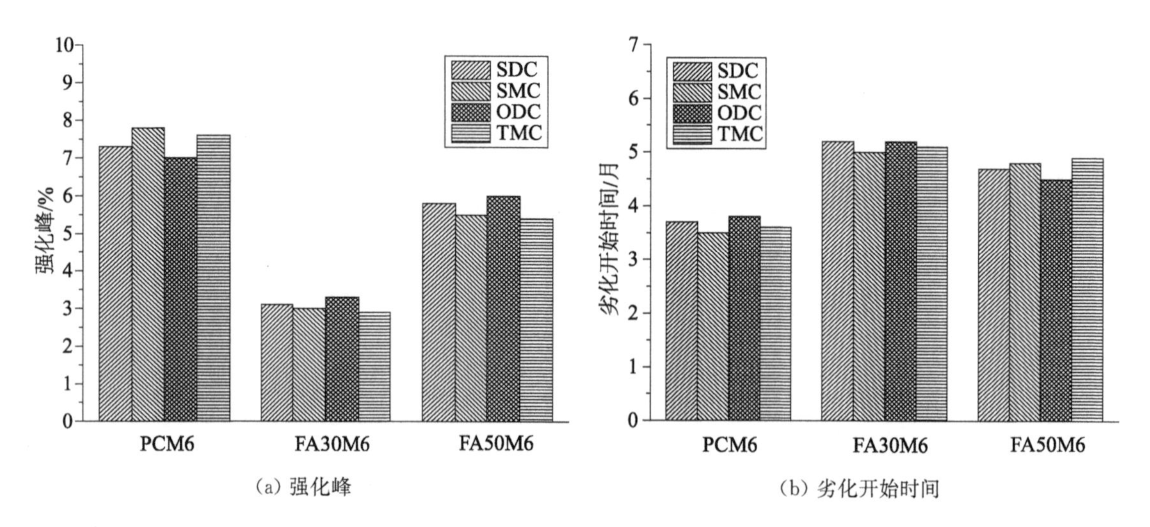

(a) 强化峰　　(b) 劣化开始时间

图 4.7　不同养护模式和粉煤灰掺量的掺 6%氧化镁砂浆浸泡在 10%硫酸钠溶液中的强化峰和劣化开始时间

总体来说，对于不掺粉煤灰的试样，蒸汽养护和匹配养护均比标准养护造成更多的强度损失，而室外养护与标准养护结果相当并有小幅度的改善。掺 30%粉煤灰的试样在不同养护模式养护后经硫酸盐侵蚀造成的强度变化结果无统一规律，但相比标准养护，结果是相近的，即掺入 30%粉煤灰大大削弱了养护模式的影响。掺 50%粉煤灰的试样在不同养护模式养护下的侵蚀结果正好与不掺粉煤灰的试样相反，较高养护温度的蒸汽养护和匹配养护加快了粉煤灰的火山灰反应，消耗更多氢氧化钙的同时也使基体更加密实。同样地，掺 70%粉煤灰的试样，虽然在硫酸盐侵蚀下强度仍不断增长，养护期高的养护模式使得可继续发展的强度更早完成，减小了硫酸盐侵蚀造成的强度变化敏感性。

表 4.1　不同养护模式养护下砂浆浸泡在 10%硫酸钠溶液中 6 个月的抗压强度变化率

试样编号	抗压强度变化率/%			
	SDC	SMC	ODC	TMC
PC	−23.8	−25.5	−22.4	−24.7
PCM6	−18.2	−20.3	−18.5	−21.6
FA30	−5.1	−4.7	−4.7	−5.8
FA30M6	−2.2	−2.5	−2.6	−1.8
FA50	−8.3	−7.5	−9.1	−7.6
FA50M6	−6.1	−5.4	−5.8	−6.4
FA70	6.5	6.1	6.8	5.5
FA70M6	4.2	3.8	4.5	3.6

表 4.2　不同养护模式养护下混凝土浸泡在 10%硫酸钠溶液中 6 个月的抗压强度变化率

试样编号	抗压强度变化率/%			
	SDC	SMC	ODC	TMC
PC	−23.7	−24.5	−23.5	−24.8
PCM6	−28.3	−29.1	−27.8	−30.6
FA30	−8.6	−7.2	−8.1	−7.7
FA30M6	−5.5	−4.8	−5.3	−4.4
FA50	−4.8	−4.2	−4.4	−3.3
FA50M6	−7.9	−7.2	−7.5	−6.8
FA70	8.4	6.8	6.6	5.2
FA70M6	8.1	7.4	6.3	6.8

4.4　硫酸盐侵蚀下大掺量粉煤灰砂浆线性膨胀试验结果与分析

4.4.1　侵蚀前线性膨胀规律

硫酸盐侵蚀对水泥基材料造成的破坏形式主要是生成膨胀性产物导致基体强度下降，以致开裂，表面剥落。因此材料本身在养护期的膨胀量是影响可承受硫酸盐产物造成膨胀量的主要因素。水泥基材料在养护期发生的体积变形主要有以下 5 种：化学收缩、塑性收缩、温度收缩、干燥收缩以及自收缩。

化学收缩是由水化前后胶凝材料和水化产物平均密度不同造成的。水泥水化主要产物 C—S—H 凝胶占 70%，而其体积小于水泥和水之和，从而造成原体系绝对体积减小。理论上水泥完全水化后，将造成 7%～9%的化学收缩。塑性收缩顾名思义发生在水泥尚未终凝的可塑性阶段，主要是因为新拌状态下，拌合物之间充满水，如果表面失水速率过快，则内部水分向表面迁移，从而形成毛细管负压，造成收缩。温度收缩是由于水泥水化造成混凝土内外温差而引起的变形，即热胀冷缩，多见于大体积混凝土，主要与温差和混凝土热膨胀系数有关。干燥收缩是指水泥基材料失去内部孔隙水和吸附水造成的不可逆收缩，相对湿度越小，水泥浆体收缩越大。自收缩是在不与外界有温度湿度交换条件下，水化吸收水分造成内部相对湿度降低引起的干燥带来的收缩。

本书研究的试件在不同养护模式养护条件下始终保持稳定、足够的相对湿度，故而测量的变形主要由化学收缩、温度收缩和自收缩造成。由于固定原材料和配合比，影响变形的主要因素为外掺料，即粉煤灰和氧化镁。Gao 等[164]研究了粉煤灰掺量对掺氧化镁膨胀剂的混凝土自收缩影响，结果如图 4.8 所示。在早期，混凝土膨胀随养护时间增加而增加，并且在后期趋于稳定。同时，粉煤灰掺量越高，混凝土自生体积变形越小。结果表明，掺加粉煤灰可以抑制氧化镁膨胀材料导致的混凝土的膨胀。粉煤灰具有特殊的物理和化学效应。当粉煤灰掺加到混凝土中，会填满孔隙间质，而减少基体的渗透性和收缩变形[181]。粉煤灰也可与氧化镁膨胀材料水化生成的 $Mg(OH)_2$ 和 $Ca(OH)_2$ 反应，从而吸收膨胀应力和膨胀变形。

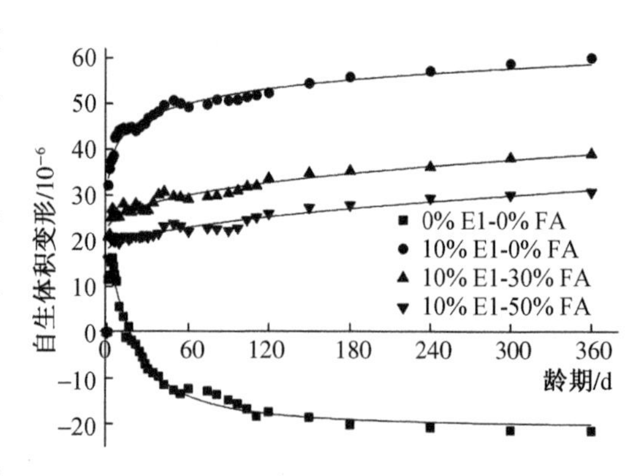

图 4.8 粉煤灰对掺氧化镁膨胀剂的混凝土自生体积变形影响[164]

不同粉煤灰掺量的砂浆试件在不同养护模式下养护完并继续标准养护至 180 d 内的线性膨胀率如图 4.9 所示。从图 4.9 可以看出，膨胀率曲线在形态上不随粉煤灰掺量变化而变化。对于不掺氧化镁的试样，线性膨胀率随着龄期增长总体上呈现出先减小后平稳的趋势，即处于收缩状态，且在数值上均大于−0.04%。随着粉煤灰掺量的增加，平稳状态的线性膨胀率小幅度增大，但达到平稳状态的时间有所延长。例如标准养护下，试件 PC、FA30、FA50 和 FA70 在 28 d 时的线性膨胀率分别为−0.034%、−0.029%、−0.024%和−0.02%，这说明粉煤灰对试样养护期的收缩起到抑制作用。养护模式对试样后期平稳时的线性膨胀率影响不大，而对养护早期则起到不同作用。以标准养护为基准，蒸汽养护的试样在 1 d 便出现较大收缩，原因可能是蒸汽养护完成后胶凝材料有较大的水化程度，加之有较大的温度变化导致收缩较大。室外养护的试件与标准养护类似，线性膨胀率发展速度稍慢。匹配养护的试件在养护初期由于养护温度持续升高出现轻微的体积膨胀，之后随着养护温度平稳与下降，开始出现收缩。养护初期由于胶凝材料水化程度低，温度对试件收缩表现出较大影响。对于掺加氧化镁的试件，线性膨胀率随着龄期增长总体上呈现出先增加后平稳的趋势，即是膨胀状态。与未掺氧化镁的试件不同，粉煤灰对平稳阶段的线性膨胀率有明显的减小作用，且掺量越大，线性膨胀率越小。在标准养护下，试件 PCM6、FA30M6、FA50M6 和 FA70M6 在 180 d 的线性膨胀率分别为 0.085%、0.072%、0.065% 和 0.051%。养护模式对线性膨胀率曲线初期的影响总体上可以说是与不掺氧化镁的试件对称，即在某一养护模式下，不掺氧化镁试件收缩越快，掺氧化镁后膨胀越快，这与较高的养护模式促进氧化镁水化反应有关。

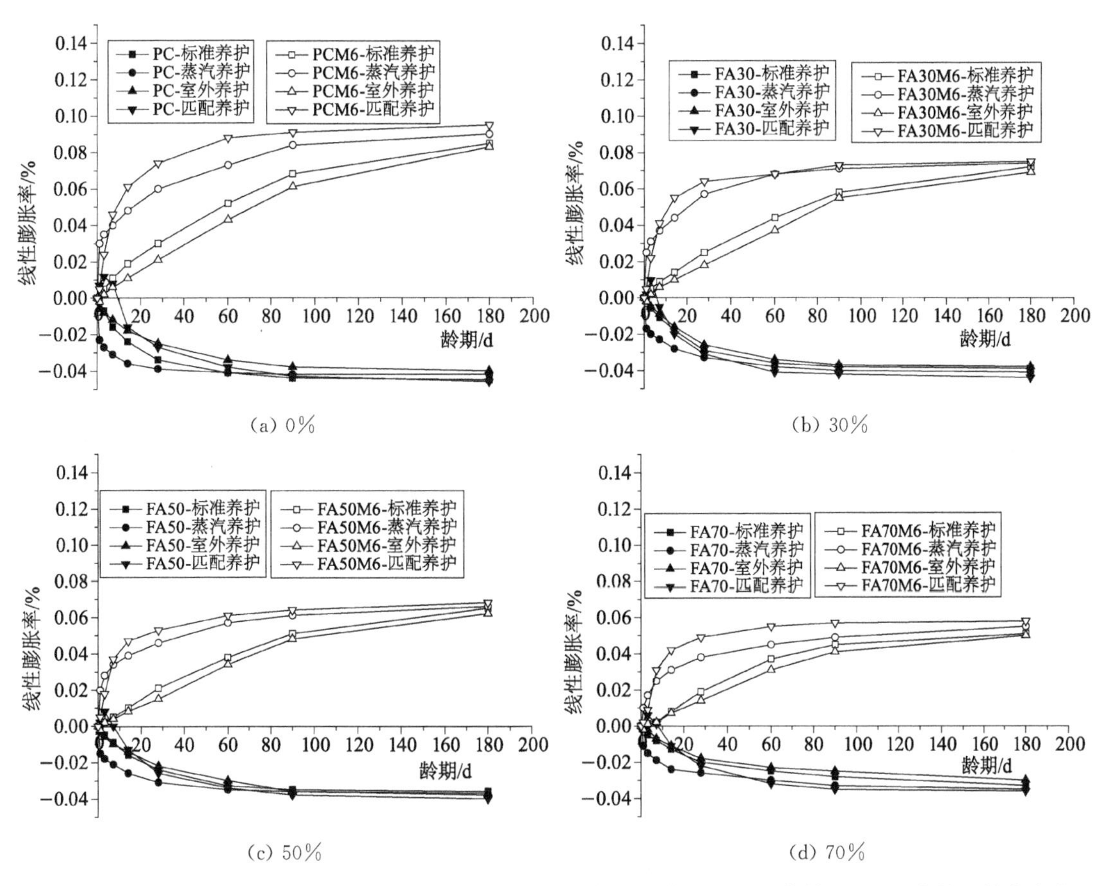

图 4.9 不同粉煤灰掺量的砂浆试件在不同养护模式下养护完并继续标准养护至 180 d 内的线性膨胀率

4.4.2 侵蚀后线性膨胀规律

砂浆试件在不同养护模式下养护至 180 d 后浸泡在 10%硫酸钠溶液中的线性膨胀率如

图4.10所示。从图4.10(a)可以看出,各浸泡在硫酸钠溶液中的试件线性膨胀率均随浸泡时间增长而增加。在浸泡初期,试件线性膨胀率增长较为缓慢,这一时期主要是硫酸根离子侵入混凝土内部并发生物理化学作用,膨胀性产物生成和累积的过程,膨胀量多被孔隙吸收,因而线性膨胀率增加不明显。随着膨胀性产物越来越多,孔隙容纳不下,膨胀对浆体产生的拉应力越大,宏观上即线性膨胀率增加。同时可以看出,随着粉煤灰掺量增加,试件在各个阶段的线性膨胀率从大到小的顺序为PC>FA50>FA30>FA70,其中PC试件测试结果远大于掺粉煤灰的试件测试结果,粉煤灰掺量为30%和50%的试件测试结果较为相近,粉煤灰掺量为70%的试件测试结果略小,尤其是测试后期增长仍缓慢,这说明掺入适量的粉煤灰有利于提高砂浆试件的抗硫酸盐侵蚀性能。掺入30%粉煤灰改善了孔结构,阻碍了硫酸根离子的扩散侵入,但当粉煤灰掺入过量时,例如掺入50%粉煤灰,浆体孔隙率有所

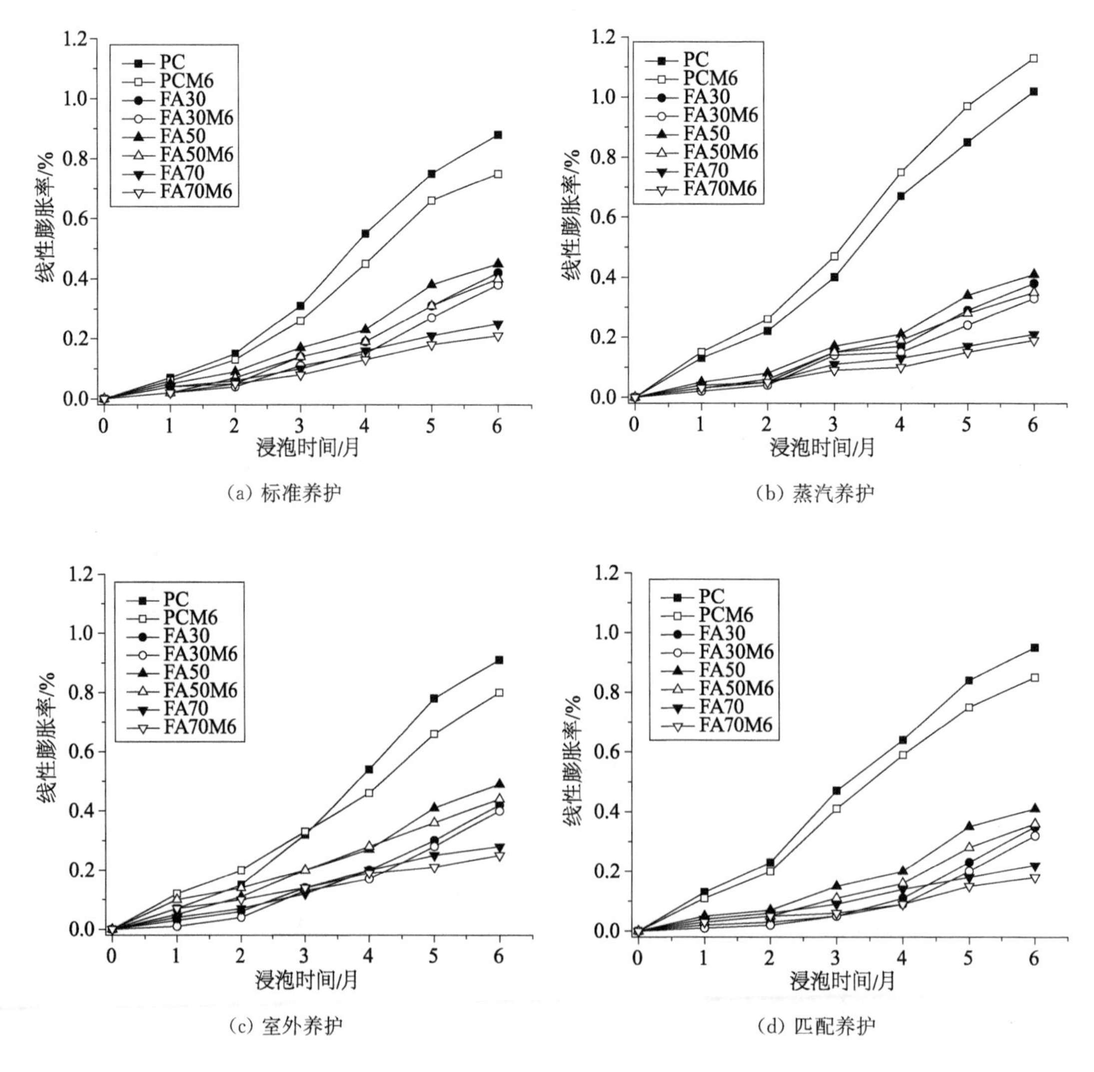

图4.10 砂浆试件在不同养护模式下养护至180 d后浸泡在10%硫酸钠溶液中的线性膨胀率

增加，加速了硫酸根离子扩散侵入，且粉煤灰二次水化生成的凝胶强度较水泥水化生成的略低，更易发生变形，但粉煤灰掺入减少了氢氧化钙含量，同时二次水化又消耗了大量的氢氧化钙，致使硫酸盐侵蚀产物含量减少，总体上试件线性膨胀率增加量仍比不掺粉煤灰试件小。当粉煤灰掺量增加至70%时，浆体内氢氧化钙含量更低，孔隙率也更大，硫酸盐侵蚀产生的石膏或钙矾石多被孔隙吸收，宏观上试件线性膨胀率增加非常缓慢且增加值小，从第4.3节其浸泡在硫酸钠溶液中的强度持续缓慢增长没有出现下降可得到佐证。

在标准养护下，掺氧化镁的试件浸泡在硫酸钠溶液中的线性膨胀率增加比不掺氧化镁的试件小。从第4.4.1节可知，各试件在硫酸钠溶液浸泡之前体积已处于稳定状态，且掺氧化镁的试件轻微膨胀，孔隙率较未掺氧化镁的试件小，减缓了硫酸根扩散侵入速度。未掺氧化镁的试件轻微收缩，其孔隙可以吸收更多的膨胀性产物。相比而言，此时硫酸根离子扩散速率占主要影响因素。图4.10(b)(c)(d)展示了养护模式的影响。可以看出，养护模式对大掺量粉煤灰砂浆试件的线性膨胀率影响不大，不掺粉煤灰砂浆试件的线性膨胀率变化速度有所加快。值得注意的时，蒸汽养护的掺氧化镁不掺粉煤灰试件在硫酸钠侵蚀下线性膨胀率增长比未掺氧化镁的试件要快，原因可能是早期蒸汽养护使氧化镁水化反应过快，不均匀分布的氧化镁颗粒聚集水化产生不均匀膨胀应力，试件内部产生微裂纹较多，成为硫酸根离子扩散的通道。

4.5　微观测试结果与分析

4.5.1　硫酸盐侵蚀下大掺量粉煤灰砂浆物相组成变化

不同粉煤灰和氧化镁掺量的试件在标准养护后浸泡在10%硫酸钠溶液中6个月的XRD图谱如图4.11所示。从图4.11中各物相特征峰可以看出，不同粉煤灰掺量的试件中掺入氧化镁与否经硫酸钠侵蚀后的物相组成只在水镁石相上存在差别，说明氢氧化镁在浆体中比较稳定，不与扩散侵入的硫酸根离子发生反应。比较不同粉煤灰掺量的XRD图谱，硫酸盐侵蚀的主要产物为钙矾石和石膏。不掺粉煤灰试件经硫酸盐侵蚀后仍存在氢氧化钙特征峰，钙矾石特征峰不明显，出现微弱的石膏特征峰。而大掺量粉煤灰试件的XRD图谱中不存在钙矾石和氢氧化钙，侵蚀产物为石膏，另有侵入内部的硫酸钠晶体，且粉煤灰掺量越多，硫酸钠峰强度越高。主要原因是粉煤灰替代大量水泥降低了氢氧化钙含量，粉煤灰的二次水化又进一步消耗了氢氧化钙，使得试件内部在浸泡之前就处于低pH状态，而硫酸盐侵蚀发生化学反应需要氢氧化钙参与，此时在高硫酸钠溶液浓度下，浆体内原本的少量钙矾石和侵蚀产生的钙矾石均发生分解，形成最终产物石膏，但石膏峰强度仍不高。

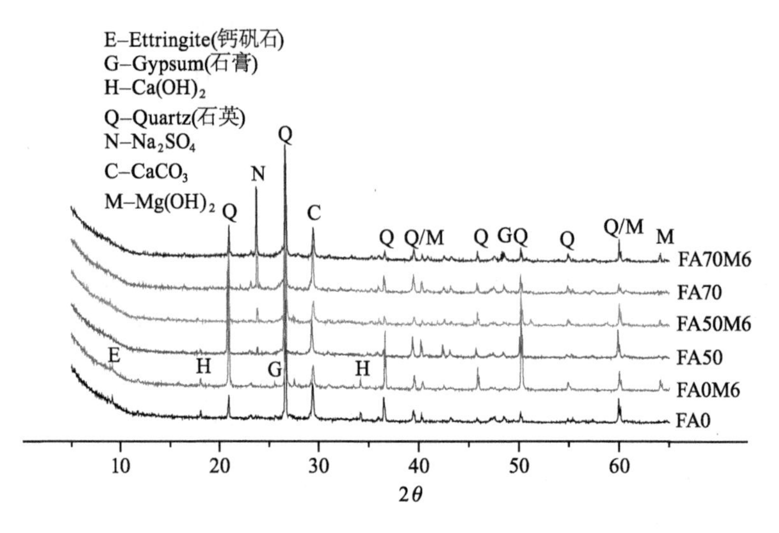

图 4.11　不同粉煤灰和氧化镁掺量的试件在标准养护后浸泡在10%硫酸钠溶液中 6 个月的 XRD 图谱

掺 70%粉煤灰和 6%氧化镁掺量的试件在不同养护模式下养护后浸泡在 10%硫酸钠溶液中 6 个月的 XRD 图谱如图 4.12 所示。对比 4 种养护模式下的结果，各组试件的物相组成种类和特征峰强度基本一致，可见经过长期的养护和侵蚀过程，养护模式对试件硫酸盐侵蚀产物影响不大。

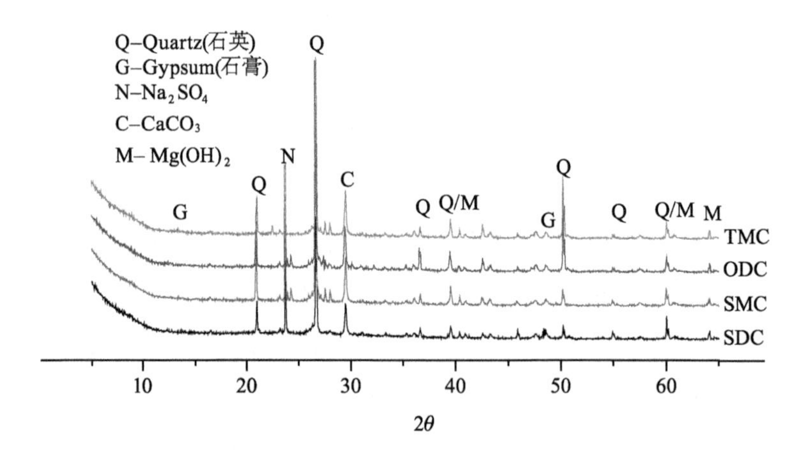

图 4.12　掺 70%粉煤灰和 6%氧化镁的试件在不同养护模式下养护后浸泡在 10%硫酸钠溶液中 6 个月的 XRD 图谱

结合 XRD 的测试结果，用 DSC 法半定量分析侵蚀前试样，用 DTG 半定量分析侵蚀 6 个月后的试样。侵蚀前主要测试大掺量粉煤灰砂浆水化产物氢氧化钙和氢氧化镁情况，侵蚀后主要测试侵蚀产物与原水化物相变化。

DSC 分析是为了克服 DTA 分析在定量分析时存在的问题而发展起来的热分析技术。

在 DTA 分析中，样品与参比物及周围环境有较大温差，它们之间会互相进行热传递，降低测量工作的精确度和灵敏度。而 DSC 分析通过对样品因发生热效应时的能量变化进行及时补偿，保持样品与参比物之间温度始终相同，大大减小热损失，检测信号大。DSC 曲线是测量过程中记录的以温度或时间为横坐标，以热流率 dH/dt 为纵坐标的关系曲线，其形貌与差热曲线一致，可通过吸热峰或放热峰的面积计算反应量。

DTG 曲线是以温度或时间为横坐标，质量随时间变化率 dW/dt 为纵坐标的曲线，即对 TG 曲线的一次微分，表明了质量变化率。DTG 曲线形态上与 DSC 相似，峰的起止点对应质量变化的起始点（TG 曲线上平台起止点），峰的数目与平台数目相同，峰面积与质量变化成正比，可以从峰面积计算出质量变化值。DTG 曲线可以清楚地反映起始反应温度、反应终止温度和最大反应速率时的温度，提高了分辨相继发生质量变化过程的能力，更便于数学计算。

Gao 等[159]用 DSC 曲线分析确认混凝土中轻烧氧化镁膨胀剂水化后水镁石的分解温度在 350～360 ℃之间，如图 4.13 和图 4.14 所示。随着养护温度升高，水镁石分解温度会轻微右移，对应的吸热峰面积增加，说明在相同龄期下，提高养护温度增加了氧化镁的水化程度。

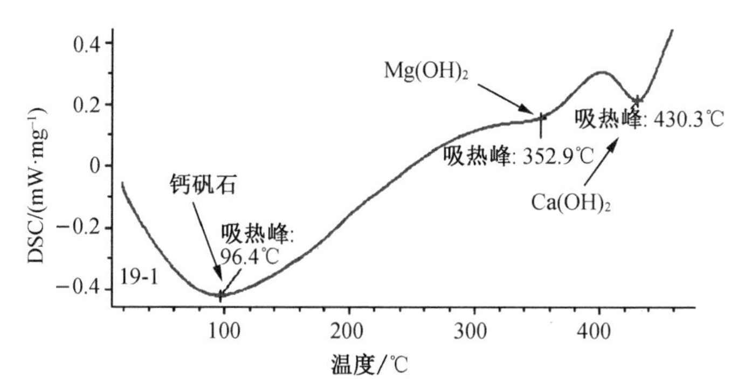

图 4.13　掺 8%氧化镁的混凝土在 20 ℃养护至 90 d 的 DSC 曲线[159]

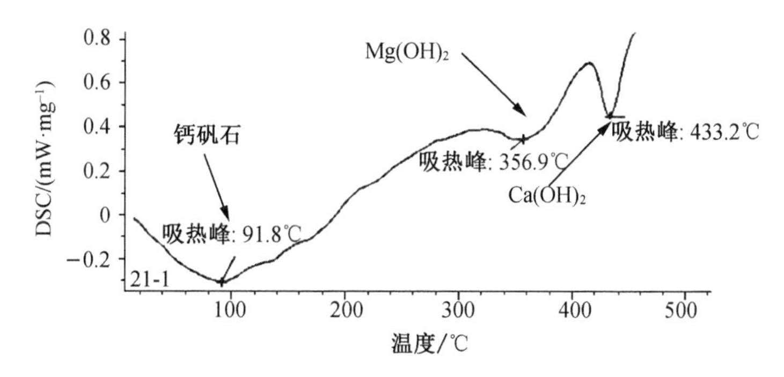

图 4.14　掺 8%氧化镁的混凝土在 50 ℃养护至 90 d 的 DSC 曲线[159]

掺70%粉煤灰和6%氧化镁的试件在不同养护模式下养护至90 d的DSC曲线如图4.15所示。曲线中温度在360～380 ℃之间存在一个小的吸热峰，由水镁石分解产生，温度在430～450 ℃之间存在一个明显的吸热峰，由氢氧化钙分解产生。对比标准养护28 d和90 d的DSC曲线可以看出，随着养护龄期延长，水镁石吸热峰面积轻微幅度增大，说明氧化镁在此期间仍在缓慢水化，而吸热峰面积增加不大，则氧化镁水化较为充分。氢氧化钙吸热峰面积在28 d至90 d期间明显减小，水泥水化程度较高，不能继续提供足够的氢氧化钙，大部分已生成的氢氧化钙被粉煤灰火山灰反应吸收，其含量大大降低，在浸泡硫酸钠溶液之前试件具有相对较低的pH值。对比不同养护模式养护90 d的试件DSC曲线，水镁石和氢氧化钙的分解吸热峰形状相似，面积相近。从水化产物碱含量上看，90 d的养护龄期大大削弱了养护模式的影响。

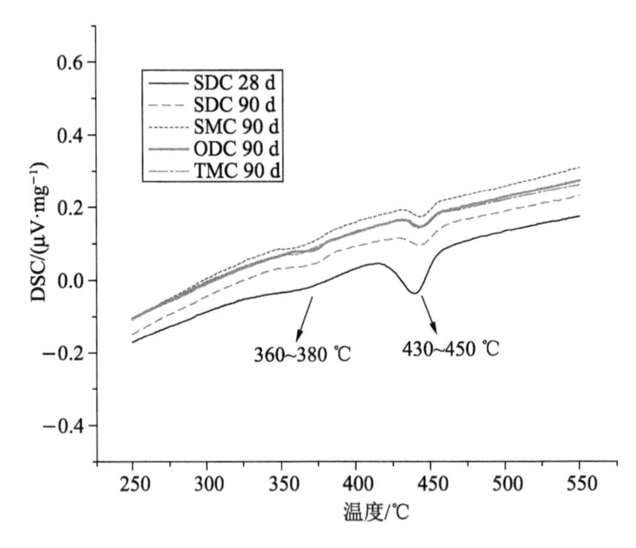

图4.15　掺70%粉煤灰和6%氧化镁的试件在不同养护模式下养护至90 d的DSC曲线

掺6%氧化镁和不同粉煤灰掺量的试件标准养护后浸泡在10%硫酸钠溶液中6个月的DTG曲线如图4.16所示。在硫酸根离子侵蚀6个月后，DTG曲线仍可见水镁石分解峰，说明氢氧化镁晶体在砂浆中稳定存在，不受硫酸盐侵蚀影响。比较粉煤灰掺量分别为0%、50%和70%的试件DTG曲线可见，大掺量粉煤灰试件不存在氢氧化钙分解导致的质量变化峰，说明此时浆体内氢氧化钙几乎完全被扩散侵入的硫酸根离子结合生成了钙矾石或石膏。钙矾石的分解质量变化峰面积从大到小的顺序依次为FA0M6>FA50M6>FA70M6。掺70%粉煤灰和6%氧化镁的试件在不同养护模式养护后浸泡在10%硫酸钠溶液中6个月的DTG曲线如图4.17所示。各曲线在形态上基本一致，结合图4.15的分析结果，养护模式对大掺量粉煤灰试件的硫酸盐侵蚀产物影响微小。

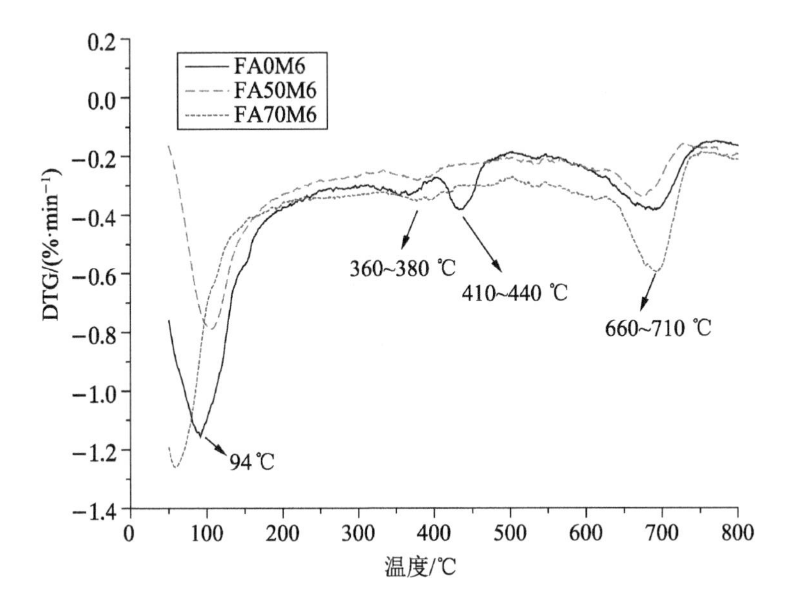

图 4.16　掺 6%氧化镁和不同粉煤灰掺量的试件标准养护后浸泡在 10%硫酸钠溶液中 6 个月的 DTG 曲线

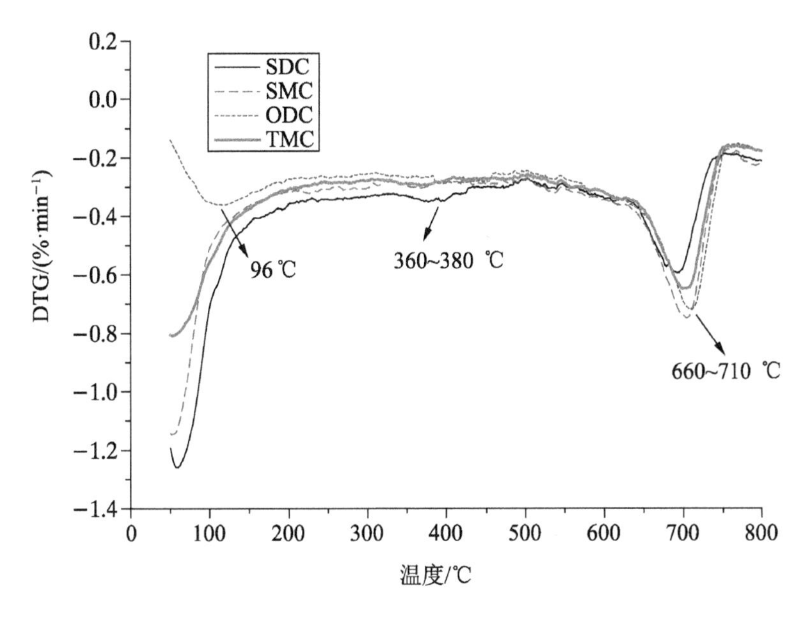

图 4.17　掺 70%粉煤灰和 6%氧化镁的试件在不同养护模式养护后浸泡在 10%硫酸钠溶液中 6 个月的 DTG 曲线

4.5.2 硫酸盐侵蚀前后大掺量粉煤灰砂浆微观结构变化

为获得硫酸盐侵蚀前后各试件的微观结构演变规律，对掺氧化镁的不同粉煤灰掺量的试件在不同养护模式下养护经硫酸盐侵蚀前后进行 SEM 表征，结果如图 4.18～图 4.21 所示。

图 4.18 给出了掺 70％粉煤灰和 6％氧化镁的试件标准养护 28 d 和 90 d 的 SEM 图。从图 4.18(a)可以看出，氧化镁水化 28 d 生成的氢氧化镁晶体尺寸较小，呈颗粒状且聚集在一起。继续水化至 90 d 后，氢氧化镁晶体尺寸有所增大，形状多为棒状，向周围浆体孔隙延伸，填充孔隙，使浆体更加密实。同时较大尺寸的晶体甚至成为浆体骨架，增加了浆体强度，这是掺入氧化镁提高试件抗硫酸盐侵蚀能力的内在原因。

(a) 28 d

(b) 90 d

图 4.18 掺 70％粉煤灰和 6％氧化镁的试件标准养护的 SEM 图

图 4.19 给出了掺 6％氧化镁和不同粉煤灰掺量的试件在标准养护 90 d 的 SEM 图。从图 4.19(a)可以看出，氧化镁在掺入不掺粉煤灰试件时不是均匀分布，当聚集在一起的氧化镁数量较多时，其水化生成的氢氧化镁会造成局部膨胀应力集中，使周围产生微裂纹，这将成为硫酸根离子扩散侵入的通道，从而加速破坏。而图 4.19(b)(c)中，大掺量粉煤灰试件的微观结构相对松散，孔隙较多，未水化的粉煤灰颗粒具有滚珠轴承的作用，氢氧化镁晶体埋没在浆体中较难发现。图 4.20 给出了掺 70％粉煤灰的试件在不同养护模式下养护 90 d 的 SEM 图。标准养护的试件浆体结构松散，孔隙较多，粉煤灰颗粒部分水化，周围存在少量的氢氧化钙，蒸汽养护的试件浆体相对密实，粉煤灰颗粒完全活化开始反应，表面有许多细小针状凝胶沉积。室外养护的试件浆体结构同样松散，粉煤灰颗粒仍较为光滑，存在大量为水化颗粒。匹配养护的试件浆体比较致密，粉煤灰颗粒水化较为充分，浆体连续性好，多为絮状凝胶。养护模式对试件 90 d 时的影响，不同之处在于粉煤灰的水化情况和浆体致

密程度，总的来说对掺70％粉煤灰的试件发展有利的顺序为TMC＞SMC＞SDC＞ODC，即在一定范围内，越高的养护模式越有利。

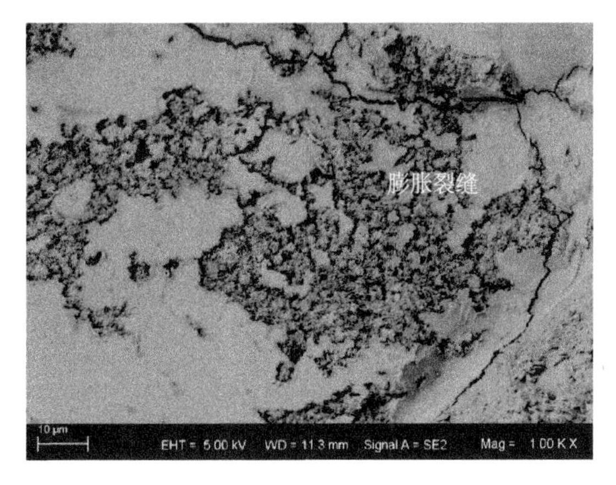

(a) 不掺粉煤灰的试件

(b) 不掺粉煤灰的试件

(c) 掺50％粉煤灰的试件

(d) 掺70％粉煤灰的试件

图4.19　掺6％氧化镁和不同粉煤灰掺量的试件在标准养护90 d的SEM图

(a) SDC

(b) SMC

(c) ODC　　(d) TMC

图 4.20　掺 70%粉煤灰的试件在不同养护模式下养护 90 d 的 SEM 图

图 4.21 给出了掺 6%氧化镁和不同粉煤灰掺量的试件在标准养护后浸泡在 10%硫酸钠溶液中 6 个月的 SEM 图。图 4.21(a)中不掺粉煤灰试件发现了大量的针棒状钙矾石聚

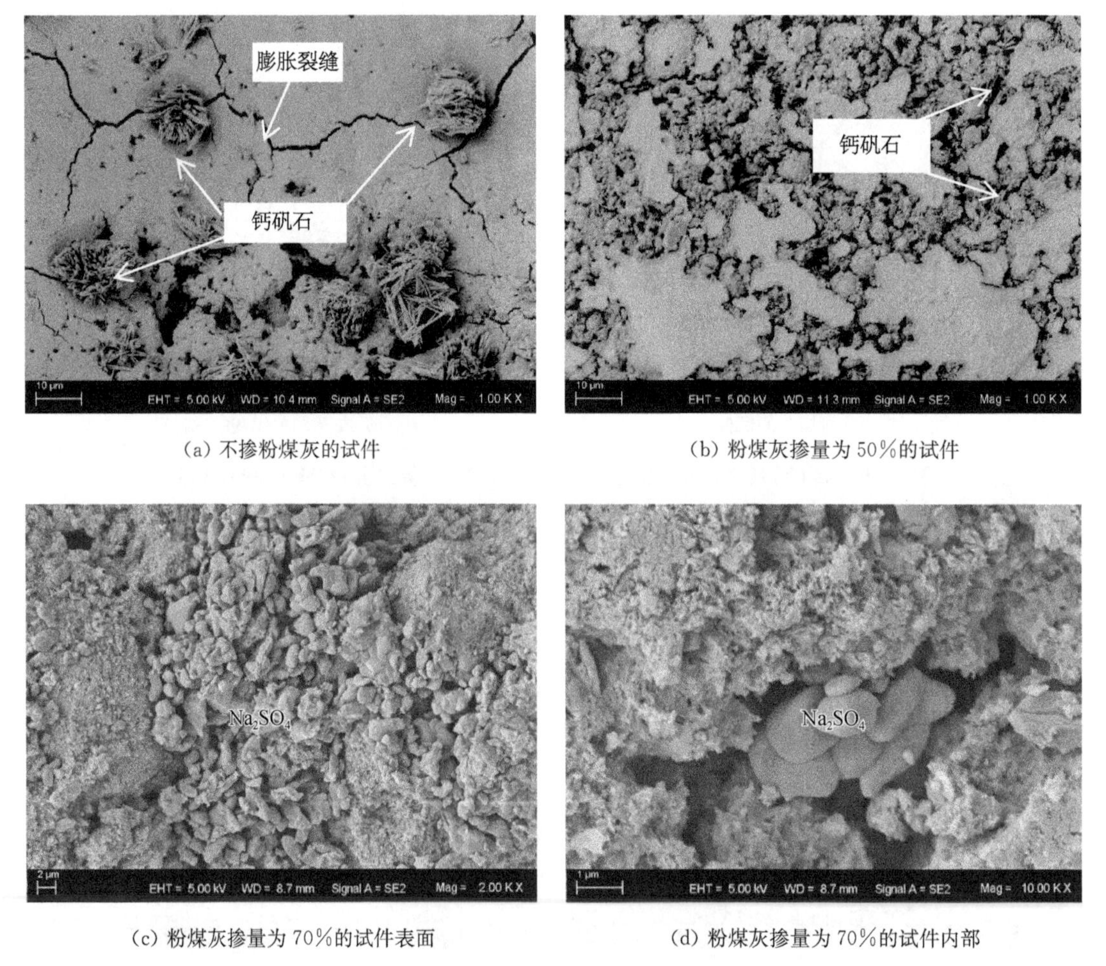

(a) 不掺粉煤灰的试件　　(b) 粉煤灰掺量为 50%的试件

(c) 粉煤灰掺量为 70%的试件表面　　(d) 粉煤灰掺量为 70%的试件内部

图 4.21　掺 6%氧化镁和不同粉煤灰掺量的试件在标准养护后浸泡在 10%硫酸钠溶液中 6 个月的 SEM 图

集和微裂缝形成，未发现典型的石膏晶体。图 4.21(b)中粉煤灰掺量为 50%的试件有少量细小钙矾石，同样未发现石膏，浆体 pH 较低，原有的钙矾石和硫酸盐侵蚀生成的钙矾石发生失稳分解。图 4.21(c)(d)中发现大量硫酸钠晶体，试样中氢氧化钙基本被消耗完，也未见侵蚀产物钙矾石和石膏，说明总体上侵蚀产物含量较少，不足以累积发生膨胀破坏。

4.6 本章小结

本章通过对不同养护模式养护的不同粉煤灰掺量砂浆或混凝土试件浸泡在 10%硫酸钠溶液中，研究了养护模式、粉煤灰掺量和氧化镁对硫酸盐侵蚀下试件的抗压强度变化、长度变化的影响，并运用 XRD、DTG-DSC 和 SEM 测试手段分析了硫酸盐侵蚀前后试件的物相组成和微观结构变化情况，得到如下结论：

(1) 粉煤灰掺量为 0%、30%和 50%的试件抗压强度均随时间先增大后减小，增大期的抗压强度最大增加值从大到小的顺序为 PC>FA30>FA50，减小期的抗压强度低于初始强度的时间顺序为 PC<FA30<FA50。粉煤灰掺量为 70%的试件在硫酸钠侵蚀下抗压强度仍持续缓慢增长。各试件掺入氧化镁后抗压强度变化减小，抗硫酸盐侵蚀能力提高。对于不掺粉煤灰的试件，蒸汽养护和匹配养护均比标准养护造成更多的强度损失，而室外养护与标准养护结果相当并有小幅度的改善。随着粉煤灰掺量的提高，不同养护模式养护的试件抗压强度变化结果与标准养护接近，大掺量的粉煤灰减小了养护模式对硫酸盐侵蚀造成的强度变化的敏感性。

(2) 浸泡在硫酸钠溶液之前，不掺氧化镁的试件呈现体积收缩，90 d 后收缩值随时间变化不大，随着粉煤灰掺量的增加而减小。掺氧化镁后试件呈现微膨胀状态，在养护 180 d 时体积稳定，最终膨胀值受粉煤灰掺量影响较大。粉煤灰掺量越多，最终膨胀值越小。养护模式对试件最终线性膨胀率影响较小，而对膨胀过程影响较大，越高的养护模式早期膨胀越快，完成变形的时间越短。浸泡在硫酸钠溶液中之后，试件在各个阶段的线性膨胀率从大到小的顺序为 PC>FA50>FA30>FA70，其中 PC 试件测试结果远大于掺粉煤灰的试件测试结果，粉煤灰掺量为 30%和 50%的试件测试结果较为相近，粉煤灰掺量为 70%的试件测试结果略小，尤其是测试后期增长仍缓慢。掺氧化镁的试件浸泡在硫酸钠溶液中的线性膨胀率增加比不掺氧化镁的试件小，试件轻微膨胀，孔隙率较未掺氧化镁的试件小，减缓了硫酸根扩散侵入速度。养护模式对大掺量粉煤灰的砂浆试件的线性膨胀率变化影响不大，不掺粉煤灰的砂浆试件的线性膨胀率变化速度有所加快。

(3) 试件中硫酸钠侵蚀的主要产物为钙矾石和石膏。在 6 个月的侵蚀龄期下，各试件石膏含量均较少,不易发现。侵蚀后不掺粉煤灰试件中钙矾石含量较多,粉煤灰掺量越大,侵蚀区的钙矾石含量越少。主要原因是大量粉煤灰替代水泥降低了氢氧化钙的含量,浆体pH值较低,硫酸盐侵蚀过程反应掉了残余的氢氧化钙,造成硫酸盐侵蚀产物减少,钙矾石在低pH值环境下失稳分解,最终向石膏转化。浆体中氧化镁水化生成的氢氧化镁在硫酸盐侵蚀前后含量和形貌无明显变化,不与硫酸根离子发生反应。养护模式不改变浆体中物相组成,较高的养护模式促进水泥、粉煤灰和氧化镁的水化反应,使大掺量粉煤灰试件的微观结构更加密实,从而减缓了硫酸根离子扩散侵入速度。

第五章　养护模式对大掺量粉煤灰混凝土冻融性能影响研究

5.1　引言

抗冻性是混凝土耐久性的最重要指标之一，不仅是因为其影响着混凝土的使用性能和寿命，还因为发生冻害的范围非常广泛。混凝土的冻融损伤过程是一个复杂的物理变化过程，目前国内外对于混凝土冻融损伤程度的评价判据多是参考冻融损伤前后混凝土的弹性模量变化、质量变化和抗压强度变化等。传统的评价方式是从测试试件整体性考量，存在一定的局限性，例如受测试试件尺寸影响较大，且无法给出混凝土遭受冻融作用的破坏深度。电化学阻抗谱(EIS)法是一种无损检测的电化学方法，可以用来分析材料的微结构变化。目前 EIS 在混凝土性能和微观结构测试分析方面已有诸多应用，可以用来分析混凝土冻融作用下的微观结构变化情况。

本章采用传统评价方法，测试混凝土不同冻融循环次数下的相对动弹性模量变化，研究养护模式、粉煤灰掺量及氧化镁对混凝土抗冻性的影响。采用 EIS 法测试不同粉煤灰掺量混凝土的阻抗谱，分析不同冻融循环次数下混凝土的冻融损伤程度。

5.2　试验

配合比及试件制作按第二章进行，由于成型在夏季完成，室外养护采用 7—8 月的养护曲线。制作混凝土试件以用于快速冻融循环试验，试验按照第 2.4.3 节进行。

5.3　基于传统方法的混凝土冻融损伤程度评价

5.3.1　混凝土冻融损伤理论与模型

我国地域辽阔，有大量区域处于严寒地带，不少水工建筑物都有着冻融损伤的危险。

根据南京水利科学研究院等众多单位几十年来的多次调查结果显示，各类港工建筑物在潮差段、背阳面以及迎风面等部位会有不同程度的冻融损伤现象，且北方港口比南方较为严重。寒冷地区的混凝土建筑物在冻融循环作用下遭受的冻融损伤是使用过程中的主要病害[182]。作为耐久性的最重要的指标之一，混凝土的抗冻性一直是工程界关心的热点问题。

(1) 冻融损伤机理

一般认为，冻融损伤主要是在某一结冰温度下，水结冰产生体积膨胀。同时未结冰的过冷水向外迁移，会引起各种压力，当压力超过混凝土能承受的抗拉应力时，混凝土内部孔隙及微裂缝开始发展并逐渐增大，强度逐渐降低，最终造成混凝土破坏[183]。目前提出的冻融损伤理论主要有静水压经典理论、渗透压理论、冰棱镜理论和饱水度理论等。但目前公认程度较高的，仍是由美国学者 T. C. 鲍尔斯(T. C. Powers)提出的膨胀压理论和渗透压理论。

(2) 冻融影响因素

① 孔结构。混凝土抗冻性与孔结构密不可分。毛细管中的水结冰产生的静水压力与体系气泡间距的平方成正比，气泡间距越大，水流入其他孔隙的流程越长，压迫水通过毛细管所需的水压也越大。当毛细管水压超过混凝土抗压强度时，混凝土发生破坏[183]。混凝土孔结构参数包括孔隙率、孔径大小、孔径分布、孔形状和气泡间距系数等。研究认为[184-185]，掺入引气剂的混凝土大孔减少，微小孔增多，气泡间距系数减小，混凝土孔结构的平均孔径、最可几孔径和临界孔径减小，孔级配分布更为合理。②饱水度。水是造成混凝土受冻破坏的前提条件，混凝土中水的存在形式是由混凝土的孔隙结构决定的。水在混凝土中基本上呈 3 种方式存在，即化学结合水、物理吸附水和自由水。其中会引起混凝土冻融损伤的为自由水。自由水广泛存在于混凝土的大小不同的毛细孔或大孔中，其数量多少和毛细孔直径有关，这部分水在毛细孔中是可迁移的，在常压下，随温度升高可蒸发。当温度降低到 0 ℃以下时，这部分水即转变为固相冰，且由于体积膨胀，会对混凝土内部结构产生破坏作用。③环境条件。环境条件主要是指混凝土所处环境的最低冻结温度、降温速率、冻结龄期等条件。冻结温度越低，破坏越严重。降温速率对混凝土的冻融损伤也有一定的影响，且随着冻融速率的提高，冻融损伤力加大，混凝土容易破坏。

(3) 冻融劣化模型

目前已有的模型较多集中在通过宏观的物理和力学指标如动弹性模量和质量损失来表达混凝土的冻融损伤。余红发等[186]借助损伤力学原理，通过加速试验研究了混凝土在冻融或腐蚀条件下损伤失效过程的规律与特点，认为混凝土的损伤失效过程可以分为单段损伤模式和双段损伤模式，其损伤曲线主要有直线型、抛物线型和直线-抛物线复合型等 3 种形式。在此基础上建立了混凝土损伤演化方程，提出了损伤速度和损伤加速度的新概念。

单段损伤模式：

$$E_r = 1 + bN + 0.5cN^2 \tag{5-1}$$

双段损伤模式：

$N < N_{r2}$ 时：
$$E_{r1} = 1 + aN \tag{5-2}$$

$N > N_{r2}$ 时：
$$E_{r2} = 1 + \frac{0.5(b-a)^2}{c} + bN + 0.5cN^2 \tag{5-3}$$

式中：E_r 为相对动弹性模量；N 为冻融循环次数；N_{r2} 为损伤速度突变点；系数 a 和 b 分别反映了混凝土的损伤初速度和二次损伤初速度；系数 c 反映了混凝土的损伤加速度。

王立久[187]提出了冻融角 θ 和混凝土极限冻融循环次数 N_0 的概念，提出以抗冻因子 ω 作为表征和评价混凝土抗冻性的唯一指标，并由此推导出冻融曲线的数学模型：

$$\frac{E}{E_0} = \left(1 - \frac{N}{N_0}\right)^{\omega} e^{\omega(N/N_0)} \tag{5-4}$$

式中：$\frac{E}{E_0}$ 为混凝土相对动弹性模量；N_0 为混凝土极限冻融循环次数；ω 为抗冻因子。

抗冻因子 ω 所表征的是混凝土相对动弹性模量损伤程度，极限值 $\omega = 0$ 表征的是无冻害混凝土。研究认为，混凝土强度与抗冻因子 ω 存在着线性关系：

$$f_{cu} = 257\omega + 234 \tag{5-5}$$

式中：f_{cu} 为混凝土强度。

慕儒[188]提出质量损失和冻融循环次数之间的关系可以表达为：

$$W_1 = \frac{G_n - G_0}{G_0} = a \cdot \lg(b \cdot N + 1)\left(1 + c \cdot \frac{10^{(0.01N-d)}}{1 + 10^{(0.01N-d)}}\right) \tag{5-6}$$

式中：W_1 为质量损失率；G_0 为冻融循环前试件的质量；G_n 为 N 次冻融循环后试件的质量；N 为冻融循环次数；a、b、c、d 为由试验确定的材料特性参数。

研究还指出，随着冻融循环的进行，混凝土体内毛细孔缝不断扩展、延伸，形成新的微裂缝及微裂区，使得混凝土内部裂缝扩展有害孔缝增加。用总有害孔率来表示冻融损伤对混凝土弹性模量的影响为：

$$E_r = \frac{E_n}{E_0} A \exp^{[-(k \cdot N)^f]} \tag{5-7}$$

式中：$\frac{E_n}{E_0}$ 为混凝土相对动弹性模量；k 主要反应外部应力和冻融介质的影响；f 主要反应

钢纤维的影响；A 动弹性模量变化规律方程的形式参数(用百分数表示相对动弹性模量时取 100)。

传统的混凝土冻融损伤基本依靠混凝土冻融损伤后的弹性模量、相对动弹性模量或质量损失来进行评价。近些年有研究人员提出了裂缝密度数字影像法、毛细孔吸水含量法和混凝土阻抗法等新方法。本书首先采用超声法测试混凝土试件冻融前后的相对动弹性模量,以相对动弹性模量的结果作为评判依据。

5.3.2 试验结果与分析

不同粉煤灰掺量的混凝土试件在不同养护模式下养护完成后分别进行冻融循环 0 次、25 次、50 次、75 次及 100 次的相对动弹性模量结果如图 5.1 所示。从图 5.1(a)可以看出,在标准养护下,各组混凝土试件相对动弹性模量均随冻融循环次数降低,除了个别组数据,整体上呈现线性关系。随着粉煤灰掺量的增加,试件的相对动弹性模量下降加快,说明大

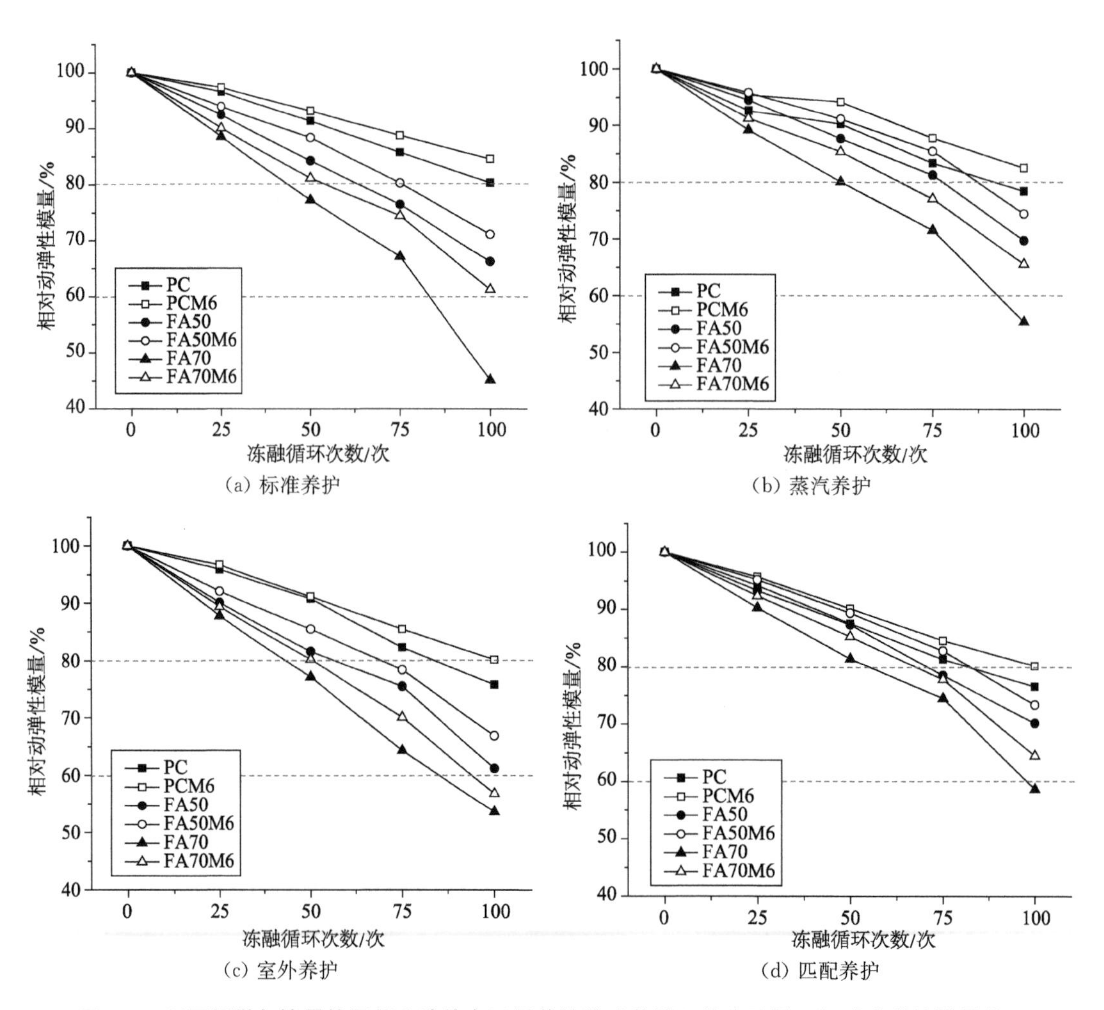

图 5.1 不同粉煤灰掺量的混凝土试件在不同养护模式养护下的冻融循环相对动弹性模量结果

掺量粉煤灰导致混凝土抗冻性能降低，且掺量越大，下降幅度越大。这是由于大量的粉煤灰取代水泥导致水泥含量大大降低，水泥水化产物凝胶相不足，氢氧化钙含量也较少，粉煤灰二次水化反应程度低，使浆体微观结构松散，孔隙率较大且连通孔较多。同时由粉煤灰水化产生的低钙硅比凝胶较多，相比水泥水化生成的凝胶其强度更低，相互之间及与骨料之间胶结能力较低，在遭受冻融作用时更容易发生破坏。目前国内现行规范中将相对动弹性模量下降至60%时认为混凝土达到破坏状态，文献[189]对此加以细分，认为相对动弹性模量在80%以上为轻度破坏，60%～80%之间为中度破坏，60%以下为严重破坏，如图5.2所示。不掺粉煤灰的混凝土在冻融100次时相对动弹性模量仍在80%以上，而粉煤灰掺量为50%和70%时，相对动弹性模量分别为65.3%和45.2%，粉煤灰掺量为70%的混凝土甚至已经严重破坏。

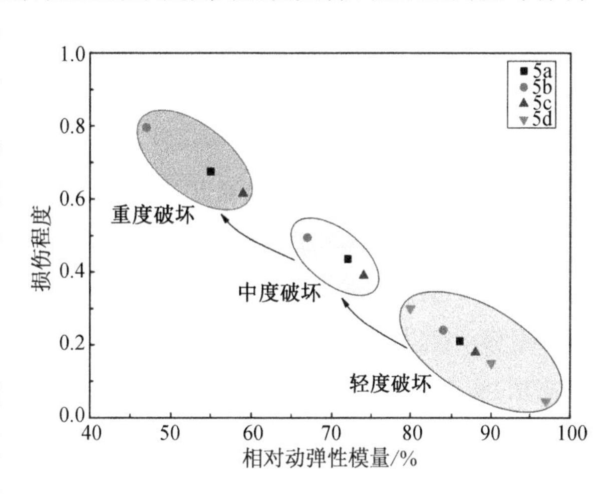

图5.2　不同混凝土冻融损伤程度与相对动弹性模量关系[189]

从图5.1还可以看出，在水胶比为0.5时，相同冻融循环次数下，掺入6%的氧化镁提高了各组试件的相对动弹性模量，冻融循环次数越大，提高幅度越大。这是由于氧化镁水化后生成氢氧化镁，固相体积增加，填充了混凝土内部孔隙，改善界面，晶体较大的氢氧化镁又可起到骨架作用，阻碍了冻融损伤时水分往混凝土内部侵入。图5.1(b)(c)(d)分别展示了养护模式对测试结果的影响。可以看出，不同的养护模式对初始(25次)冻融损伤作用不明显，当冻融循环次数较大时，对不同粉煤灰掺量的混凝土测试结果有不同的影响作用。例如，对不掺粉煤灰混凝土试件，蒸汽养护、室外养护和匹配养护均使得试件在100次冻融循环时的相对弹性模量有所降低。对大掺量粉煤灰混凝土，蒸汽养护和匹配养护改善了试件的100次冻融循环破坏作用，而室外养护作用不明显。早期较高的养护模式养护促进了水泥和粉煤灰的水化，根据阿伦尼乌斯(Arrehnius)定律，温度增加10℃，则化学反应提高2～10倍。早期高温导致水泥水化速度加快，提高了浆体早期强度，但是降低了后期强度。过快的水化速度使得水化产物包裹水泥颗粒，阻碍了进一步的水化，增加内部裂纹的形成和发展，不利于孔结构变化。相反地，对大掺量粉煤灰浆体，较高的温度促进了粉煤灰的活化与火山灰反应，C—S—H凝胶变得更加密实，改善孔结构，强度更高，与水化物和骨料之间黏结加强，因而抗冻性能更好。

5.4 基于电化学阻抗谱(EIS)的混凝土冻融损伤程度评价

5.4.1 混凝土电化学阻抗谱(EIS)分析方法

电化学阻抗谱(EIS)法，也称为交流阻抗谱法，是一种暂态电化学技术，它的特点是测量速度快、对所研究体系的表面状态干扰小。电化学阻抗谱法准确灵敏，测试简便，在实验参数控制得当的时候，能够准确地反映混凝土内微细观的变化，是一种有力的研究手段。然而电化学阻抗谱法在实际应用中也存在一定的弊端，例如受环境因素干扰较大，实验条件的变化很容易引起阻抗谱参数的变化，因此对测试条件的要求十分苛刻。

混凝土在结构在服役过程中，会受到诸如冻融、氯离子扩散、硫酸盐侵蚀和碳化等作用的破坏，造成耐久性降低，影响使用寿命。而这些破坏形式都可以通过电化学阻抗谱中的参数变化来表征，并用来评判混凝土的耐久性和预测其使用寿命。经过多年发展，电化学阻抗谱法在研究水泥混凝土材料性能时得到广泛应用，例如水泥的水化过程，混凝土的力学性能、钢筋腐蚀、孔隙特征和渗透性等[190-192]。

混凝土作为一种多孔介质材料，可以看成是一种孔中存在有电解质溶液的特殊电化学体系。在混凝土试块两相对面设置电极，可测量混凝土的电化学阻抗谱。根据电化学阻抗谱的变化，可了解混凝土微观结构的发展和变化。在理想状态下，典型的混凝土电化学阻抗谱呈兰德尔(Randles)型，其奈奎斯特(Nyquist)图如图 5.3 所示。图像由两部分组成，在高频段是一个圆心在实轴的半圆，这部分由动力学控制；在低频段是一条与实轴成 45°夹角的直线，这部分由扩散控制。其等效电路如图 5.4 所示。

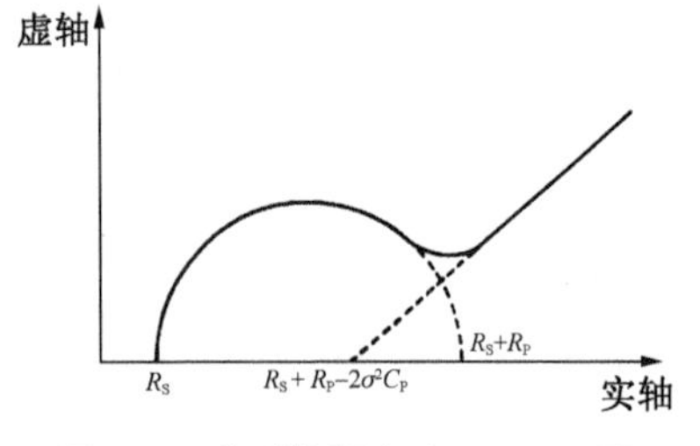

图 5.3 典型的混凝土 Nyquist 图

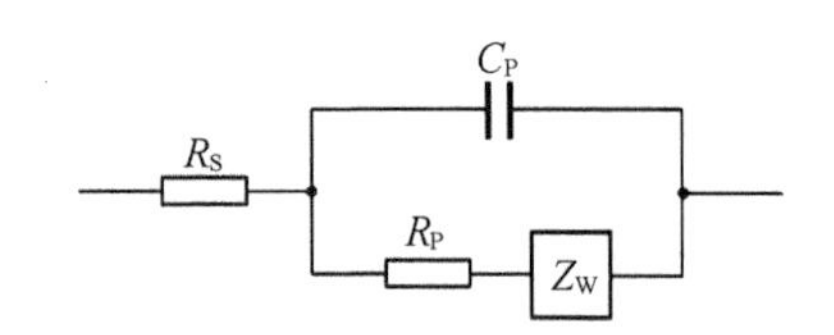

图 5.4 图 5.3 的等效电路图

图 5.4 中各个电路元件参数可由图 5.3 计算求得，其中 R_S 为高频半圆左端的实坐标值，与混凝土试块的总孔隙率成反比；R_P 为高频半圆的直径，是混凝土水化动力学参数，R_P 越大，水化过程进行越慢；σ 为低频斜线在实轴上的截距，Z_W 和 σ 反映了孔溶液中离子的扩散阻抗；C_P 为高频半圆最高点的频率，是混凝土中孔的几何电容。

然而在实际应用中，混凝土是一个复杂的多孔结构体系，高频部分的半圆往往被压扁或发生偏转，如图 5.5 所示，称为准 Randles 型。实际测量的混凝土典型 Nyquist 图[193]如图 5.6 所示。

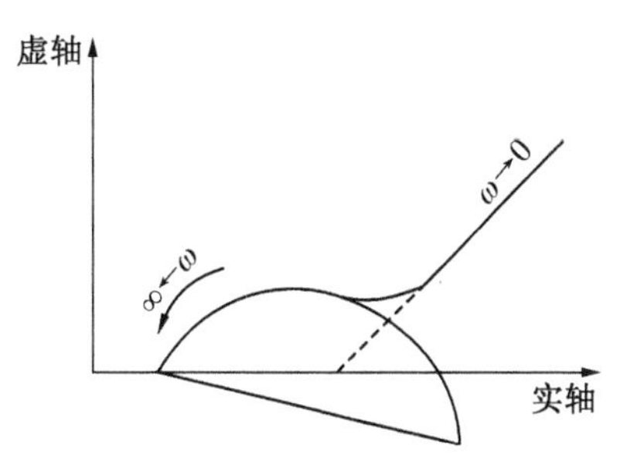

图 5.5　准 Randles 型的混凝土 Nyquist 图

电化学阻抗方法是研究混凝土孔结构和渗透性的重要方法，因此可以用来研究混凝土的抗冻性能。通过对冻融前后的混凝土试件进行电化学阻抗测试，不仅可以观察其在冻融循环过程中的微细观结构变化，而且可以在混凝土发生冻融损伤以前就对其抗冻性耐久性做出合理判断。

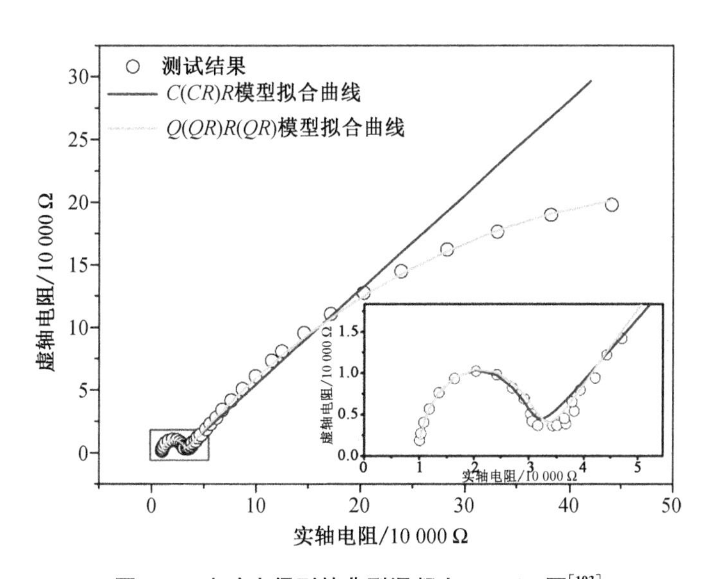

图 5.6　实验室得到的典型混凝土 Nyquist 图[193]

5.4.2　电化学阻抗谱(EIS)等效电路解析

等效电路是指把材料或其他研究对象测得的电化学阻抗谱和一个由电阻和电容等元件所组成的电路图对应起来，这样各反应过程就可以通过对应的等效电路元件表示出来[194]。

混凝土是一个包含有固、气和液相的非均匀三相复杂体系。其中：固相主要包括集料、胶凝材料水化产物和未水化的胶凝材料颗粒；液相主要包括孔隙中的孔溶液；气相主要包括未被孔溶液完全填充孔隙中的空气。从电化学角度衡量混凝土中的三相体系，可以将其看成是一个包含电阻、电容及常数项的综合电化学体系。Song[195]将混凝土的三相复杂体系用简化的微观结构图表示，如图 5.7 所示，其简化图如图 5.8 所示。其中与电化学相关的通路主要划分为 3 种：由连通孔互相连接的连通路径(CCP)；由连通孔隙与之间阻断的浆体层组成的半连通路径(DCP)；完全由浆体组成的不连通路径(ICP)。

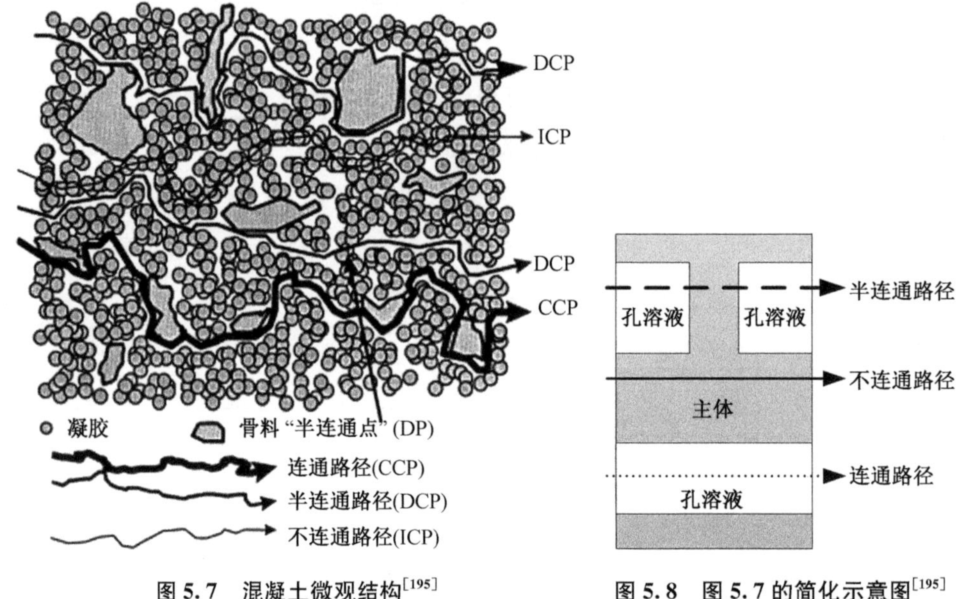

图 5.7　混凝土微观结构[195]

图 5.8　图 5.7 的简化示意图[195]

以上三种通路组成了混凝土复杂了电化学导电路径，将它们互相之间看作并联关系，得到的等效电路模型如图 5.9 所示。其中元件 R_{CCP} 代表连通路径电阻，元件 R_{DCP} 代表半连通路径中连通路径部分电阻，元件 Q_{DCP} 代表半连通路径中阻断部分浆体电容，Q_{ICP} 代表绝缘路径中浆体电容。该模型可以很好地解释各种内外部因素对混凝土微细观孔结构造成的变化影响。当混凝土发生冻融损伤时，内部孔隙液发生结冰导致体积膨胀，原有的连通孔路径变得粗大，部分半连通路径转化成连通路径，因此可由冻融损伤前后元件 R_{CCP} 的值来评价混凝土受冻融损伤程度。

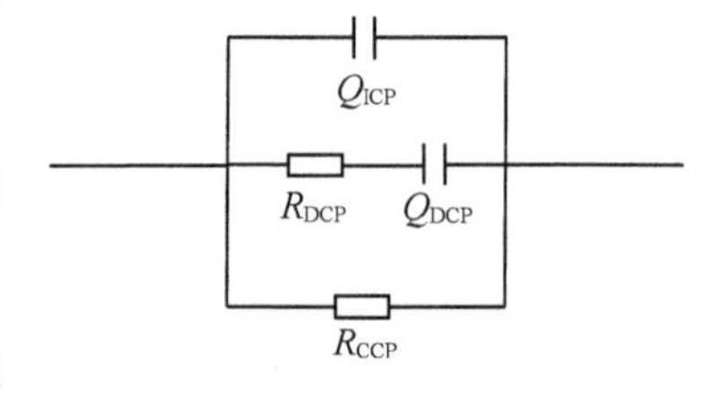

图 5.9　基于混凝土微观结构的等效电路

5.4.3　试验结果与分析

基于图 5.9 的等效电路得到的混凝土总阻抗 (Z) 如式(5-8)所示。

$$Z=\frac{1}{\mathrm{i}\omega Q_{ICP}+\frac{1}{R_{DCP}+\frac{1}{\mathrm{i}\omega Q_{DCP}}}+\frac{1}{R_{CCP}}} \tag{5-8}$$

式中：Z 为混凝土总阻抗；i 为虚数单位($i^2=-1$)；ω 为交流电频率。

试验测试标准养护下的试样在冻融前后的 Nyquist 图和拟合结果如图 5.10～图 5.14 所示。采用电化学工作站随机自带的 ZSimpWin 软件进行拟合试验测试得到的 EIS 数据，拟合模型为($Q(QR)R$)，拟合得到的值列于表 5.1 中。

表 5.1 用图 5.9 等效电路拟合得到的 R_{CCP} 值

试样编号	冻融循环次数/次	$R_{CCP}/(10^6\,\Omega\cdot cm^2)$
FA50	0	4.12
PCM6	0	9.22
	25	8.83
	50	8.43
	75	8.01
FA50M	0	5.22
	25	4.51
	50	4.38
	75	3.78
FA70M	0	2.17
	25	1.67
	50	1.55
	75	1.18

5.4.3.1 氧化镁与粉煤灰掺量对 Nyquist 图的影响

Nyquist 图中高频区与低频区的连接点称为鞍点，鞍点在实轴上的坐标值即是混凝土的体电阻。体电阻和混凝土的渗透性有关，且与连通路径的电阻 R_{CCP} 存在良好的线性关系[196]。一般来说，鞍点越大，R_{CCP} 越大，渗透性越差，Nyquist 图中的 EIS 数据点处于上方位置。粉煤灰掺量为 50%的混凝土掺 6%氧化镁和不掺氧化镁的 Nyquist 图如图 5.10 所示。从图 5.10 可以看出，掺氧化镁后的混凝土鞍点右移，说明其渗透性降低，混凝土孔隙率变小，更加密实。同样从表 5.1 给出的拟合值可知，掺氧化镁的混凝土 R_{CCP} 为 $5.22\times10^6\ \Omega\cdot cm^2$，不掺氧化镁的混凝土 R_{CCP} 为 $4.12\times10^6\ \Omega\cdot cm^2$。

掺 6%氧化镁的不同粉煤灰掺量的混凝土 Nyquist 图如图 5.11 所示。从图 5.11 可以看出，粉煤灰掺量越大，EIS 数据曲线低频区越靠近实轴。从表 5.1 可知，不掺粉煤灰的混凝土 R_{CCP} 值为 $9.22\times10^6\ \Omega\cdot cm^2$，掺 50%粉煤灰的混凝土 R_{CCP} 值为 $5.22\times10^6\ \Omega\cdot cm^2$，

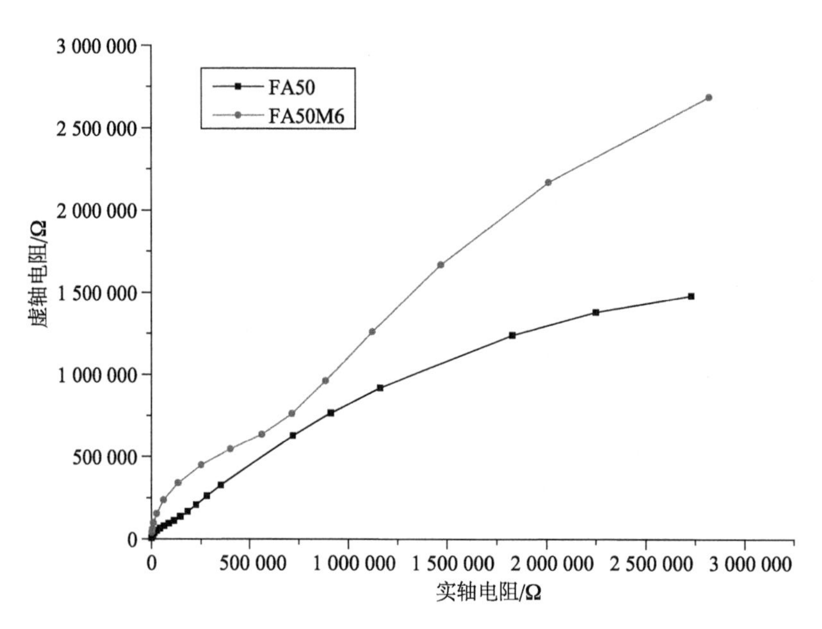

图 5.10　掺氧化镁与否的混凝土 Nyquist 图

掺 70%粉煤灰的混凝土 R_{CCP} 值为 $2.17\times10^{6}\ \Omega\cdot cm^{2}$。由此可知，大掺量粉煤灰混凝土的抗渗透性较差，从电化学角度反映了大掺量粉煤灰混凝土抗冻性低于普通混凝土的内在原因。

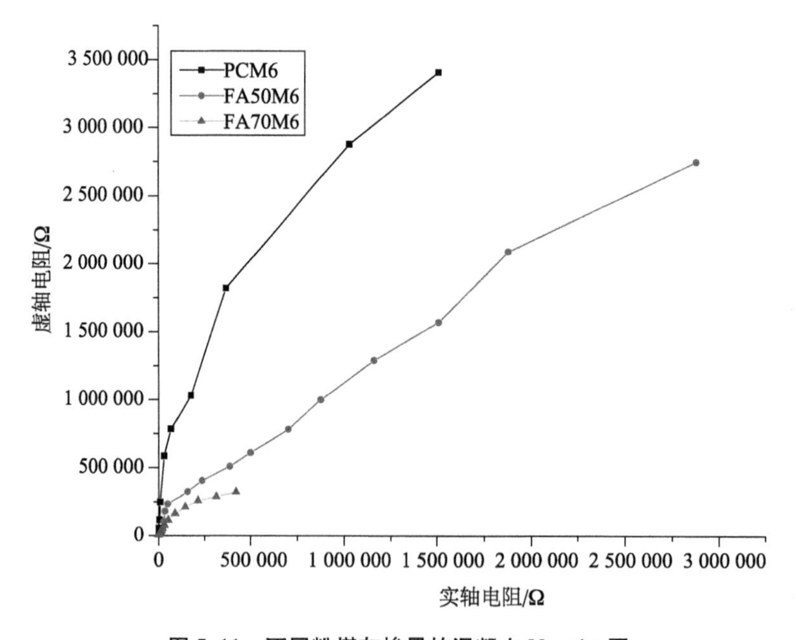

图 5.11　不同粉煤灰掺量的混凝土 Nyquist 图

5.4.3.2　冻融循环次数对 Nyquist 图的影响

掺 6%氧化镁和 0%、50%和 70%粉煤灰的混凝土在分别在 0 次、25 次、50 次和 75 次冻融循环下的 Nyquist 图及其拟合结果如图 5.12～5.14 所示，拟合得到的 R_{CCP} 值列于表 5.1 中。从图 5.12～图 5.14 可以看出，随着冻融循环次数增加，Nyquist 图中 EIS 数据曲线向实轴靠拢，鞍点左移，表明混凝土的渗透性在加强，同时表 5.1 中各组混凝土的 R_{CCP} 值也随着冻融循环次数增加而降低。由冻融损伤机理可知，在混凝土出现剥落前，内部毛细

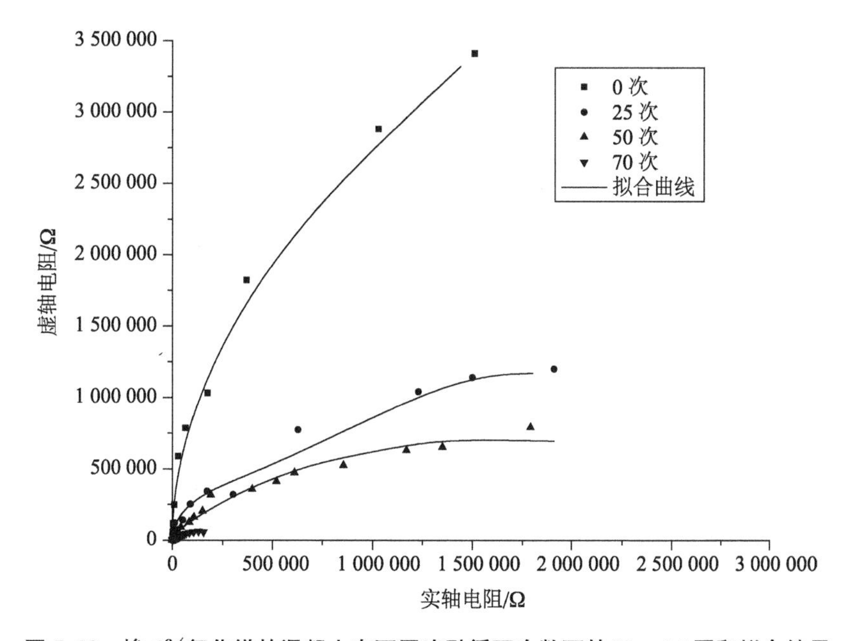

图 5.12　掺 6%氧化镁的混凝土在不同冻融循环次数下的 Nyquist 图和拟合结果

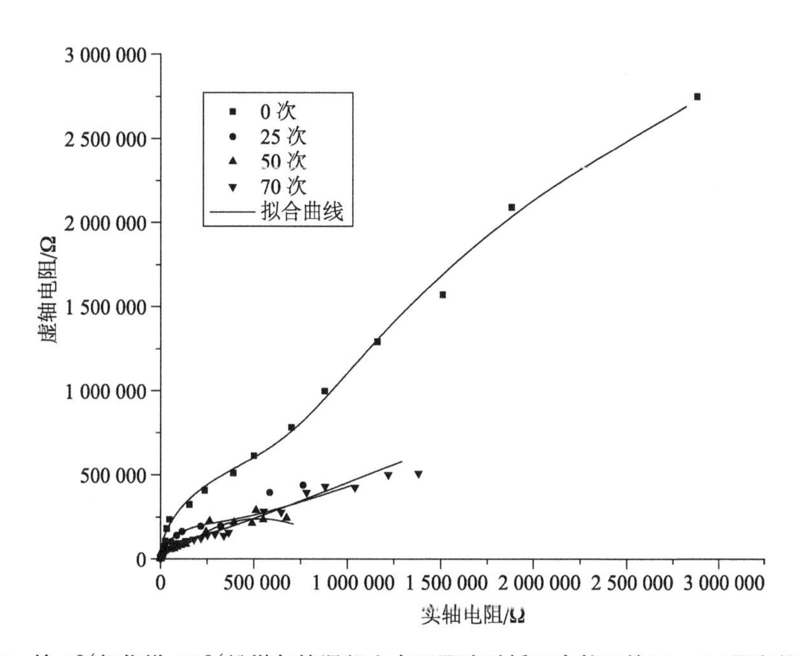

图 5.13　掺 6%氧化镁、50%粉煤灰的混凝土在不同冻融循环次数下的 Nyquist 图和拟合结果

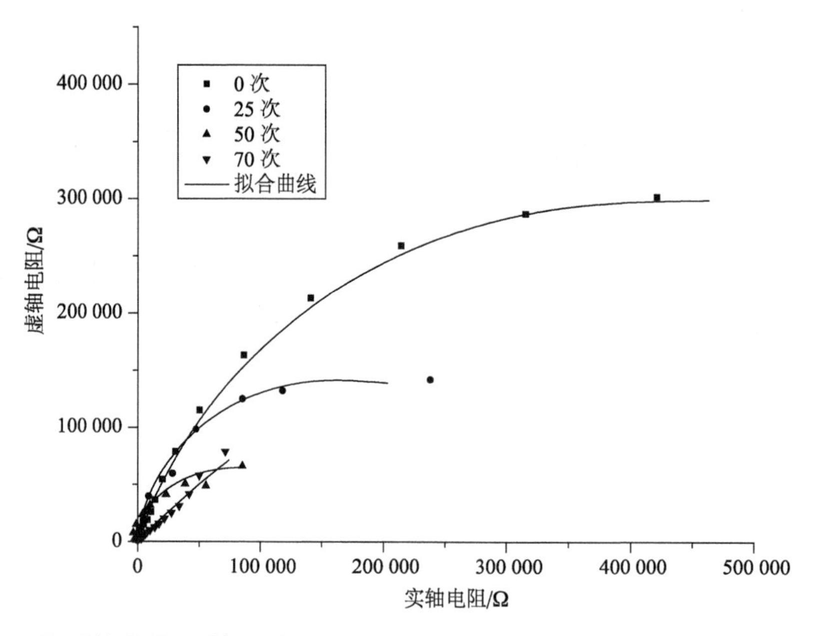

图 5.14 掺 6%氧化镁、70%粉煤灰的混凝土在不同冻融循环次数下的 Nyquist 图和拟合结果

孔由于结冰、结晶等压力造成破坏，孔径增大，连通孔数量增加，导致此部分电阻值减小。观察不掺粉煤灰的混凝土 Nyquist 图中曲线走势差异较大，而掺 70%粉煤灰的混凝土 Nyquist 图中曲线走势较为相似，分析原因可能是不掺粉煤灰的混凝土发生冻融损伤的同时，孔隙内离子浓度变化较大。结冰时离子向内部富集，而融化时离子随着孔隙水向外迁移，最终导致破坏区离子浓度下降，这又降低了导电性。对于掺 70%粉煤灰的混凝土来说，由缺少氢氧化钙，孔隙内离子含量低，受到冻融作用后变化较小。

5.4.4 基于连通路径电阻(R_{CCP})值的冻融损伤程度判断

从表 5.1 中各组混凝土 R_{CCP} 值随冻融循环次数变化发现，它们之间存在良好的线性关系。在这里定义一个参数值来表征混凝土受冻融损伤程度，即连通路径电阻残余量，如式(5-9)所示。则损伤程度与连通路径电阻残余量之间的关系如式(5-10)所示。

$$\delta = \frac{R_{CCP}^{N}}{R_{CCP}^{0}} \times 100\% \tag{5-9}$$

$$\alpha = 1 - \delta = 1 - \frac{R_{CCP}^{N}}{R_{CCP}^{0}} \times 100\% \tag{5-10}$$

式中：δ 为连通路径电阻残量(%)；α 为损伤程度(%)；R_{CCP}^{N} 为冻融循环 N 次时混凝土的 R_{CCP} 值($\Omega \cdot cm^2$)；R_{CCP}^{0} 为混凝土的初始 R_{CCP} 值($\Omega \cdot cm^2$)。

根据表 5.1 计算得到的连通路径电阻残余量随冻融循环次数变化关系如图 5.15 所示。

可见，δ 与 N 之间有良好线性关系，如同第 5.3.2 节相对动弹性模量与冻融循环次数之间的变化关系一样，由于两种测试结果是在同一试件上得到的，可通过相对动弹性模量的结果来划分基于 R_{CCP} 值的破坏程度区间。两种方法的线性拟合结果如表 5.2 所示。

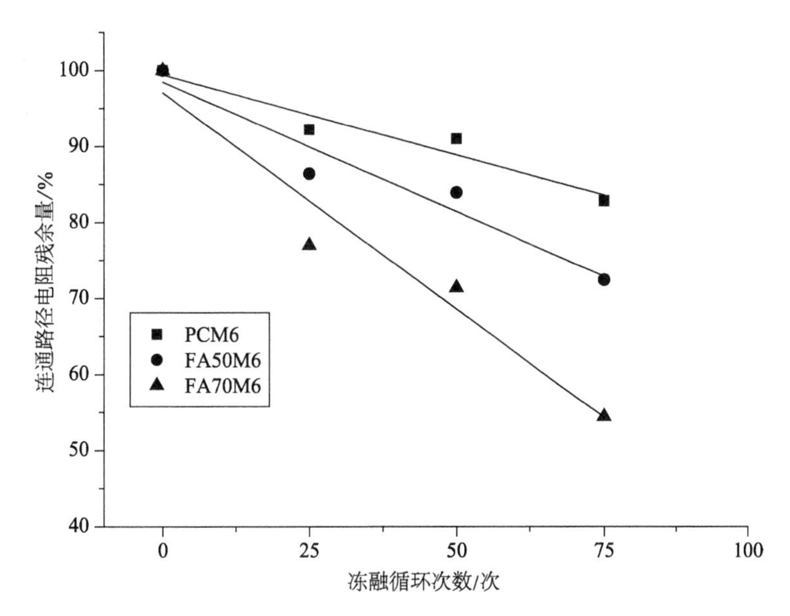

图 5.15　连通路径电阻残余量与冻融循环次数关系

表 5.2　两种方法的拟合结果

混凝土编号	拟合形式：$y = a + b \cdot N$					
	超声法			EIS 法		
	a_1	b_1	R^2	a_2	b_2	R^2
PCM6	100.52	−0.15	0.981 2	99.86	−0.16	0.983 2
FA50M6	100.38	−0.26	0.989 1	99.77	−0.29	0.979 6
FA70M6	99.26	−0.34	0.989 3	99.90	−0.37	0.976 6

EIS 法与超声法的关系如式(5-11)所示。

$$\delta = a_2 + \frac{b_2}{b_1}(E - a_1) \tag{5-11}$$

代入超声法的破坏区间，即相对的弹性模量为 80%和 60%时，求得应用 EIS 法评价破坏程度时的临界 δ 值，如表 5.3 所示。不同养护模式下各试件的 δ 值按相同方法计算，此处不再给出，最终计算值同样列在表 5.3 中。从计算结果可知，应用 EIS 法评价破坏程度时，可以 77%以上为轻度破坏，以 55%～77%为中度破坏，以 55%以下为重度破坏。养护模式对破坏临界值影响不大，符合以上的破坏程度评价区间。另外，EIS 法的破坏临界值略普遍低于超声法，原因是进行 EIS 测试时，选择的两个相对面完全覆盖导电铜箔，如此一来，便默认忽略了其他 4 个面边角的破坏影响，而实际测试结果将其包含其中，导致测试结果偏大。

表 5.3　EIS 法的损伤临界值

混凝土编号	轻度破坏临界值/%				严重破坏临界值/%			
	SDC	SMC	ODC	TMC	SDC	SMC	ODC	TMC
PCM6	78	77	78	79	57	58	58	56
FA50M6	77	77	79	78	55	55	58	56
FA70M6	79	78	78	79	57	57	55	56

5.5　基于电化学阻抗谱(EIS)的混凝土冻融损伤深度预测

5.5.1　电化学阻抗谱(EIS)等效电路解析

从第 5.4 节的分析可以看出，冻融循环作用对混凝土孔隙结构的影响呈现了较好的规律性。根据冻融损伤过程及机理建立的 EIS 等效电路，模拟出在冻融循环作用下混凝土中连通路径电阻元件的数值，并依此做出混凝土破坏程度判断。此方法和传统相对动弹性模量法一样，评价的是混凝土试件在破坏前后的整体性破坏程度，受到混凝土尺寸因素影响较大。在相同冻融循环次数下，混凝土尺寸越小，其破坏程度越大。实际上，冻融循环作用对混凝土造成的破坏也是由表层向内部逐步形成的，当表层破坏时混凝土内部仍是完好的，因此用单一的等效电路来模拟这个过程具有局限性。

文献[197]给出了混凝土小孔和大孔在不同冻融循环次数下的变化情况，如图 5.16、图 5.17 所示。随着冻融循环次数增加，破坏越来越严重，孔结构上体现在孔径增大，连通孔变粗，数量增加，小孔之间互相连接。为了体现这个破坏的过程，在建立等效电路模型时，需要考虑冻融前和冻融过程中的混凝土孔隙结构的不同和破坏深度的变化。对于冻融前的情况，混凝土微观结构仍可按照第 5.4.2 节进行简化，如图 5.18(a)所示，与其对应的等效电路如图 5.18(c)所示。而对于冻融过程中的情况，将破坏分为两个过程，破坏深度逐步增加和破坏区破坏程度不断增加，并作如下假设：破坏区连通路径内离子浓度不发生变化；破坏区看作均匀破坏，破坏深度为当量破坏深度；当量破坏深度以外的混凝土完好。将冻融过程进行简化，便可得到冻融循环作用下的混凝土微观结构变化示意图，如图 5.18(b)所示，与其对应的等效电路如图 5.18(d)所示。

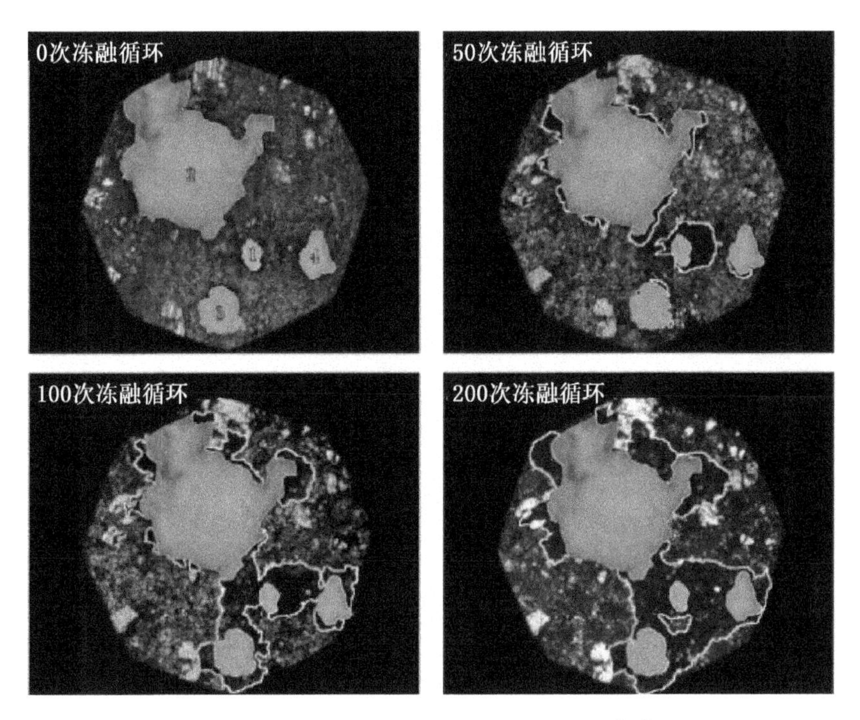

图 5.16 冻融作用对混凝土小孔的破坏[197]

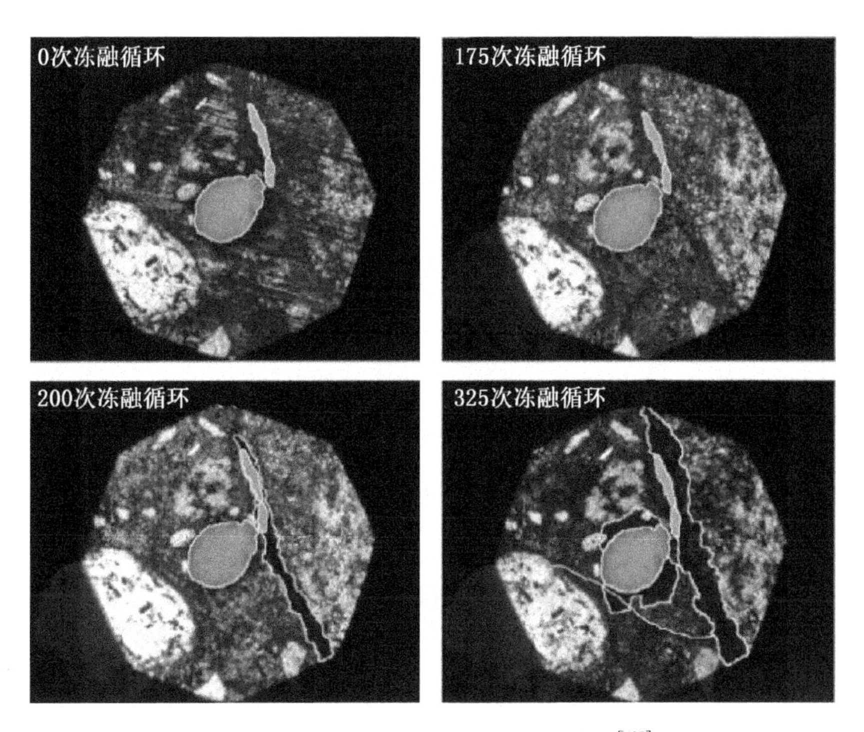

图 5.17 冻融作用对混凝土大孔的破坏[197]

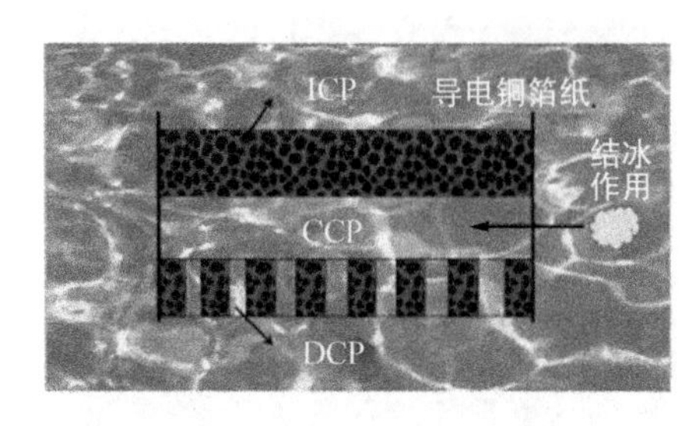

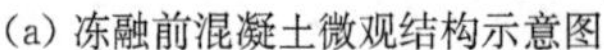
(a) 冻融前混凝土微观结构示意图

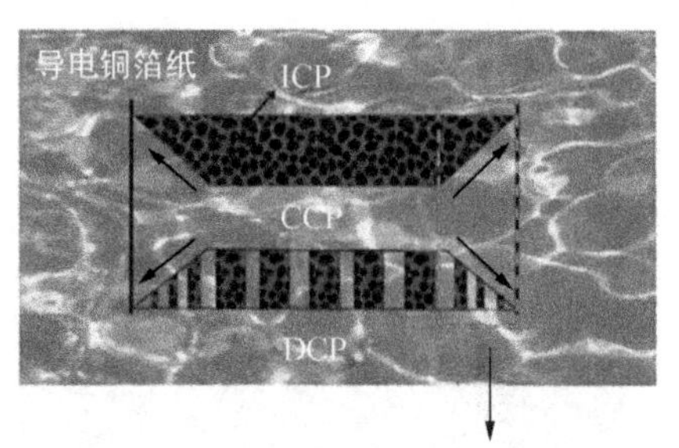

(b) 冻融后混凝土微观结构示意图

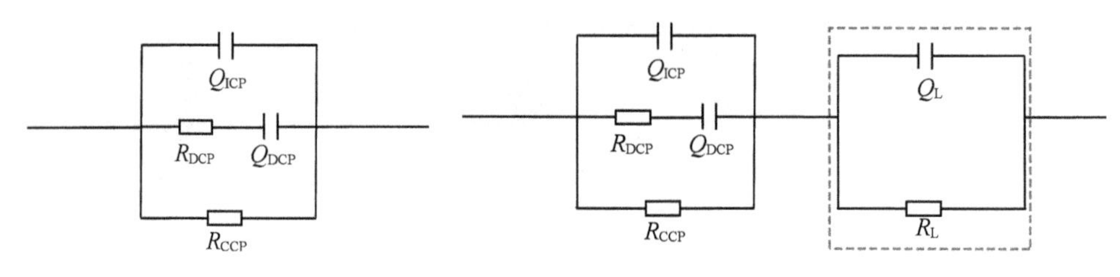

(c) 冻融前混凝土等效电路　　(d) 冻融后混凝土等效电路

图 5.18　冻融循环过程中混凝土的微观结构变化示意及对应的等效电路

注：O_{L} 为冻融过程中混凝土破坏区的电容；R_{L} 为冻融过程中混凝土破坏区连通路径的电阻。

根据图 5.18(d)的等效电路模型，得到冻融后混凝土的总阻抗 (Z) 如式(5-12)所示。

$$Z=\frac{1}{\mathrm{i}\omega Q_{\mathrm{ICP}}+\dfrac{1}{\dfrac{1}{\mathrm{i}\omega Q_{\mathrm{DCP}}}+R_{\mathrm{DCP}}}+\dfrac{1}{R_{\mathrm{CCP}}}}+\frac{1}{\mathrm{i}\omega Q_{\mathrm{L}}+\dfrac{1}{R_{\mathrm{L}}}} \tag{5-12}$$

式中：Z 为冻融循环作用下混凝土总阻抗；R_{L} 为冻融过程中混凝土破坏区连通路径的电阻；Q_{L} 为冻融过程中混凝土破坏区的电容；i 为虚数单位，$\mathrm{i}^2=-1$；ω 为流过混凝土的交流电频率。

5.5.2　基于电化学阻抗谱(EIS)的模拟结果与分析

采用图 5.18 中解析的等效电路模型对测到的混凝土 EIS 数据进行拟合，结果如图 5.19～图 5.21 所示。从图 5.19～图 5.21 可以看出，测试点基本位于拟合曲线的周围，拟合效果较好。为了简化起见，在冻融循环破坏过程中，混凝土破坏区结构劣化主要发生在连通孔中，只考虑与混凝土的连通孔有关的微结构的变化。与之相关的电化学元件有初始连通路径电阻 R_{CCP}^{0}、完好区连通路径电阻 R_{CCP}^{N}、破坏区连通路径电阻 R_{L}。

采用图 5.18 中解析的等效电路模型对冻融循环作用下的不同养护模式优化的大掺量粉煤灰混凝土试样的 EIS 数据进行拟合，得到不同粉煤灰掺量下混凝土试样的 R_{CCP}^{N} 和 R_{L}

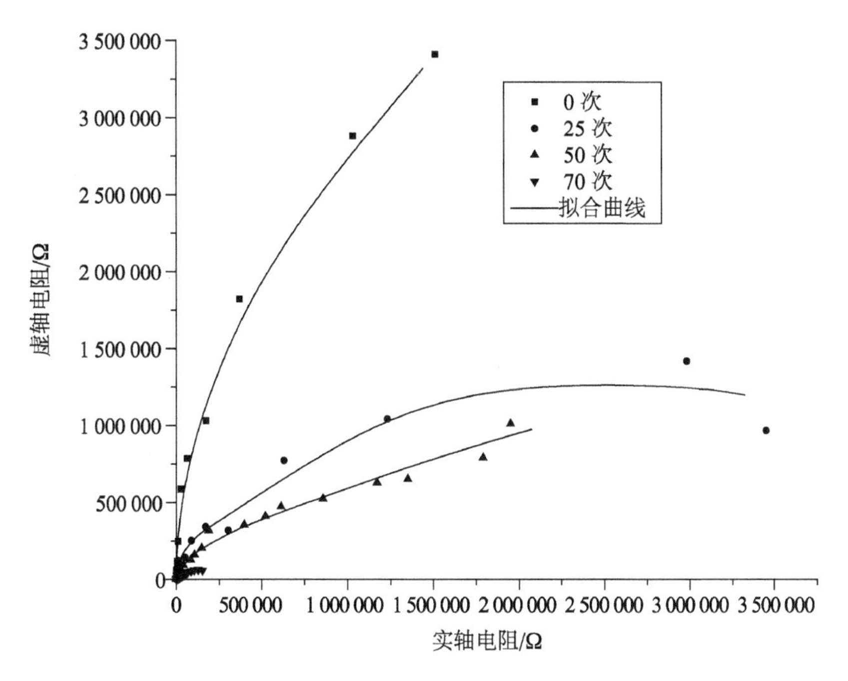

图 5.19　掺 6%氧化镁的混凝土在不同冻融循环次数下的 Nyquist 图和基于图 5.18 等效电路模型的拟合结果

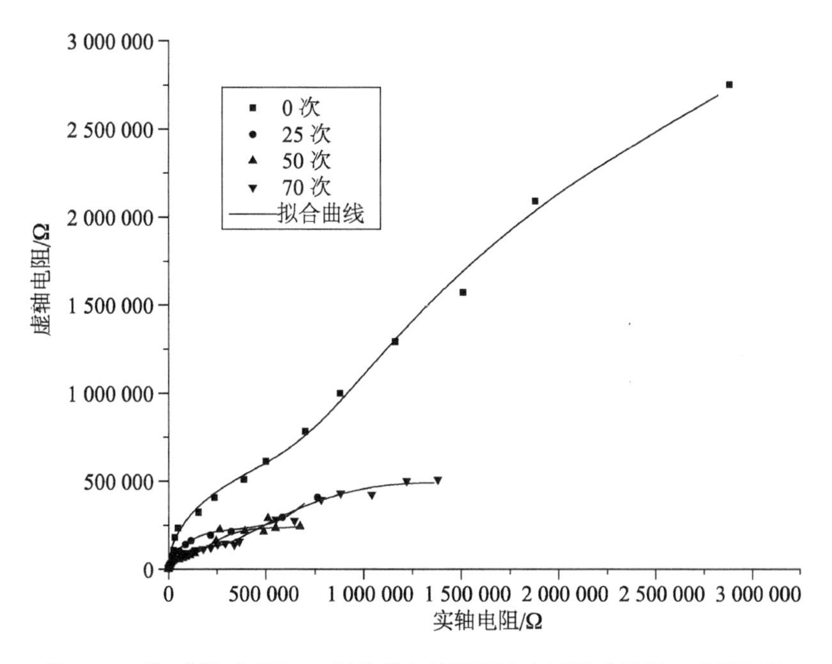

图 5.20　掺 6%氧化镁和 50%粉煤灰的混凝土在不同冻融循环次数下的 Nyquist 图和基于图 5.18 等效电路模型的拟合结果

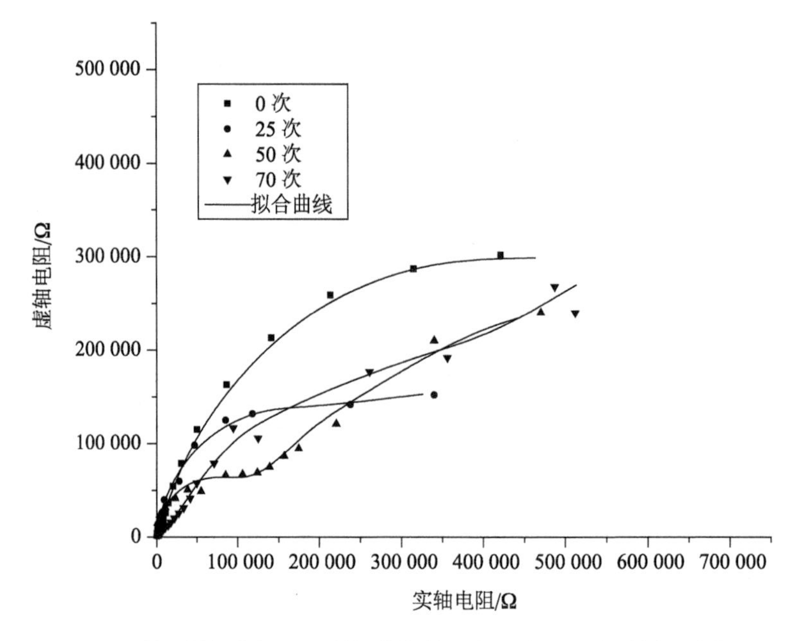

图 5.21　掺 6%氧化镁和 70%粉煤灰的混凝土在不同冻融循环次数下的 Nyquist 图和基于图 5.18 等效电路模型的拟合结果

的模拟值，如表 5.4 所示。从表 5.4 可以看出，在冻融损伤前，混凝土试样的孔隙率较小，初始连通路径的电阻 R_{CCP}^{0} 较大。通常混凝土的孔隙率越小，连通孔隙占总孔隙的比例也越小。在长度不变的情况下，连通孔的横截面增大，因此填充与其中的孔溶液的电阻值减小。在冻融损伤过程中，随着冻融循环次数增加，完好区连通路径电阻 R_{CCP} 不断减小。主要原因是在冻融损伤作用下，混凝土完好区长度减小。由电工学可知，在连通路径横截面积不变的情况下，连通路径长度减小会导致其电阻值的减小。根据完好区连通孔路径电阻 R_{CCP} 与初始连通路径电阻 R_{CCP}^{0} 的关系可以计算出冻融损伤深度。然而这个破坏深度需要达到什么样的破坏程度不好鉴定，实际破坏也不均匀，这里的破坏深度定义为当量破坏深度，其破坏程度应当介于轻微破坏和严重破坏之间。

表 5.4　不同冻融循环次数下混凝土的 R_{CCP}^{N} 和 R_{L} 的等效电路模拟值

试样编号	冻融循环次数/次	$R_{CCP}^{N}/(10^6\ \Omega\cdot cm^2)$				$R_{L}/(10^3\ \Omega\cdot cm^2)$			
		SDC	SMC	ODC	TMC	SDC	SMC	ODC	TMC
PCM6	0	9.22	9.44	9.08	9.87	—	—	—	—
	25	7.56	7.33	7.23	7.96	4.41	1.35	3.67	2.47
	50	6.32	6.10	6.10	7.01	2.62	5.62	4.55	1.55
	75	4.84	4.42	5.07	4.86	5.84	3.23	4.71	3.62

（续表）

试样编号	冻融循环次数/次	$R_{CCP}^{N}/(10^6\ \Omega\cdot cm^2)$				$R_L/(10^3\ \Omega\cdot cm^2)$			
		SDC	SMC	ODC	TMC	SDC	SMC	ODC	TMC
FA50M	0	5.22	4.97	5.11	5.03	—	—	—	—
	25	3.73	3.66	3.74	3.79	2.34	1.18	2.55	4.53
	50	3.01	3.13	3.01	3.44	0.55	4.64	1.72	3.34
	75	1.99	2.36	2.18	2.36	1.25	7.571	2.66	2.77
FA70M	0	2.17	2.02	2.25	2.13	—	—	—	—
	25	1.44	1.39	1.46	1.53	0.68	6.34	4.26	2.51
	50	1.05	1.08	1.16	1.18	0.45	1.27	0.84	2.59
	75	0.54	0.62	0.63	0.78	1.13	2.45	1.42	3.81

从表 5.4 还可以看出，破坏区连通路径电阻 R_L 与冻融循环次数之间没有良好的规律性关系。主要原因是：第一，破坏区在不断延长，当连通孔横截面不变时，连通路径越长则电阻越大；第二，已破坏区的连通孔径在不断增大，当连通路径长度不变时，连通孔横截面增大，则连通路径电阻减小。在两相作用下，破坏区总的连通路径电阻值变化便与破坏深度没有固定关系。

根据表 5.4 中混凝土完好区连通路径电阻 R_{CCP} 值，可以计算出冻融作用在不同循环次数下对大掺量粉煤灰混凝土造成的当量破坏深度。连通路径的电阻与混凝土参数之间的关系如式(5-13)和式(5-14)所示。

$$R_{CCP}^{0}=\frac{\rho L\xi}{S\varphi\lambda} \tag{5-13}$$

$$R_{CCP}^{N}=\frac{\rho(L-2d_N)\xi}{mS\varphi\lambda} \tag{5-14}$$

式中：ρ 为混凝土连通孔溶液的电阻率(Ω·cm)；L 为两个测试电极之间混凝土试样的长度(cm)；S 为电极铜箔覆盖混凝土试样的面积(cm^2)；ξ 为混凝土中毛细孔的挠度(%)；φ 为混凝土孔隙率(%)；λ 为混凝土中连通孔隙占总孔隙的比例(%)；d_N 为 N 次冻融循环时混凝土破坏的当量破坏深度(cm)；m 为边角影响系数，当破坏深度较小时趋于 1。

由式(5-13)和(5-14)可得 d_N 的表达式，如式(5-15)所示。

$$d_N=\frac{L}{2}\left(1-\frac{mR_{CCP}^{N}}{R_{CCP}^{0}}\right) \tag{5-15}$$

在冻融次数较低时，m 取 1.0，L 为 10 cm。

将表 5.4 中的 R_{CCP}^{0} 和 R_{CCP}^{N} 的值代入式(5-15)即可得到不同冻融循环次数下的混凝土当量破坏深度 d_N，列于表 5.5 中。

表 5.5　不同冻融循环次数下混凝土的当量破坏深度

试样编号	冻融循环次数/次	d_N /mm			
		SDC	SMC	ODC	TMC
PCM6	25	9.0	11.2	10.2	9.7
	50	15.7	17.7	16.4	14.5
	75	23.8	26.6	22.1	25.4
FA50M	25	14.3	13.2	13.4	12.3
	50	21.2	18.5	20.5	15.8
	75	30.9	26.3	28.7	26.5
FA70M	25	16.8	15.5	17.5	14.2
	50	25.8	23.2	24.3	22.2
	75	37.6	34.7	36.1	31.7

从表 5.5 中可见，在相同冻融循环次数下，粉煤灰掺量越大，混凝土破坏深度越大。早期较高的养护模式养护可减小大掺量粉煤灰混凝土的冻融损伤深度，对于不掺粉煤灰混凝土则增加了破坏深度。鉴于目前缺乏准确的冻融损伤深度测试方法，本节得到的当量破坏深度有待进一步验证。由于边角效应，在冻融次数较大时，计算值要高于实际值，且循环次数越大，偏差越大。在实际测量时，可采用取芯试样来避免边角破坏带来的干扰。

5.6　本章小结

本章主要研究了粉煤灰掺量、氧化镁及养护模式等对混凝土不同冻融循环次数下的相对动弹性模量发展影响。采用电化学阻抗谱法测试了不同冻融循环次数下混凝土的阻抗谱，并采用两种等效电路模型分析，从整体上评价了冻融破坏程度，并研究了冻融损伤深度，得到的主要结论如下：

(1) 大掺量粉煤灰导致混凝土抗冻性能降低，且粉煤灰掺量越大，混凝土的相对动弹性模量下降越快。掺入适量氧化镁后，大掺量粉煤灰混凝土的相对动弹性模量随冻融次数增加下降变缓。较高的养护模式可以改善大掺量粉煤灰混凝土的抗冻性。

(2) 粉煤灰掺量和氧化镁对混凝土连通路径电阻有较大影响。大掺量情况下，粉煤灰掺量越大，连通路径电阻越小，说明混凝土孔隙结构越差。而掺入适量氧化镁后，连通路径电阻变大，混凝土更密实。

(3) 在冻融作用下，混凝土的连通路径电阻随着循环次数增加而减小，且呈良好的线性关系。用 EIS 法评价本章配比的混凝土冻融损伤程度时，可认为混凝土连通路径电阻残余量在 77%以上为轻度破坏，55%以下为严重破坏。

(4) 采用冻融循环作用下的混凝土等效电路模型拟合混凝土试样的 EIS 数据，可以计算出冻融损伤深度。当冻融循环次数较大，破坏较为严重时，由于边角效应，模拟计算结果误差较大。采用等效电路模型拟合计算时存在一定的局限性，且计算值的准确性有待验证。

第六章　养护模式对大掺量粉煤灰混凝土碳化性能影响研究

6.1　引言

混凝土的碳化是指大气中的二氧化碳通过混凝土中的空隙扩散至内部并与内部的碱性物质发生化学反应的过程，因碳化反应会导致混凝土碱度下降，广义上又叫作混凝土的中性化。当钢筋表面的混凝土碱度降低至临界值，其钝化膜开始脱钝，甚至引起钢筋锈蚀，最终导致混凝土保护层开裂和脱落。混凝土碳化导致的钢筋混凝土结构劣化可见一斑，而大气中二氧化碳无处不在，发生碳化反应的区域之广、时间之长，使得碳化引起的耐久性破坏现象非常普遍。

本章采用苦味酸甲醇法测试不同养护模式下的大掺量粉煤灰混凝土粉煤灰水化反应程度，采用加速碳化试验测试不同养护模式下的大掺量粉煤灰混凝土碳化深度，并计算出不同龄期下的碳化系数，分析粉煤灰水化反应程度与龄期和成熟度的关系、碳化系数与龄期和成熟度的关系以及大掺量粉煤灰混凝土碳化系数与抗压强度的关系。

6.2　试验

配合比及试件制作按第二章进行，由于成型在夏季完成，室外养护采用 7—9 月的养护曲线。制作混凝土试件以用于快速碳化试验，试验按照第 2.4.4 节进行。

6.3　试验结果与分析

不同养护模式下养护至不同龄期的大掺量粉煤灰混凝土碳化深度如表 6.1 所示。

表 6.1　不同养护模式下养护至不同龄期的大掺量粉煤灰混凝土碳化深度

粉煤灰掺量/%	养护模式	养护龄期/d	碳化深度/mm			
			3 d	7 d	14 d	28 d
50	SDC	7	19	30	42	—
		14	15	23	33	48
		28	10	15	21	31
		60	7	11	15	22
		90	6	9	13	19
	SMC	7	14	21	31	44
		14	12	18	26	37
		28	9	14	21	29
		60	7	11	14	21
		90	6	9	13	18
	ODC	7	19	29	41	—
		14	13	21	29	42
		28	9	13	19	27
		60	6	9	13	18
		90	5	8	11	16
	TMC	7	15	29	41	—
		14	10	16	22	32
		28	8	12	17	25
		60	6	10	14	20
		90	6	9	12	17
70	SDC	7	38	58	—	—
		14	28	43	62	—
		28	18	28	40	57
		60	12	19	27	38
		90	10	15	21	30
	SMC	7d	26	40	57	—
		14	21	33	47	—
		28	17	26	36	52
		60	12	18	26	37
		90	10	15	22	31

(续表)

粉煤灰掺量/%	养护模式	养护龄期/d	碳化深度/mm			
			3 d	7 d	14 d	28 d
70	ODC	7	37	57	—	—
		14	25	38	54	—
		28	15	23	33	47
		60	10	15	21	31
		90	8	13	18	26
	TMC	7	27	42	60	—
		14	19	28	40	58
		28	14	21	30	43
		60	11	16	23	34
		90	9	14	20	29

6.3.1 养护模式对大掺量粉煤灰混凝土碳化系数的影响

在研究混凝土碳化深度随碳化龄期发展时，不论采用何种数学模型，目前公认的碳化深度与碳化时间的开方呈线性关系，其他影响混凝土碳化速度的因素综合体现在碳化系数 K 值上，碳化系数反映了混凝土的抗碳化能力，表达形式为：

$$x = K\sqrt{t} \tag{6-1}$$

式中：x 为混凝土碳化深度(mm)；K 为混凝土碳化系数(mm/d$^{0.5}$)；t 为混凝土碳化时间(d)。

按式(6-1)和表 6.1 得到掺 50%和 70%粉煤灰的混凝土在不同养护模式下的碳化系数随龄期变化关系分别如图 6.1 和图 6.2 所示。可以看出，掺 50%粉煤灰的混凝土在养护 28 d前，碳化系数随着龄期增长快速下降，在 28 d 后下降变缓。养护模式对早期的碳化系数影响较大，较高的温度促使碳化系数加速减小。原因是粉煤灰水化反应比较延迟，早期较高温度加快了水泥水化速度，产生更多的氢氧化钙和凝胶，同时混凝土基体更加密实。虽然中后期较高的养护模式提高了粉煤灰水化反应程度，使得可碳化物质含量减少，但是混凝土碳化系数同样受孔结构影响。中后期养护模式对混凝土碳化系数影响较小，到 90 d 时 4 种养护模式下混凝土的碳化系数均在 3 mm/d$^{0.5}$ 左右。掺 70%粉煤灰的混凝土在不同养护模式下的碳化系数随龄期变化与掺 50%粉煤灰的混凝土类似，只是在早期和后期平稳时在数值上略高，到 90 d 时各个养护模式下其碳化系数均在 5.5 mm/d$^{0.5}$ 左右。

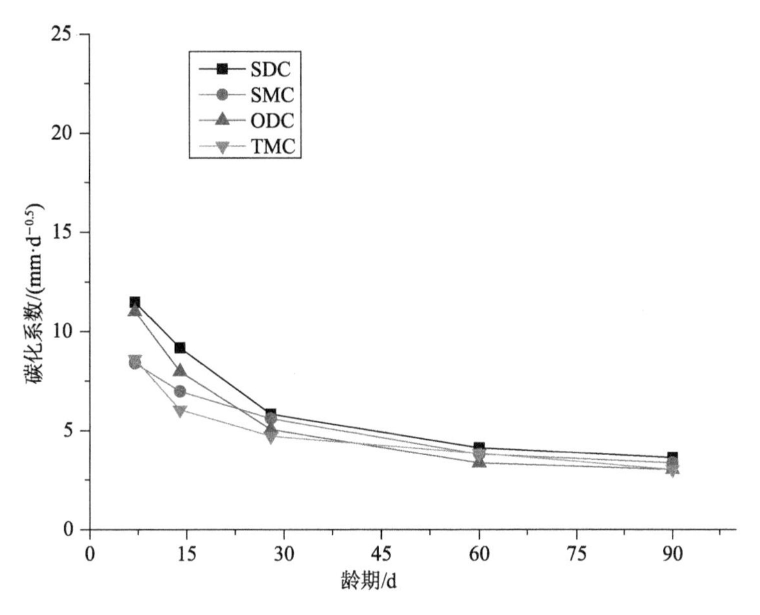

图 6.1　不同养护模式下粉煤灰掺量为 50%的混凝土碳化系数随龄期变化

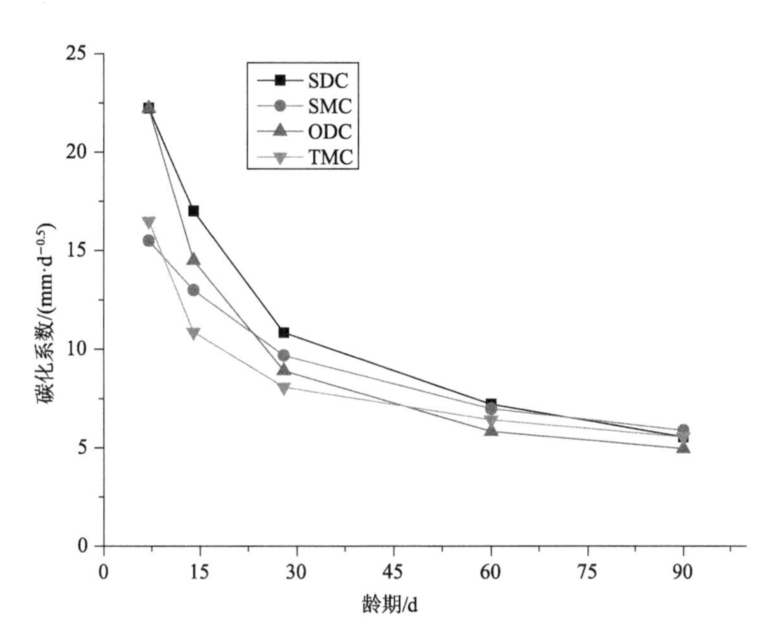

图 6.2　不同养护模式下粉煤灰掺量为 70%的混凝土碳化系数随龄期变化

6.3.2　养护模式对粉煤灰水化反应程度的影响

不同养护模式下各龄期粉煤灰水化反应程度如表 6.2 所示。结果显示，在 180 d 龄期下，粉煤灰掺量为 50%时，粉煤灰水化反应程度在 30%～32%之间，而粉煤灰掺量为 70%时，粉煤灰水化反应程度在 26%～29%之间。为方便分析，将表 6.2 中的数据以粉煤灰水化反应程度随龄期发展关系作图。粉煤灰掺量为 50%时各龄期下粉煤灰水化反应程度如图 6.3 所示,粉煤灰掺量为 70%时各龄期下粉煤灰水化反应程度如图 6.4 所示。

表 6.2 不同养护模式下各龄期粉煤灰水化反应程度

粉煤灰掺量/%	养护模式	粉煤灰水化反应程度/%					
		7 d	14 d	28 d	60 d	90 d	180 d
50	SDC	11.3	15.3	18.7	24.2	26.4	30.3
	SMC	16.5	17.8	20.7	25.4	27.1	30.4
	ODC	11.7	16.5	22.1	28.2	30.2	31.7
	TMC	15.7	19.3	23.4	26.6	28.1	30.8
70	SDC	11.3	14.3	17.1	20.7	22.6	26.5
	SMC	13.7	15.6	18.7	21.4	23.7	27.1
	ODC	11.7	15.2	19.4	23.3	25.5	28.4
	TMC	13.2	17.2	19.5	22.7	24.9	27.0

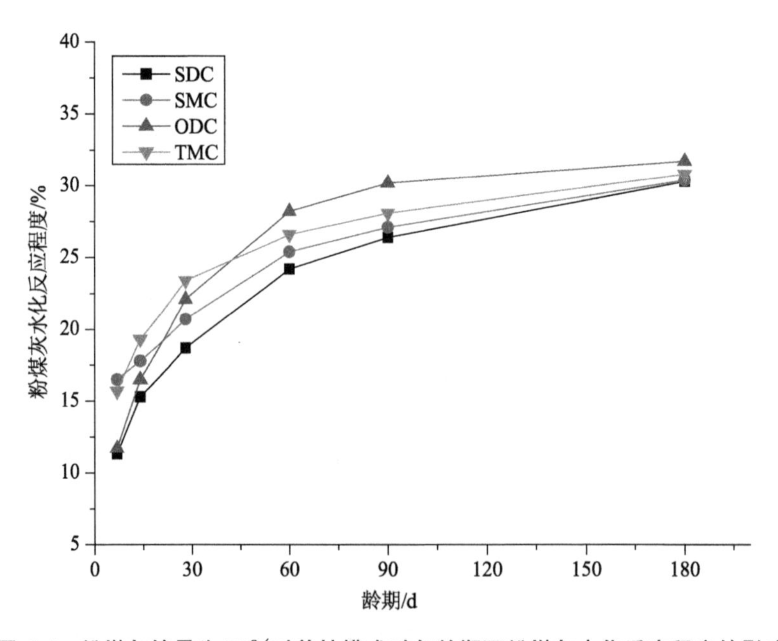

图 6.3 粉煤灰掺量为 50%时养护模式对各龄期下粉煤灰水化反应程度的影响

通过比较可以看出,在本章采用的蒸汽养护、室外养护和匹配养护下,早期粉煤灰水化反应程度均较标准养护有所提高,随着养护龄期延长,后期这种差别越来越小,但仍有小幅度增加。钱文勋等[15]研究养护温度对大掺量粉煤灰水泥浆体水化的影响时发现,养护温度是影响粉煤灰早期火山灰反应程度的重要因素,早期较高的养护温度显著促进了粉煤灰的二次水化,尤其是在 28 d 前。

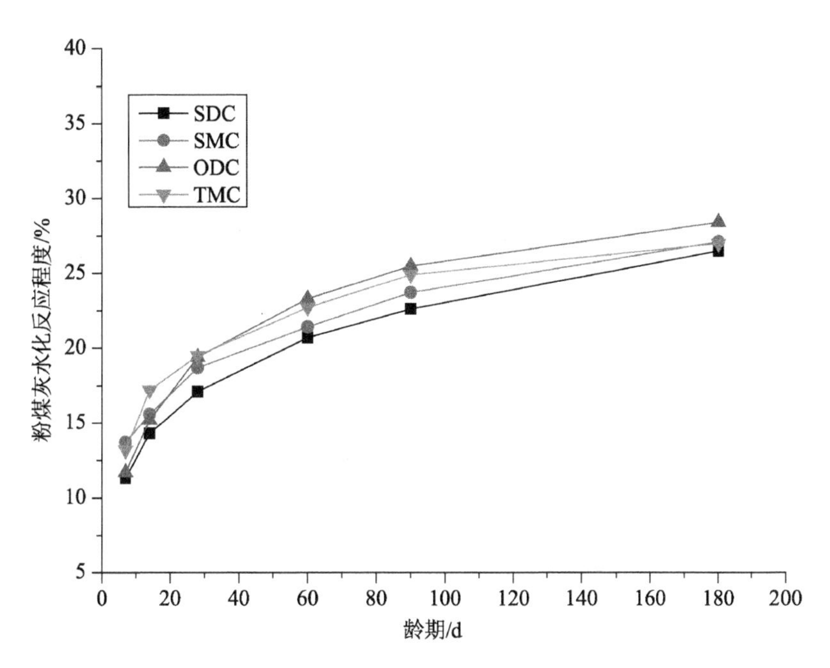

图 6.4　粉煤灰掺量为 70%时养护模式对各龄期下粉煤灰水化反应程度的影响

以标准养护下粉煤灰的水化反应程度为基准，得到蒸汽养护、室外养护和匹配养护在各个龄期阶段对粉煤灰水化程度增幅影响，如图 6.5 和图 6.6 所示。从图 6.5、图 6.6 可以

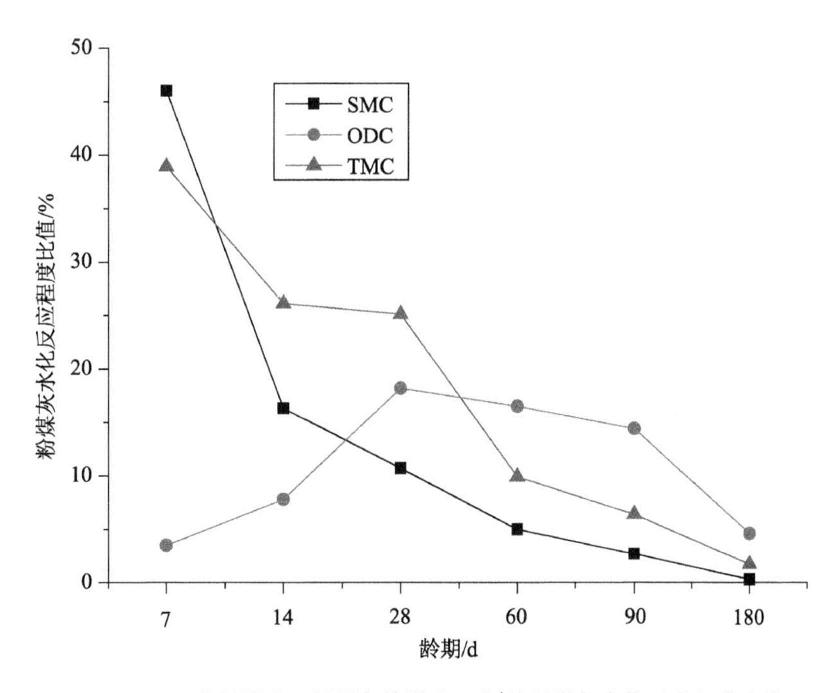

图 6.5　不同养护模式下粉煤灰掺量为 50%的粉煤灰水化反应程度比值

注：以标准养护为基准。

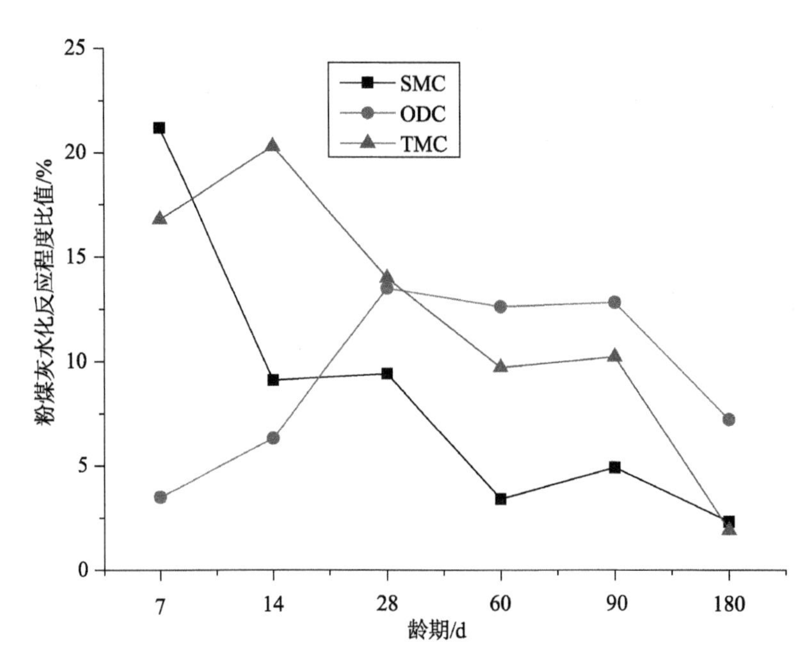

图 6.6　不同养护模式下粉煤灰掺量为 70%的粉煤灰水化反应程度比值

注：以标准养护为基准。

看出，在不同粉煤灰掺量下，同一种养护模式在各个龄期下对粉煤灰水化反应程度的增幅作用是类似的，但是增幅不同，粉煤灰掺量为 70%的粉煤灰水化反应程度增幅明显低于粉煤灰掺量为 50%的粉煤灰水化反应程度。90 d 后各个养护模式的增幅作用逐渐减小，到 180 d 后，增幅均在 10%以内。虽然养护后期养护模式对粉煤灰水化反应程度影响越来越小，早期较高的养护温度使得后期粉煤灰水化反应程度仍高于标准养护，这可能与粉煤灰反应的活化能有关。

从表 6.2、图 6.3 和图 6.4 可以看出，在不同养护模式下相同养护龄期时的粉煤灰水化反应程度差别较大，在此引用养护温度对混凝土强度发展关系中的成熟度理论方法来处理。李发千[198]经过多年试验和实践，在绍尔成熟度理论形式的基础上，考虑不同温度对水化反应的影响程度不同，在公式中加入温度影响系数 K_i，作为某养护温度下相对于标准养护时的影响倍数，具体公式如下：

$$M = \sum K_i (T_i - T_0) t_i \tag{6-2}$$

式中：M 为成熟度(℃ · d)；T_i 为养护温度，适用范围为 −10～105 ℃；T_0 为参考温度，本章取 0 ℃；t_i 为养护温度为 T_i 下的养护时间(d)；K_i 为温度影响系数。

加入温度影响系数使得成熟度理论可以在更广温度范围内使用，并经过计算和修正后得到不同养护温度范围的适用值，如表 6.3 所示。

表 6.3　温度影响系数表[198]

序号	温度范围/℃	K_i 值	备注
1	−10～−7	0.15	按−9 ℃定
2	−6～−4	0.27	按−5 ℃定
3	−3～0	0.5	按 0 ℃定
4	1～3	0.6	按 1～2 ℃平均值定
5	4～7	0.81	按 5 ℃定
6	8～27	1.0	按 20 ℃定
7	28～32	1.15	按 30 ℃定
8	33～42	1.29	按 35 ℃定
9	43～47	1.34	按 45 ℃定
10	48～52	2.0	按 50 ℃定
11	53～54	3.6	按 53 ℃定
12	55～56	5.3	按 55 ℃定
13	57～59	7.6	按 58 ℃定
14	60～67	8.5	按 60 ℃定
15	68～72	9.7	按 70 ℃定
16	73～77	10.75	按 76 ℃定
17	78～82	11.85	按 80 ℃定
18	83～87	13.9	按 85 ℃定
19	88～92	16.0	按 90 ℃定
20	93～97	17.9	按 95 ℃定
21	98～105	19.8	按 100 ℃定

根据表 6.3 中的温度影响系数和第二章养护模式曲线，将图 6.3 和图 6.4 中横坐标龄期变换成成熟度，得到粉煤灰掺量为 50%和 70%时成熟度与粉煤灰水化反应程度关系，分别如图 6.7 和图 6.8 所示。根据变换后的数据，将标准养护下粉煤灰水化反应程度与成熟度的关系以双曲线形式拟合，拟合函数为：

$$\alpha = A \cdot M/(B + M) \tag{6-3}$$

式中：α 为粉煤灰水化程度(%)；M 为成熟度(℃·d)；A、B 为拟合参数。

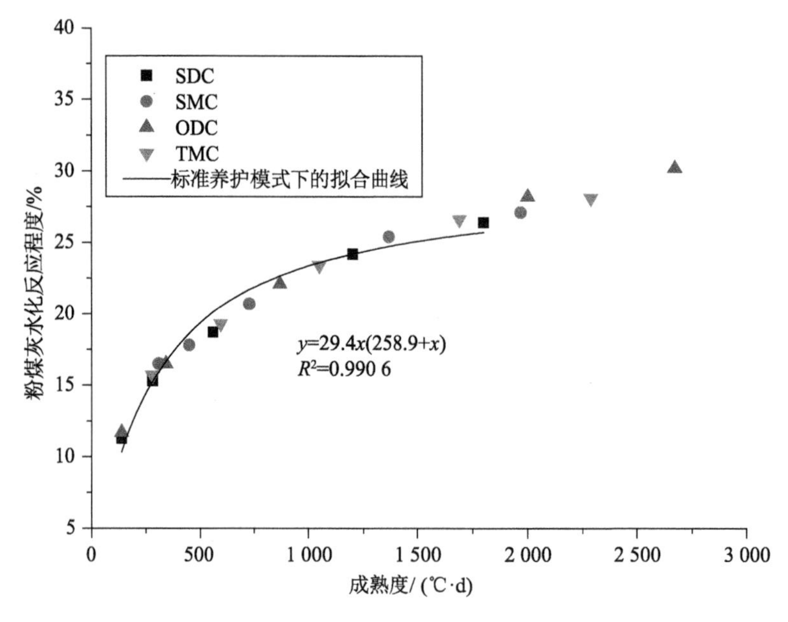

图 6.7　粉煤灰掺量为 50%时成熟度与粉煤灰水化反应程度关系

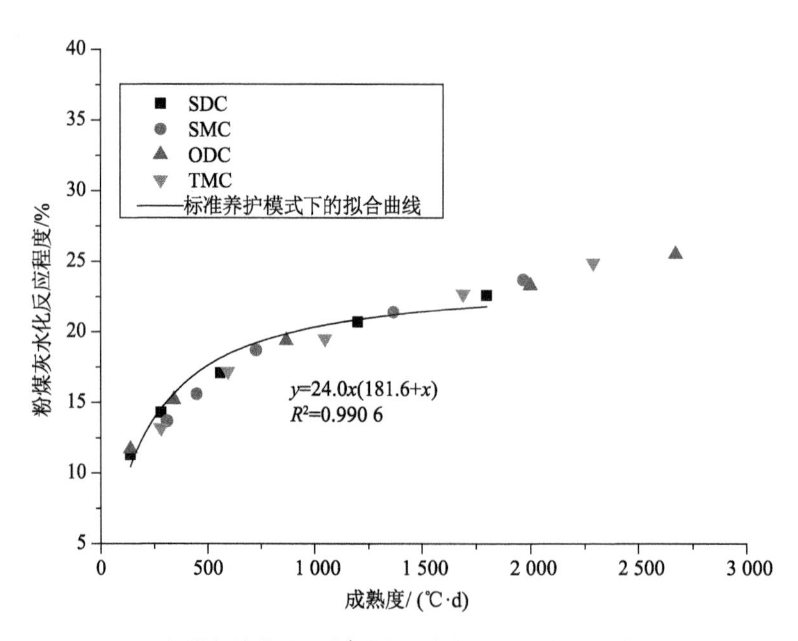

图 6.8　粉煤灰掺量为 70%时成熟度与粉煤灰水化反应程度关系

拟合结果显示，标准养护下粉煤灰水化反应程度和成熟度具有良好的相关性，拟合 R^2 均大于 0.9。在不同养护模式养护下，将龄期转换成成熟度后，各个粉煤灰水化反应程度数据均在拟合曲线附近，可以用标准养护下的粉煤灰水化反应程度发展曲线来推测早期不同养护模式下的粉煤灰水化反应程度。拟合曲线采用的函数收敛于 A 值，此处的物理意义为粉煤灰的最终水化反应程度。

6.3.3 大掺量粉煤混凝土抗压强度与碳化系数关系

不同粉煤灰掺量的大掺量粉煤灰混凝土在不同养护模式下养护至不同龄期时的抗压强度如表 6.4 所示。

表 6.4　不同养护模式下大掺量粉煤灰混凝土抗压强度

粉煤灰掺量/%	养护模式	抗压强度/MPa				
		7 d	14 d	28 d	60 d	90 d
50	SDC	10.5	17.5	22.4	30.3	35.4
	SMC	16.4	25.1	27.0	33.8	36.1
	ODC	11.2	21.4	32.1	38.1	36.6
	TMC	15.3	28.3	33.1	32.4	37.0
70	SDC	7.6	12.3	18.9	25.5	29.3
	SMC	11.8	20.3	24.9	27.0	28.6
	ODC	8.3	17.2	26.3	30.4	32.8
	TMC	10.5	21.2	28.9	28.9	31.2

将表 6.4 与图 6.7 和图 6.8 的数据结合可得大掺量粉煤灰混凝土在不同养护龄期下的碳化系数与抗压强度关系，如图 6.9～图 6.13 所示。从图 6.9～图 6.13 可以看出，同一种

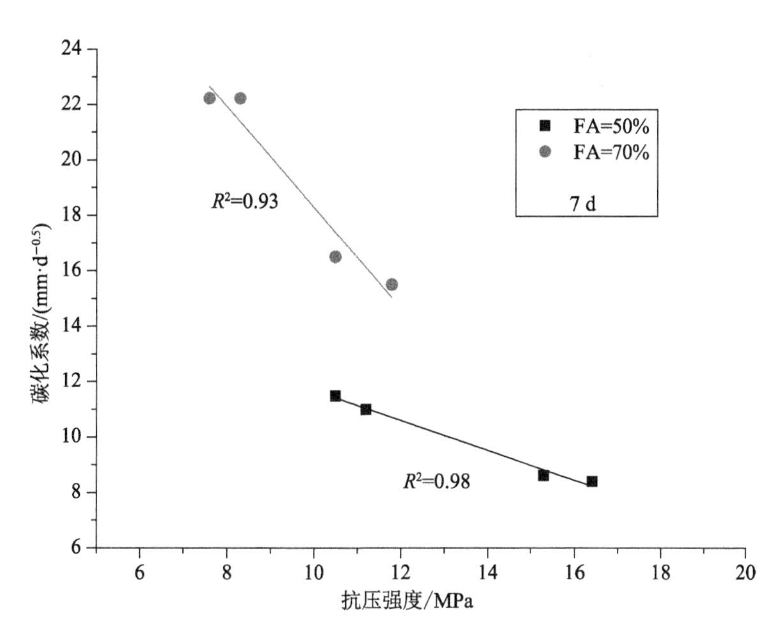

图 6.9　大掺量粉煤灰混凝土碳化系数与抗压强度关系（养护至 7 d）

注：FA 为粉煤灰掺量，后同。

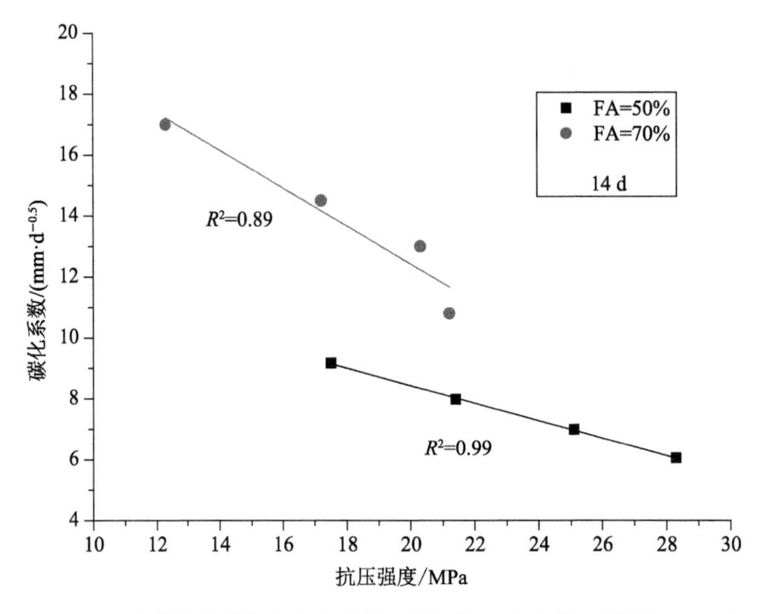

图 6.10　大掺量粉煤灰混凝土碳化系数与抗压强度关系(养护至 14 d)

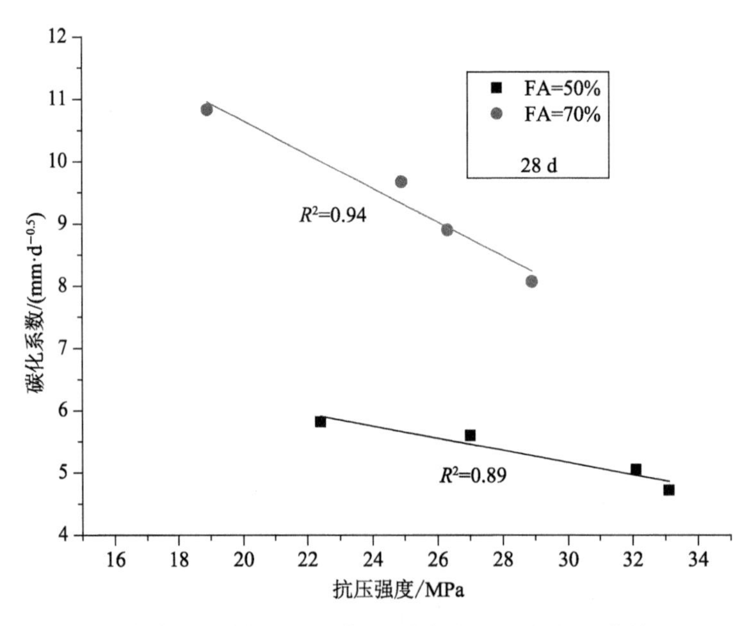

图 6.11　大掺量粉煤灰混凝土碳化系数与抗压强度关系(养护至 28 d)

大掺量粉煤灰混凝土在养护龄期相同时，不同养护模式下的混凝土抗压强度和其碳化系数之间具有良好的线性关系。Singh 等[199]研究大掺量粉煤灰自密实混凝土的碳化性能时得出结论，在不同的碳化龄期下，碳化系数与抗压强度具有良好的线性关系。Khunthongkeaw 等[200]在预测粉煤灰混凝土碳化深度时发现，在不同的粉煤灰种类以及掺量下，碳化系数与抗压强度之间均呈线性关系。

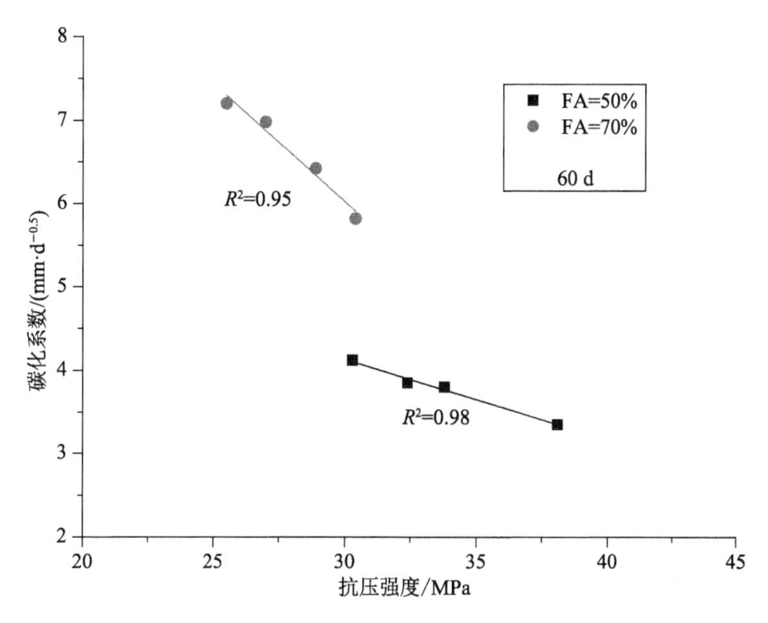

图 6.12　大掺量粉煤灰混凝土碳化系数与抗压强度关系(养护至 60 d)

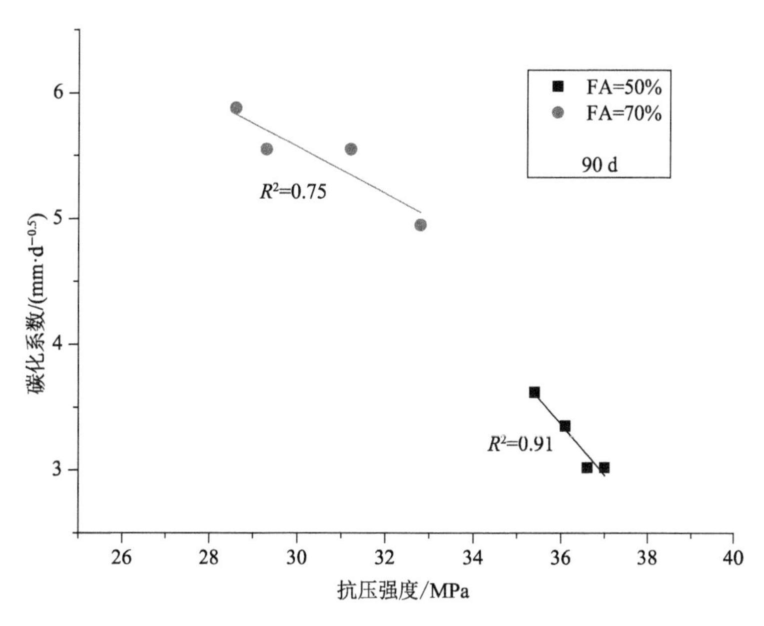

图 6.13　大掺量粉煤灰混凝土碳化系数与抗压强度关系(养护至 90 d)

相同粉煤灰掺量的大掺量粉煤灰混凝土养护至相同龄期，其在不同养护模式下的抗压强度和碳化系数拟合结果见表 6.5。结果显示，绝大部分拟合直线的相关系数均大于 0.85，说明相关性良好。拟合公式中参数 b 为直线斜率，表征了混凝土碳化系数与抗压强度之间的敏感性。斜率越大，碳化系数随抗压强度变化越快。从表 6.5 可以看出，在相同粉煤灰掺量下,斜率随着养护龄期延长基本呈现出逐渐减小的趋势。在养护龄期相同时,粉煤灰掺量为 70%时的斜率要比粉煤灰掺量为 50%时的高。

表 6.5 大掺量粉煤灰混凝土碳化系数与抗压强度关系拟合汇总

粉煤灰掺量/%	龄期/d	拟合公式 $y=a+bx$	R^2
50	7	$y=17.08-0.54x$	0.98
	14	$y=14.16-0.29x$	0.99
	28	$y=8.10-0.10x$	0.89
	60	$y=7.02-0.10x$	0.98
	90	$y=18.06-0.41x$	0.91
70	7	$y=36.43-1.81x$	0.93
	14	$y=24.90-0.62x$	0.89
	28	$y=16.08-0.27x$	0.94
	60	$y=14.52-0.28x$	0.95
	90	$y=11.15-0.19x$	0.75

6.4 基于成熟度的大掺量粉煤灰混凝土碳化深度预测

按照前文对成熟度的计算方法,将图 6.7 和图 6.8 中的龄期转换成成熟度,考虑其曲线走势,用指数衰减将标准养护下数据进行拟合,拟合公式为:

$$K=a+b\exp(-M/c) \tag{6-4}$$

式中:K 为碳化系数($mm/d^{0.5}$);M 为成熟度(℃ · d);a、b、c 为拟合参数。

拟合得到的不同养护模式下碳化系数随成熟度发展关系如图 6.14 和图 6.15 所示。结果显示,标准养护下碳化系数和成熟度具有良好的相关性,拟合 R^2 均大于 0.9。进行龄期-成熟度转换后,不同养护模式下的碳化系数均在拟合曲线附近,可以用标准养护下的碳化系数随成熟度发展曲线来推测不同养护模式下的大掺量粉煤灰混凝土碳化系数。拟合曲线采用的函数收敛于 a 值,此处的物理意义为大掺量粉煤灰混凝土的最终碳化系数。

当大掺量粉煤灰混凝土配比确定时,其碳化系数 K 是一个与养护温度和养护时间的函数,式(6-1)可以写成如下形式:

$$x=K(T,t_c)\sqrt{t} \tag{6-5}$$

式中:T 为养护温度(℃);t_c 为养护时间(d)。

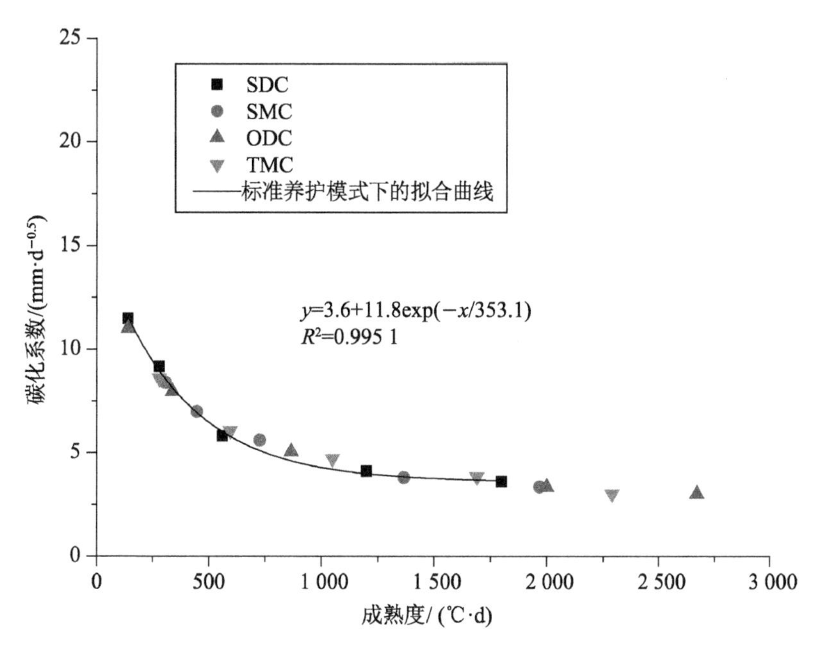

图 6.14　不同养护模式下粉煤灰掺量为 50%的混凝土碳化系数随成熟度变化

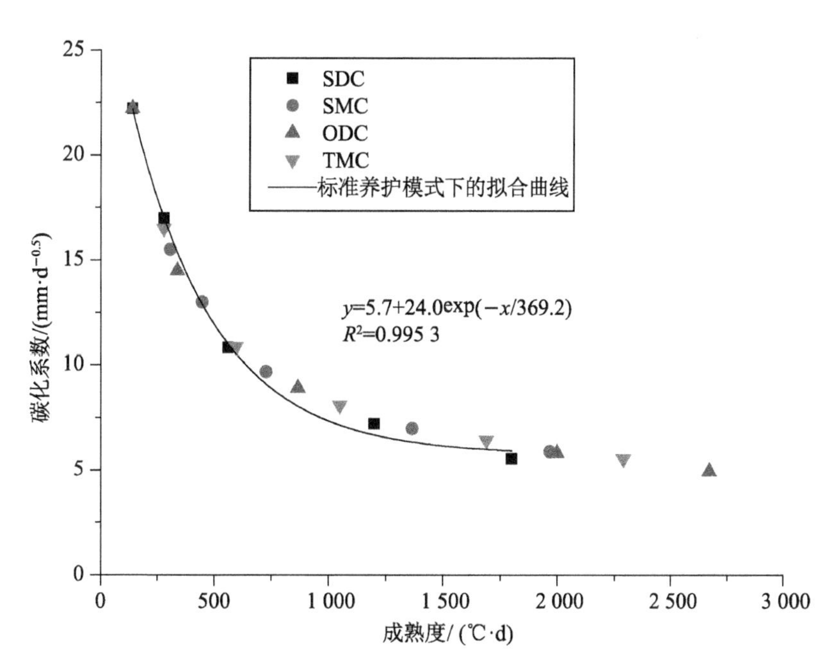

图 6.15　不同养护模式下粉煤灰掺量为 70%的混凝土碳化系数随成熟度变化

将式(6-2)和式(6-5)结合，可得依靠标准养护下碳化系数与龄期关系求得不同养护模式下在不同龄期时的碳化系数，进而计算出不同龄期下的碳化深度，如式(6-6)所示：

$$x = K\left(T_{20}, \frac{1}{20}\sum K_i(T_i - T_0)t_i\right)\sqrt{t} \tag{6-6}$$

式中：T_{20} 为标准养护温度(20 ℃)。

采用文献[178]中的大掺量粉煤灰混凝土碳化深度预测模型计算值及式(6-6)的计算值与实测值比较，得到如图 6.16 所示。可以看出预测结果较为接近实测值。

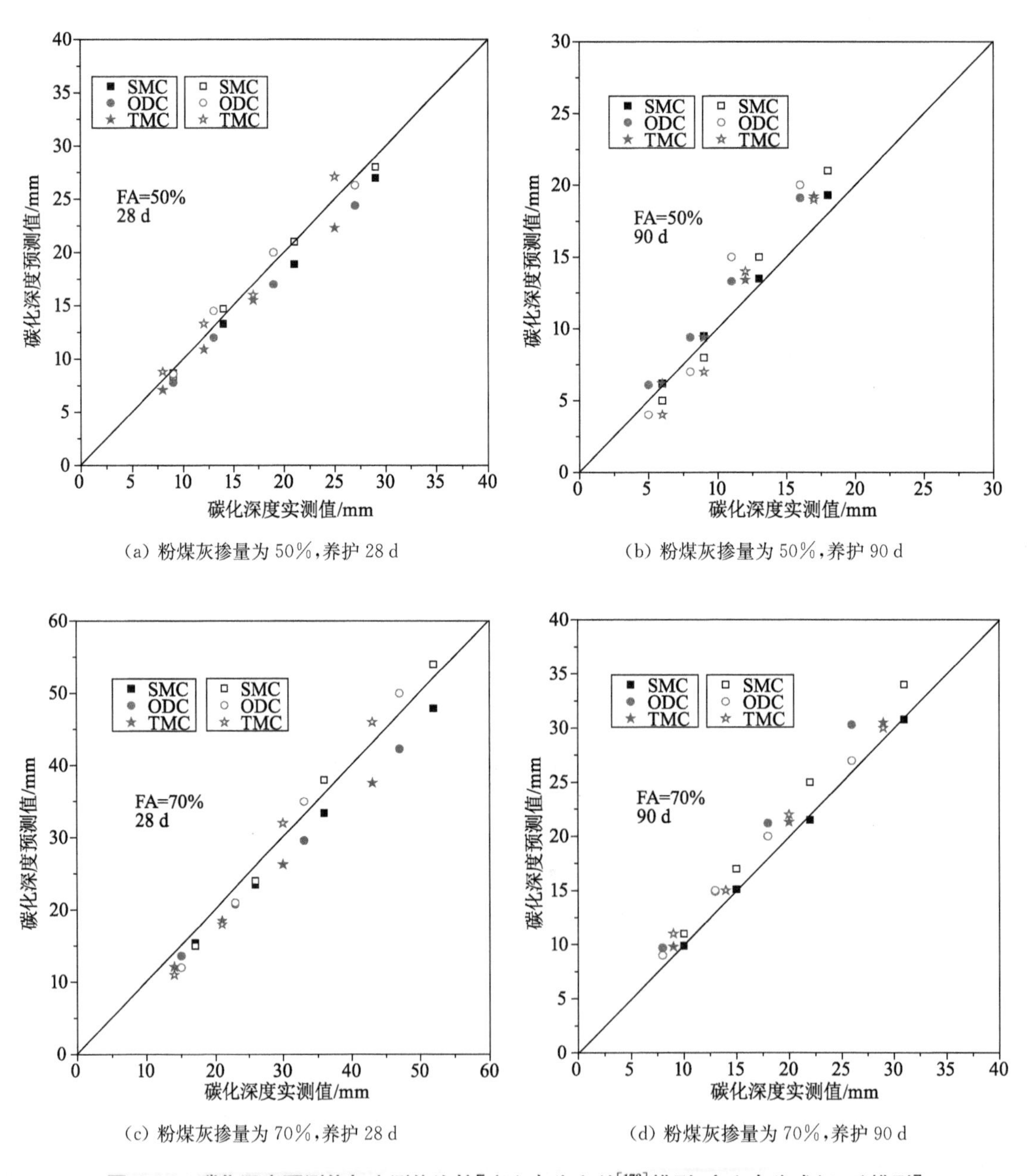

(a) 粉煤灰掺量为 50%，养护 28 d

(b) 粉煤灰掺量为 50%，养护 90 d

(c) 粉煤灰掺量为 70%，养护 28 d

(d) 粉煤灰掺量为 70%，养护 90 d

图 6.16　碳化深度预测值与实测值比较[实心点为文献[178]模型，空心点为式(6-6)模型]

6.5　基于等效龄期的大掺量粉煤灰混凝土碳化系数计算模型

混凝土的碳化是一个由表及里的复杂的物理化学反应过程，指的是胶凝材料及其碱性水化产物与空气中的二氧化碳反应生成碳酸钙等物质，导致混凝土碱度降低的现象，广义上又被称为混凝土的中性化。由于空气中二氧化碳浓度较低且比较稳定，混凝土的碳化速度主要由孔结构和可碳化物质含量决定。其中水泥主要矿物水化反应过程为：

$$2C_3S + 6H \longrightarrow C_3S_2H_3 + 3CH$$
$$2C_2S + 4H \longrightarrow C_3S_2H_3 + CH$$
$$C_3A + C\bar{S}H_2 + 10H \longrightarrow C_4A\bar{S}H_{12}$$
$$C_4AF + 2CH + 2C\bar{S}H_2 + 18H \longrightarrow C_8A\bar{S}_2FH_{24}$$

石膏反应完全后，C_4AF 和 C_3A 的水化反应过程为：

$$C_4AF + 4CH + 22H \longrightarrow C_8A\bar{S}_2FH_{24}$$
$$C_3A + CH + 12H \longrightarrow C_4AH_{13}$$

粉煤灰水化反应过程为：

$$x\mathrm{Ca(OH)_2} + \mathrm{SiO_2} + m_1\mathrm{H_2O} \longrightarrow x\mathrm{CaO}\cdot\mathrm{SiO_2}\cdot n_1\mathrm{H_2O}$$
$$y\mathrm{Ca(OH)_2} + \mathrm{Al_2O_3} + m_2\mathrm{H_2O} \longrightarrow y\mathrm{CaO}\cdot\mathrm{Al_2O_3}\cdot n_2\mathrm{H_2O}$$

混凝土碳化反应过程为：

$$CO_2 + H_2O \longrightarrow H_2CO_3$$
$$Ca(OH)_2 + H_2CO_3 \longrightarrow CaCO_3 + 2H_2O$$
$$C_3S_2H_3 + 3H_2CO_3 \longrightarrow 3CaCO_3 + 2SiO_2 + 6H_2O$$
$$C_3S + \gamma H_2O + 3CO_2 \longrightarrow 3CaCO_3 + SiO_2 + \gamma H_2O$$
$$C_2S + \gamma H_2O + 2CO_2 \longrightarrow 2CaCO_3 + SiO_2 + \gamma H_2O$$

可见，混凝土发生碳化反应时，只有氢氧化钙、C—S—H 凝胶和未水化完全的 C_3S 及 C_2S。对于不掺粉煤灰混凝土，当水泥完全水化时，氢氧化钙和 C—S—H 凝胶含量为：

$$[Ca(OH)_2] = 1.5C_3S - 4C_4AF + 0.5C_2S - C_3A + C\bar{S}H_2$$
$$[C_3S_2H_3] = 0.5C_3S + 0.5C_2S$$

对于粉煤灰混凝土，SiO_2 的水化将 $Ca(OH)_2$ 等份转化成了 C—S—H 凝胶，可吸收的

CO_2 量保持不变。而 Al_2O_3 水化时消耗了 4 份 $Ca(OH)_2$ 且生成的物质不可碳化，故而粉煤灰中 Al_2O_3 的含量及其水化程度是影响可碳化物质含量的重要因素。

迄今为止，国内外学者给出了众多碳化深度预测模型，包括基于扩散-反应的理论模型、基于碳化试验的经验模型和基于试验结果的理论修正模型。其中目前公认度最高的理论模型为苏联学者阿列克谢耶夫基于菲克第一定律及 CO_2 在多孔介质中的扩散吸收特点给出的碳化深度预测数学模型[201]：

$$X_c=\sqrt{\frac{2D_eC_0}{m_0}}\cdot\sqrt{t} \tag{6-7}$$

式中：X_c 为混凝土碳化深度(m)；D_e 为 CO_2 在混凝土中的有效扩散系数(m^2/s)；C_0 为环境中 CO_2 的浓度(%)；m_0 为单位体积混凝土中 CO_2 的吸收量(mol/m^3)；t 为碳化时间(s)。

式(6-7)的模型中各个参数都具有明确的物理意义，但实际应用时二氧化碳有效扩散系数和单位体积二氧化碳吸收量不好确定。同济大学张誉等基于扩散-反应机理给出了更加实用的混凝土碳化深度预测模型[178]：

$$X_c=839(1-\mathrm{RH})^{1.1}\sqrt{\frac{\frac{w}{\gamma_c c}-0.34}{\gamma_{HD}\gamma_c C}C_0}\sqrt{t} \tag{6-8}$$

式中：X_c 为混凝土碳化深度(mm)；RH 为环境相对湿度(%)，RH>55%时适用；w/c 为水灰比；C 为单方混凝土水泥用量(kg/m^3)；C_0 为环境中 CO_2 气体浓度(%)；γ_{HD} 为水泥水化程度修正系数，取 90 d 养护为 1.0，28 d 养护为 0.85；γ_c 为水泥品种修正系数，硅酸盐水泥为 1.0，其他水泥品种取 1.0－掺合料质量分数；t 为碳化时间(d)。

该模型比一般经验式具有更强的理论依据，便于应用。但对于大掺量粉煤灰混凝土，应用该模型时碳化程度预测值与实际值偏差较大，具有局限性。Jiang 等[178]在此模型基础上，综合考虑水泥水化和粉煤灰二次水化机理，并在理论推导和试验的基础上提出了适用于大掺量粉煤灰混凝土的改进模型：

$$X_c=839(1-\mathrm{RH})^{1.1}\sqrt{\frac{W/B^*-0.34}{\alpha k'C}C_0}\sqrt[n]{t} \tag{6-9}$$

式中：W/B^* 为有效水胶比；α 为水泥水化程度；k' 为和粉煤灰水化反应程度有关的参数；n 为和混凝土孔结构有关的系数，取 2.0～2.1。

由式(6-5)可知在其他因素不变的情况下，混凝土碳化系数是一个养护温度与养护时间的函数，则混凝土碳化系数与时间的变化率函数可以表示为：

$$\frac{\mathrm{d}K}{\mathrm{d}t}=f(K)f(T) \tag{6-10}$$

两边积分可得：

$$\int\frac{1}{f(K)}\mathrm{d}K=\int f(T)\mathrm{d}t \tag{6-11}$$

对于混凝土强度随时间的变化率函数，文献[202]建议使用双曲线表达，由第6.3节可知，混凝土碳化系数与粉煤灰水化反应程度以及抗压强度之间存在线性关系，故本书 $f(K)$ 采用如下形式：

$$f(K)=-K_{\mathrm{u}}\left(1-\frac{K}{K_{\mathrm{u}}}\right)^{2} \tag{6-12}$$

式中：K_{u} 为大掺量粉煤灰混凝土理论上最终碳化系数。

于是，式(6-11)左边积分结果为：

$$\int\frac{1}{f(K)}\mathrm{d}K=\int_{0}^{K}\frac{-K_{\mathrm{u}}}{(K_{\mathrm{u}}-K)^{2}}\mathrm{d}K \tag{6-13}$$

对于式(6-11)右边，实际上就是成熟度。根据成熟度概念和阿伦尼乌斯方程，可推导出等效龄期公式[172]：

$$t_{\mathrm{e}}=\sum_{0}^{t}\mathrm{e}^{-\frac{E_{\mathrm{a}}}{R}\left(\frac{1}{273+T_{\mathrm{r}}}-\frac{1}{273+T_{0}}\right)}\Delta t \tag{6-14}$$

式中：t_{e} 为等效龄期(d)；E_{a} 为混凝土表观活化能(J/mol)；R 为理想气体常数，取8.314 J/(mol·K)；T_{r} 为实际养护温度(℃)；T_{0} 为参考温度，取20 ℃。

其中表观活化能 E_{a} 也随着养护温度与养护时间变化[203]，采用如下公式：

$$E_{\mathrm{a}}=E_{0}\mathrm{e}^{-\mu t} \tag{6-15}$$

式中：E_{0} 为混凝土初始活化能(J/mol)；μ 为与温度有关的系数。

Han等认为 μ 是随着养护温度变化的值，为 $\mu=0.000\ 17T$，之后他们在后续研究中[204]对于掺粉煤灰的混凝土取定值为0.000 615。

根据阿伦尼乌斯(Arrhenius)公式有：

$$f(T)=k(T)=A\mathrm{e}^{\frac{-E_{\mathrm{a}}}{RT_{\mathrm{r}}}}=k_{\mathrm{r}} \tag{6-16}$$

则式(6-11)右边有：

$$\int f(T)\mathrm{d}t=\int_{0}^{t}k_{\mathrm{r}}\mathrm{d}t=k_{\mathrm{r}}(t_{\mathrm{e}}-t_{0}) \tag{6-17}$$

式中：t_0 为混凝土产生抗压强度时的时间；k_r 为反应速度常数。

由式(6-11)、式(6-13)和式(6-17)有：

$$\int_0^K \frac{-K_u}{(K_u-K)^2}dK=\int_0^t k_r dt \tag{6-18}$$

$$K=K_u\frac{k_r(t_e-t_0)}{k_r(t_e-t_0)-1} \tag{6-19}$$

K_u 的值可由式(6-9)求得。对于大掺量粉煤灰混凝土，粉煤灰水化程度存在极限值。理论上大掺量粉煤灰混凝土完全水化时，水泥水化程度 $\alpha=1$，粉煤灰水化反应程度为体系内氢氧化钙消耗完全时对应的粉煤灰含量 (m_u) 与粉煤灰总体含量比值(β_u)，如式(6-20)、式(6-21)所示：

$$m_u=\frac{C_1-0.93S_1-0.55A_1-0.35F_1-0.7\bar{S}_1}{0.93(S_2-S_1)+0.55(A_2-A_1)+0.35(F_2-F_1)+0.7(\bar{S}_2-\bar{S}_1)-(C_2-C_1)} \tag{6-20}$$

$$\beta_u=\frac{m_u(C+F)}{F} \tag{6-21}$$

式中：下标为 1 的是水泥中各矿物含量；下标为 2 的是粉煤灰中各矿物含量。

实际上，大掺量粉煤灰混凝土达不到理论上的完全水化，体系内保持化学反应平衡总会保留一部分氢氧化钙，式(6-19)中应加入修正系数 γ。修正系数表达了混凝土在规定最终水化时间时的水化程度与理论完全水化程度的比值。选择一个相对较长的龄期测试其水泥和粉煤灰的水化程度并计算 K 值作为参照，本书取标准养护 180 d 龄期作为大掺量粉煤灰混凝土完全水化时间，即：

$$\gamma=\frac{K_{180}}{K_u} \tag{6-22}$$

整理得到不同养护模式养护下大掺量粉煤灰混凝土的碳化深度计算模型为：

$$x=839(1-\mathrm{RH})^{1.1}\sqrt{\frac{W/B^{*}-0.34}{\left(1-\frac{m_A m_u^2}{0.82m(1-m_u)}\right)C}C_0}\ \frac{\gamma k_r(t_e-t_0)}{k_r(t_e-t_0)-1}\sqrt[n]{t} \tag{6-23}$$

式中：m 为粉煤灰掺量；m_A 为粉煤灰中氧化铝含量。

6.6　本章小结

本章主要研究了不同粉煤灰掺量和养护模式对粉煤灰水化反应程度、碳化深度、碳化系数以及抗压强度等的影响。参考成熟度理论中对养护温度的处理方法，将实际龄期转换成成熟度，揭示了大掺量粉煤灰混凝土早期粉煤灰水化反应程度与成熟度关系、大掺量粉煤灰混凝土碳化系数与成熟度关系以及碳化系数与抗压强度之间的关系，建立了基于成熟度计算的大掺量粉煤灰混凝土碳化深度预测模型，得到的主要结论如下：

（1）在不同粉煤灰掺量下，同一种养护模式在各个龄期下对粉煤灰水化反应程度的增幅作用是类似的，但是增幅不同，粉煤灰掺量为70％的粉煤灰水化反应程度增幅明显低于粉煤灰掺量为50％的粉煤灰水化反应程度。蒸汽养护、室外养护和匹配养护下，早期粉煤灰水化反应程度均较标准养护有所提高。养护后期养护模式对粉煤灰水化反应程度影响越来越小，早期较高的养护温度使得后期粉煤灰水化反应程度仍高于标准养护。标准养护下粉煤灰水化反应程度和成熟度具有良好的相关性。在不同养护模式养护下，将龄期转换成成熟度后，各个粉煤灰水化反应程度数据均在拟合曲线附近，可以用标准养护下的粉煤灰水化反应程度发展曲线来推测早期不同养护模式下的粉煤灰水化反应程度。从拟合曲线参数值还可得到粉煤灰的最终水化反应程度。

（2）养护模式对混凝土28 d前的碳化系数影响较大，较高的养护温度促使碳化系数加速减小。中后期养护模式对混凝土碳化系数影响较小，到90 d时4种养护模式下混凝土的碳化系数较为接近。掺70％粉煤灰的混凝土在不同养护模式下的碳化系数随龄期变化与掺50％粉煤灰的混凝土类似，只是在早期和后期平稳时在数值上略高。标准养护下碳化系数和成熟度具有良好的相关性，进行龄期-成熟度转换后，不同养护模式下的碳化系数均在拟合曲线附近，可以用标准养护下的碳化系数随成熟度发展曲线来推测不同养护模式下的大掺量粉煤灰混凝土碳化系数，从拟合曲线参数值还可得到最终碳化系数。依靠标准养护下碳化系数与龄期关系求得不同养护模式下在不同龄期时的碳化系数，进而计算出不同龄期下的碳化深度模型。

（3）同一种大掺量粉煤灰混凝土在养护龄期相同时，不同养护模式下的混凝土抗压强度和其碳化系数之间具有良好的线性关系。线性拟合公式中的斜率表征了混凝土碳化系数与抗压强度之间的敏感性。斜率越大，碳化系数随抗压强度变化越快。在相同粉煤灰掺量下，斜率随着养护龄期延长基本呈现出逐渐减小的趋势。在养护龄期相同时，粉煤灰掺量为70％时的斜率要比粉煤灰掺量为50％时的高。

第七章 蒸汽养护对大掺量粉煤灰混凝土动力学性能影响研究

7.1 引言

混凝土作为一种由砂浆、骨料和孔隙等构成的具有复杂结构的多相复合材料，在工程实际使用过程中不仅要经受静力荷载作用，还不可避免地要遭遇动力荷载的作用，如高层建筑要经受风载，水坝要承受动水压力，爆炸引起的冲击荷载，各种结构都可能要遭遇地震荷载等。尽管这些荷载并不是时刻作用混凝土在结构上，但由于它们的不可预知性及其对结构造成的危害性较大，这些荷载往往是控制结构设计的关键环节，更是混凝土结构安全可靠度评估的重点问题。

国外研究者很早就进行了混凝土动态单轴抗压强度的试验研究。混凝土材料在高应变率下的动态力学性能研究，一般应同时计及应力波效应和应变率效应，这两种效应互相耦合、互相影响，从而使问题复杂化。目前研究者常在试验中把试件的应力波效应和应变率效应解耦，一般采用分离式霍普金森压杆(Spilt Hopkinson Pressure Bar，SHPB)试验技术进行试验研究，测试混凝土材料的率敏感性、动态层裂强度、计算混凝土的断裂能。近年来，国内研究者也开始通过SHPB试验技术研究混凝土材料的动态力学行为。混凝土在不同应变率条件下的受压全过程曲线具有很好的相似性，峰值应力和峰值应变随应变率的增加而提高，弹性模量基本不变，并建立了考虑不可逆应变影响的损伤本构模型。混凝土材料在动态响应中同时存在着应变率硬化效应和损伤软化效应，其中损伤软化效应的主要力学机理就是由于混凝土内部存在脆弱过渡区相，而过渡区相的微结构受混凝土材料中骨料粒形、粒径、表面结构、级配等因素的影响。其中，骨料的粒径是一个很重要的因素，材料的粒径越大，微裂纹和微空洞等缺陷的数量也愈多，应力集中现象愈明显，从而损伤软化也更明显。

混凝土在服役过程中承受的荷载类型往往除了静态荷载之外，还会有动态冲击荷载。如在隧道工程中，使用钻爆掘井法进行施工，距离爆破源较近的隧道断面层要承受因多次爆破带来的冲击荷载，造成内部损伤，影响其长期的服役性能；高层建筑在服役过程中不但要承受长期且缓慢的静态荷载，而且还会存在因雷雨大风天气所带来的冲击荷载影响；建筑结构有时还会承受因地震、海啸等自然因素造成的剧烈冲击效果，如2008年的汶川地震和2010年的青海玉树地震，以及2015年8月12号发生在天津塘沽码头的重大爆炸事件等等，都直接造成巨大数目的人员伤亡和经济损失。此外，铁路轨道要受到列车高速行驶的冲击、机场的跑道要承受飞机在起飞和降落过程中带来的冲击等。

对于混凝土冲击性能研究的最早时间要追溯到1917年，阿布拉姆(Abrams)开始对混凝土试件展开加载速率对其强度影响规律的试验，但由于当时条件的限制并没有得到合理的试验结果。之后大量的研究者们开始对混凝土的动态冲击性能展开试验研究。实验设备大杆径分离式霍普金森压杆(SHPB)的出现，再次推动了学者们对混凝土冲击性能的研究进程。可是，大部分针对混凝土冲击性能的研究都只受限于混凝本身，如混凝土龄期的影响、各种纤维和矿物掺合料的影响等，考虑到外界的影响因素，如养护条件、温度历程等，相关的研究还比较鲜有。

面对混凝土错综复杂的服役环境和实际的工程应用价值，在混凝土中掺入某些特定矿物掺合料不仅可以带来一定的经济效益，同时也能响应国家节能减排、绿色发展的号召。粉煤灰作为工业发展带来的副产品之一，主要来源为燃煤热电厂，其年排放量已达将近十亿吨，过高的排放量给国民经济建设和生态环境发展带来了一定不利影响。粉煤灰作为胶结材料在混凝土中的作用主要有三种：火山灰效应、微集料效应和形貌效应。这三大效应对粉煤灰混凝土的某些性能具有一定的积极作用。因此将粉煤灰看作一种辅助胶结材料运用到混凝土等工程建设材料中，可以有效地节约水泥，降低能耗，改善混凝土的部分性能，也有利于缓解因粉煤灰因排放量过大而带来的一系列问题。然而目前有关于粉煤灰混凝土力学性能的研究还仅局限于准静态受荷状态下而展开，对其动力特性研究还不够全面。

蒸汽养护是一种被广泛应用于混凝土预制构件生产的养护方式，通过提高早期养护过程中的温度和湿度，使混凝土达到一定的脱模强度，然后再对其进行标准养护至相应龄期。蒸汽养护对粉煤灰活性的激发和混凝土早期力学性能的形成具有重大影响，与此同时，伴随着混凝土蒸汽养护技术在隧道、铁路等工程中的应用越来越广泛，对于蒸汽养护条件下混凝土静动态力学性能亟待研究。

7.2　试验

7.2.1　试件制备

试件的配合比见表7.1。

表 7.1　混凝土配合比

编号	水胶比	水泥/($kg \cdot m^{-3}$)	粉煤灰/($kg \cdot m^{-3}$)	水/($kg \cdot m^{-3}$)	细骨料/($kg \cdot m^{-3}$)	粗骨料/($kg \cdot m^{-3}$)	减水剂/%
C43F0	0.43	488	0	210	680	1 022	0.1%
C43F10	0.43	439	49	210	680	1 022	0.1%
C43F30	0.43	342	146	210	680	1 022	0.2%
C43F50	0.43	244	244	210	680	1 022	0.3%

混凝土试件采用高 50 mm、内径 75 mm 的柱状体试件。模具为尺寸机床精确切割好的 PVC 管，成型前使用手持切割机将 PVC 管模具一侧切开并用扎丝扎紧，以便于后期试件脱膜，随后用 AB 胶将其固定在高 50 mm、直径 100 mm 的塑料底座模具中进行成型试验。由于混凝土 SHPB 试验对试件表面光滑平整度要求较高，待测试件到达龄期后还需进行表面打磨抛光处理，具体的试件成型及抛光如图 7.1 所示。

图 7.1　试件成型及抛光处理

采用标准养护和蒸汽养护两种养护条件。标准养护下混凝土试件成型后，在室温下静置 24 h 后脱模，随后放置在标准养护室(温度 20 ℃±2 ℃，相对湿度≥95%)中养护至相应龄期；蒸汽养护制度设计则是混凝土试件在铁模中成型后，在室温下静置 2 h 后，带模放置在蒸汽养护箱内，升温速率 20 ℃/h，恒温温度分别设置为 40 ℃、60 ℃和 80 ℃，恒温时间分别为 8 h 和 48 h，最后降温 2 h，脱模后放入标准养护室内养护至相应龄期，蒸汽养护制度设计和养护过程如图 7.2 所示。

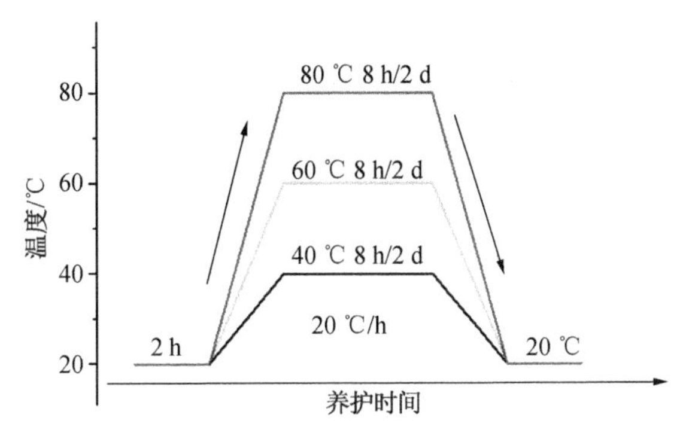

图 7.2　蒸汽养护制度设计示意图

7.2.2　静力试验

按照表 7.1 中的配合比进行混凝土试件的成型脱模后养护至相应龄期，采用匀速加载，抗压强度测试加载速度控制在 2～3 kN/s，待试件破坏时记录下荷载数据；试件测试龄期分别为 36 h、3 d 和 28 d。

应力-应变试验采用量程为 100 kN 的电子万能实验机通过程控先对试件进行循环荷载预压，循环荷载预压后再采用位移加载至试件破坏。通过在试件两端对称粘贴电阻应变片进行数据采集，对称粘贴应变片有利于减小试验误差，应变片电阻值为 120 Ω±1 Ω，灵敏度系数为 2.00±0.02，电阻应变片通过导线外接桥式传感器连接至应变仪，通过江苏东华测试技术股份有限公司 DHDAS(5920_1394)信号测试分析系统放大和收集信号，为了能同时记录下加载过程中试件两端应变和荷载的变化，在试件下方增设了一个量程为 200 kN 的力传感器，灵敏度为 1.2 mV/V，实验过程中全程记录试件两端的应变以及轴向压力；数据处理后得到的应力-应变曲线中，开始加载至 30%峰值应力对应的曲线斜率为弹性模量，曲线斜率由绘图软件处理计算获得。

7.2.3　冲击试验

采用洛阳利维科技有限公司制造的型号 LWKJ-HPKS-Y75 的分离式霍普金森压杆(SHPB)作为混凝土动态力学性能测试设备，如图 7.3 所示。该测试设备主要由压杆、数据采集和数据处理三大系统构成，杆径为 75 mm，一般应用于应变率范围在 $10～10^4\ s^{-1}$ 内的抗冲击性能试验。

图 7.3　SHPB 装置示意图

SHPB 的主要工作原理是气泵在预设的气压下将子弹射出，随后子弹经测速装置后撞击入射杆，入射杆随即产生一个入射应力波 σ_i，σ_i 到达夹紧在入射杆和透射杆中间的试件处。入射应力波 σ_i 到达试件的表面后，由于试件和压杆的截面积及对波阻抗不同，一部分入射应力波被反射回来形成反射应力波 σ_r，另一部分则继续穿透过试件形成透射应力波 σ_t，最后在吸收杆被捕获后，由吸能装置吸收。在入射杆和透射杆上所贴的应变片则负责对整个过程进行信号数据采集，动态应变测试系统则对两个杆上的应变片测得的数据进行放大处理后得到对应的应变 ε_i、ε_r 和 ε_t。SHPB 的结构示意图如图 7.4 所示。

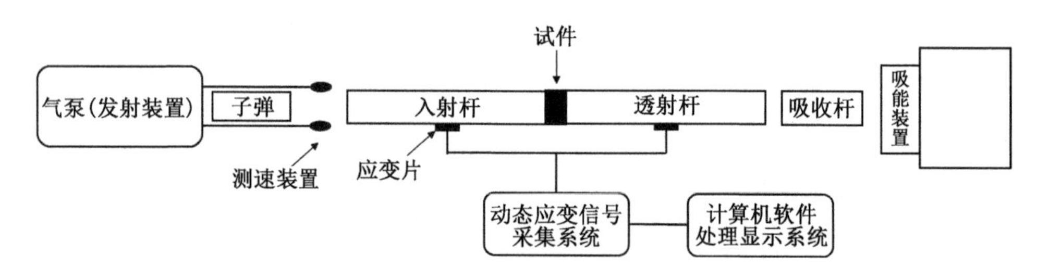

图 7.4　SHPB 结构示意图

在满足一维应力波和均匀性假设条件下，即应力波在整个过程中以单轴应力方式传播，且应力与应变在试件的轴向上呈现均匀分布，试件的应力 $\sigma(t)$、应变 $\varepsilon(t)$ 和应变率 $\dot{\varepsilon}(t)$ 由二波法公式得到，具体公式如下：

$$\sigma(t)=\frac{EA_0}{A_S}\varepsilon_t(t) \tag{7-1}$$

$$\varepsilon(t)=-\frac{2C_0}{L_S}\int_0^t\varepsilon_t(t)\mathrm{d}t \tag{7-2}$$

$$\dot{\varepsilon}(t) = -\frac{2C_0}{L_S}\varepsilon_t(t) \tag{7-3}$$

式中：$C_0=\sqrt{E/\rho}$ 为应力波在压杆中的传播速度，E 和 ρ 分别对应压杆的弹性模量和密度；A_0 为压杆的截面积；L_S 为试件的初始高度；ε_i、ε_r、ε_t 分别是试件两侧端面上入射应力波、反射应力波和透射应力波的应变信号。

7.3　蒸养大掺量粉煤灰混凝土静力抗压强度

本小节讨论 4 组不同的恒温养护温度（20 ℃、40 ℃、60 ℃和 80 ℃）和蒸汽养护时间（8 h、48 h）对大掺量粉煤灰混凝土抗压强度的影响，结果如图 7.5 所示。从图 7.5 可以看出，恒温养护温度低于 60 ℃时，大掺量粉煤灰混凝土早期抗压强度随温度升高，但高温蒸汽养护带来的强度提升趋势降低。大掺量粉煤灰混凝土的早期强度提高主要是因为高温加速了水泥熟料的水化，提供更多氢氧化钙，同时提高了粉煤灰在早期的反应活性。恒温养护温度为 80 ℃时，大掺量粉煤灰混凝土的抗压强度下降。较高的养护温度在对粉煤灰混凝土带来水泥水化加速和激发粉煤灰的活性效应，促进其二次水化，也会给内部结构带来热损伤。从试验结果看，蒸养温度选择 60 ℃较合适，恒温时间对后期强度影响较小，但适当延长蒸养恒温时间，在早龄期可以获得更高强度。

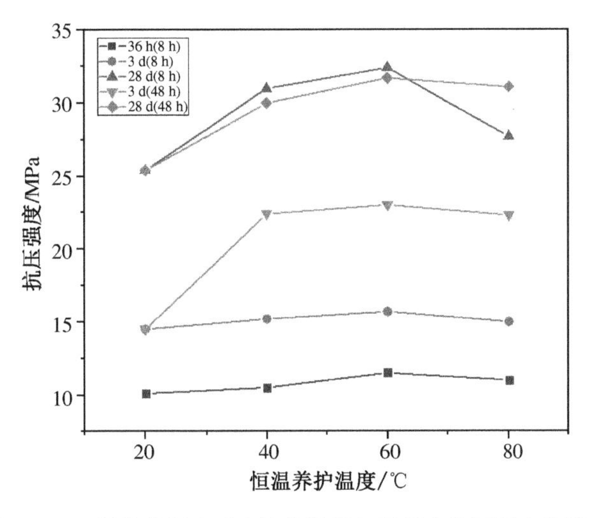

图 7.5　不同蒸养制度对大掺量粉煤灰混凝土抗压强度的影响

图 7.6 给出了不同添加剂掺量对 60 ℃恒温 8 h 蒸养大掺量粉煤灰混凝土 28 d 抗压强度的影响。可以看出，普通氧化钙和纳米氧化钙均可提高大掺量粉煤灰混凝土的强度，且

随着掺量的增加提高幅度增大。在相同掺量下，纳米氧化钙对大掺量粉煤灰混凝土强度提升效果优于普通氧化钙，原因可能是纳米氧化钙颗粒更小，反应更加充分，生成的氢氧化钙分布相对均匀，有利于粉煤灰的二次水化。

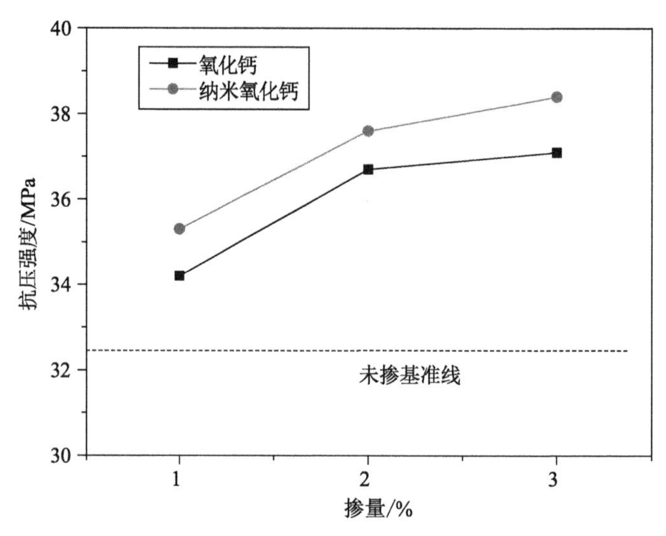

图 7.6 不同添加剂掺量对 60 ℃恒温 8 h 蒸养大掺量粉煤灰混凝土 28 d 抗压强度的影响

7.4 蒸养大掺量粉煤灰混凝土动力学性能

7.4.1 破坏形态

图 7.7 为大掺量粉煤灰混凝土在静态荷载下的破坏形态图。混凝土作为一种由多种物相构成的非均匀性复合材料，在水泥浆体硬化过程中内部会出现细微孔洞和裂缝等缺陷，同时水泥浆体与骨料之间也会存在比较薄弱的界面胶结处。静态荷载加压时，在持续荷载的作用下，裂缝的扩展首先从混凝土内部的缺陷和界面胶结处开始，随后在混凝土内部形成几条主要的裂缝，裂缝逐渐发展直至贯穿整个试件，最终导致试件破坏。混凝土试件在准静态荷载的作用下被破坏后，一般表现为外部边缘的破碎，留下内部主体部分。

对于冲击组混凝土试件，如图 7.8 所示：当应变率较低时，试件被破坏的形态与准静态类似，混凝土试件的少量主体部分被留下，随着应变率的提高，试件被破坏的程度也进一步提高，混凝土试件在冲击荷载的作用下被瞬间破坏成细小的碎块状甚至粉末状。当应变率较高时，冲击荷载对混凝土试件的作用时间极短，混凝土内部的原生缺陷没有足够的时间去发展，因此外部传递的能量只能通过在试件内部产生更多的微细裂缝来消耗，导致混凝土试件被破坏后表现出更高程度的粉末状破坏形态。

图 7.7　大掺量粉煤灰混凝土在静态荷载下的破坏形态图

(a) 101.51 s^{-1}

(b) 82.21 s^{-1}

(c) 64.32 s^{-1}

(d) 35.07 s^{-1}

图 7.8　60 ℃恒温 8 h 蒸养大掺量粉煤灰混凝土在各应变率条件下的破坏形态图

7.4.2 动态应力-应变曲线

图7.9给出了大掺量粉煤灰混凝土在不同蒸养温度下恒温8 h、最终养护至28 d时的动态应力-应变关系。可以看出,每组试件的动态应力-应变曲线变化趋势总体上较为接近。与静态抗压强度相比,各混凝土在冲击荷载作用下的峰值应力显著提高,且随着应变率的增加而增大;峰值应变随着应变率的增加而降低。在荷载冲击初期,应力-应变曲线间的关系接近线性,即弹性增长阶段,在此阶段冲击荷载的能量主要被试件内部的粗骨料和水泥浆体吸收,表现为弹性变形,应力分布尚未均匀化。随后试件的变形进入弹塑性阶段,内部的孔隙和微裂纹等缺陷受到冲击荷载的作用开始进行扩展,试件进一步被压密实且产生不可恢复的塑性变形,当应力值到达最大值时,试件内部达到密实度最大化,由于冲击时间较短,试件内部的孔隙和微裂缝没有足够的时间去扩展,只能通过产生更多的微裂缝的方式去消耗冲击荷载带来的能量,试件被破坏后表现出更高程度的脆性破坏特征。

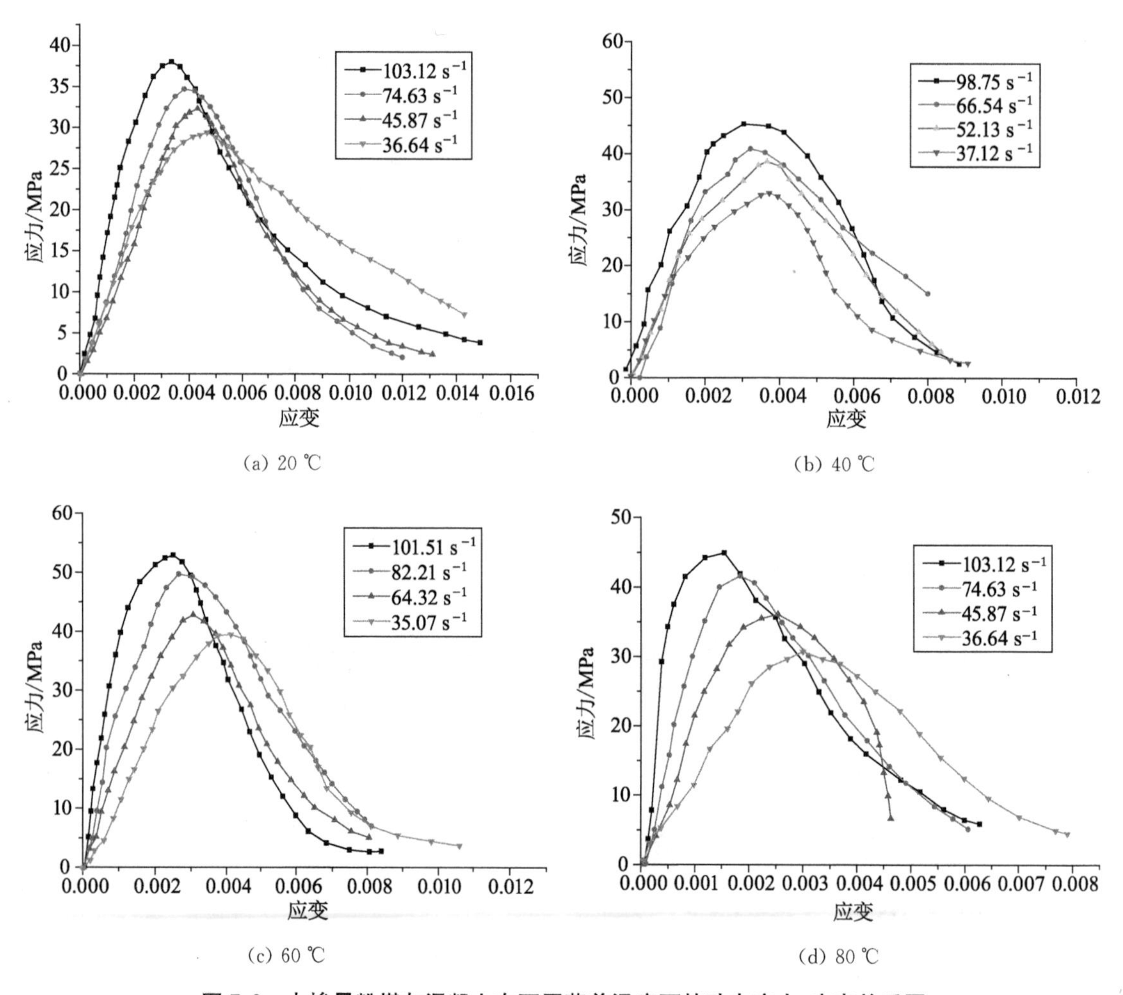

图7.9 大掺量粉煤灰混凝土在不同蒸养温度下的动态应力-应变关系图

图 7.10 为添加 2%氧化钙和纳米氧化钙的大掺量粉煤灰混凝土在 60 ℃蒸养 8 h 后养护至 28 d 时在 100 s^{-1} 左右应变率的动态应力-应变关系，对比不掺添加剂的试件，掺 2%氧化钙和纳米氧化钙的试件峰值应力均有所提高，同时峰值应变相应增加。另外相同掺量下，纳米氧化钙的提升效果优于普通氧化钙。

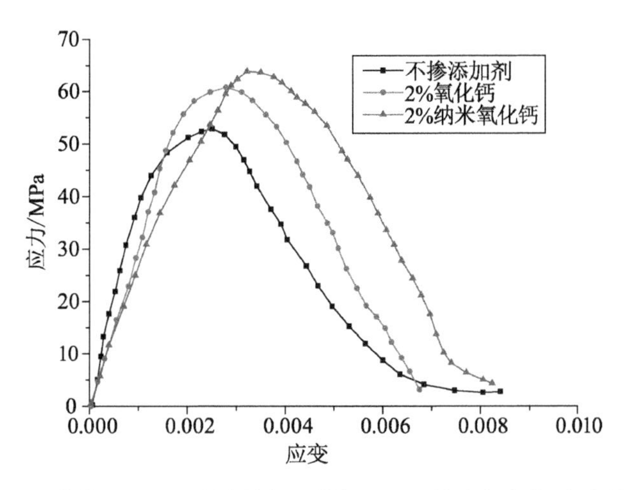

图 7.10　蒸养不同添加剂大掺量粉煤灰混凝土的动态应力-应变关系图

7.4.3　峰值应力的应变率效应

图 7.11 给出了大掺量粉煤灰混凝土在不同蒸养温度下的峰值应力与应变率的关系，可以看出，各蒸养温度下，峰值应力均随应变率的增加而增大，且两者之间呈现较好的线性关系。为进一步建立混凝土峰值应力与应变率之间的数学关系，更好地描述冲击荷载作用下混凝土峰值应力随应变率和蒸养温度的变化规律，将混凝土的动态峰值应力与静态抗压强度的比值，即动态增长因子（Dynamic Increase Factor，DIF）作为研究对象，来探究混凝土峰值应力随应变率增大时所提高的幅度，如图 7.12 所示。各试件 DIF 与应变率的对数之间均存在良好的线性关系，随着应变率对数的增加，试件 DIF 线性增大。分别对峰值应力-应变率和 DIF -应变率对数关系进行线性拟合，结果列于

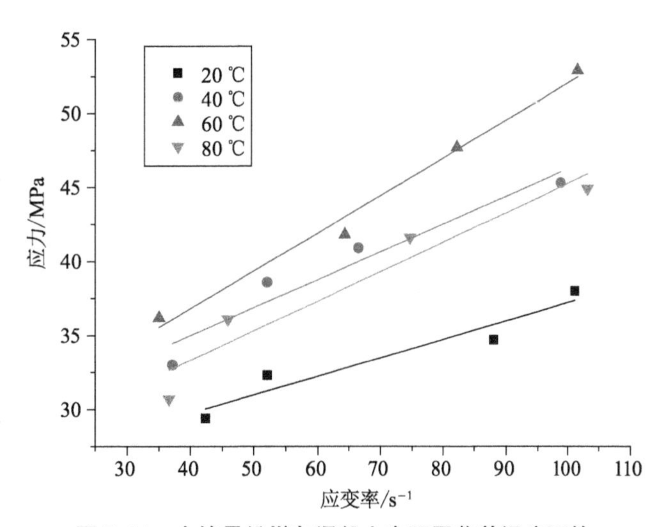

图 7.11　大掺量粉煤灰混凝土在不同蒸养温度下的峰值应力-应变率关系图

表 7.2 中。由表 7.2 可知,随着蒸养温度的升高,拟合方程的斜率在 60 ℃前增大,混凝土的应变率效应增强,80 ℃时略有降低。

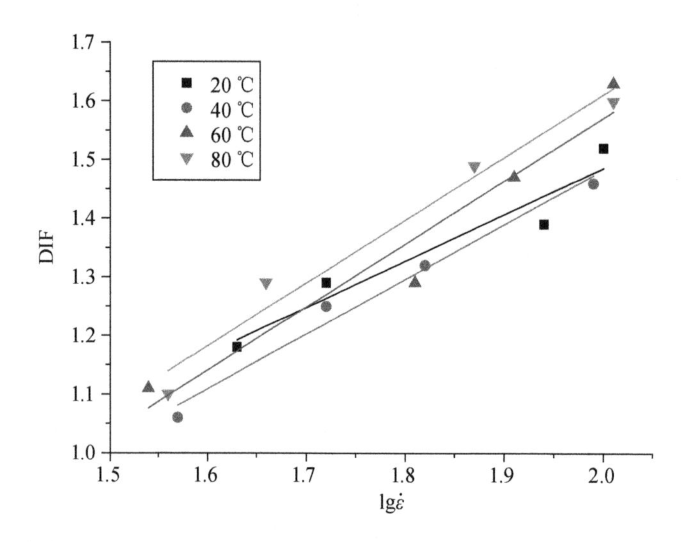

图 7.12 大掺量粉煤灰混凝土在不同蒸养温度下的动态增长因子-应变率对数关系图

表 7.2 不同蒸养温度下峰值应力、DIF 与应变率的拟合结果

养护温度/℃	峰值应力		DIF	
	拟合公式	R^2	拟合公式	R^2
20	$\sigma_d = 0.12\dot{\varepsilon} + 24.75$	0.89	$\sigma_d = 0.79\lg\dot{\varepsilon} - 0.10$	0.90
40	$\sigma_d = 0.19\dot{\varepsilon} + 27.49$	0.90	$\sigma_d = 0.94\lg\dot{\varepsilon} - 0.39$	0.97
60	$\sigma_d = 0.25\dot{\varepsilon} + 26.64$	0.98	$\sigma_d = 1.08\lg\dot{\varepsilon} - 0.58$	0.90
80	$\sigma_d = 0.20\dot{\varepsilon} + 25.37$	0.88	$\sigma_d = 1.07\lg\dot{\varepsilon} - 0.53$	0.96

7.4.4 峰值应变的应变率效应

图 7.13 为大掺量粉煤灰混凝土在不同蒸养温度下的峰值应变与应变率关系。总体上,各养护温度下混凝土的峰值应变随应变率增加而呈降低趋势,且两者呈现较好的线性关系。混凝土峰值应变由两部分组成,即弹性应变和塑性应变。应变率增加时,塑性应变减弱,导致混凝土峰值应变随应变率增加而降低。在高应变率下,混凝土中裂纹的扩展速度随着应变率的增加而增加。在相同应变率下,随着蒸养温度升高,峰值应变减小,可能与较高蒸养温度下混凝土内部高温损伤有关。

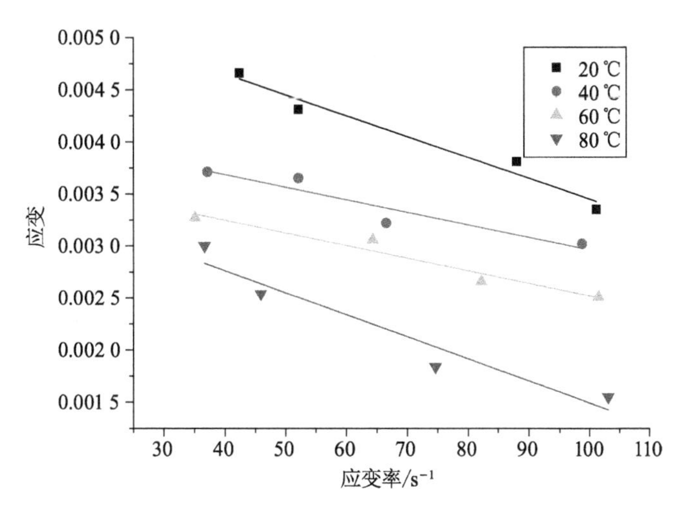

图 7.13　大掺量粉煤灰混凝土在不同蒸养温度下的峰值应变-应变率关系图

7.5　本章小结

本章研究了蒸汽养护下大掺量粉煤灰混凝土的动态应力-应变关系，研究了添加剂对蒸汽养护大掺量粉煤灰混凝土动力学性能的提升效果，得到的主要结论如下：

(1) 在冲击荷载作用下，大掺量粉煤灰混凝土的峰值应力随着应变率的增加而增大，峰值应变随着应变率的增加而降低；纳米氧化钙比氧化钙对试件峰值应力和峰值应变均提高更多。

(2) 蒸养大掺量粉煤灰混凝土的强度动态增长因子与应变率对数存在较好的线性关系；峰值应力在 60 ℃前随蒸养温度升高而增大，混凝土的应变率效应增强，但在 80 ℃时降低。

(3) 综合考虑蒸养对粉煤灰水化和大掺量粉煤灰混凝土热损伤的影响，建议蒸养温度采用 60 ℃，并适当提高恒温时间。

第八章　混凝土力-电监测材料及性能

8.1　引言

随着科技的快速发展，工程结构向超大化、复杂化方向发展，如大型跨海桥梁、超高层建筑、大型水利工程、大型海洋平台、核电站等，这些重大基础设施，设计使用年限要求高（常超过百年），服役期间在长期环境侵蚀作用、材料老化、长期荷载效应、疲劳效应等因素共同作用下，不可避免地会发生结构损伤累积并加剧，导致其安全性、适用性和耐久性能下降，如不及时处理可能引发灾难性的突发事件，给人民的生命财产造成巨大损失，甚至造成重大社会、政治影响。桥梁垮塌、溃坝、输水管道爆裂、房屋坍塌等事故屡有报道，损失惨重，给我们带来了沉痛的教训。未充分考虑侵蚀环境作用、材料及结构的耐久性，未及时维修、维护消除安全隐患是发生事故重要的原因。为避免类似重大事故的发生，加强原位实时监测、建立结构性能状态评价和预警，及时发现损伤、及时处理并建立相应的响应机制已成为共识。现今，工程结构耐久性及服役期间的实时性能监测已成为国内外学者和工程技术人员越来越重视的热点问题。

水泥基导电复合材料用作传感器，可与混凝土同步浇筑，且其与混凝土结构相容性良好，性能劣化同步，可克服其他传感器安装要求高、相容性和性能匹配性差等缺点，能更好地反映结构劣化程度和进程；必要时，水泥基导电复合材料可根据需要直接作为结构件使用，对整个构件性能进行无死角监测。这种材料因此具有广阔的应用前景。已有学者尝试利用钢纤维、石墨、碳纤维、碳纳米管等导电材料制备水泥基导电复合材料，用于结构服役期的性能监测，已开展了水泥基导电复合材料的力学、耐久性、导电、性能感知等方面的研究。

石墨烯因具备优异的抗拉强度、导热和导电等性能，成了制备水泥基导电复合材料的新宠儿。近十余年来，国内外学者进行了石墨烯水泥基复合材料性能和功能开发研究。研究表明，石墨烯水泥基复合材料可改善水泥基体的力学性能和耐久性，具有良好的导电性能及压电效应，可用于混凝土结构安全性监测。

石墨烯水泥基复合材料具有良好的导电性能且电阻率可设计性好，是其力电监测能力的基础。对石墨烯水泥基复合材料导电性研究主要集中在渗流阈值、导电模型和导电机理三方面。

随着石墨烯掺量的增加，石墨烯水泥基复合材料的电阻率下降存在渗流现象。由于采用的石墨烯片径、层数等参数不同，分散方法不一，各研究人员得到的渗流区间存在些许差异。另外，湿度增加为基体提供了离子导电通道，温度升高可以提高载流子迁移速度，二者都会导致电阻率降低，但均不改变渗流阈值的范围。

目前，对石墨烯水泥基复合材料导电模型研究主要是依靠已有的复合材料导电理论。石墨烯水泥基复合材料的导电机理主要包括两部分：一是互相搭接的石墨烯片之间接触导电，二是距离较近的石墨烯片之间隧道导电。通常认为，在石墨烯掺量未达到渗流阈值时基体不导电，在渗流区间内主要是隧道导电，而超渗流区间后主要是接触导电。

石墨烯水泥基复合材料的压敏性来源于压阻效应，即在压力荷载下材料的电阻率可以感应应力或应变大小。目前对石墨烯水泥基复合材料压敏性的研究主要集中在石墨烯掺量和加载条件两方面。

随着石墨烯掺量的增加，石墨烯水泥基复合材料的压敏灵敏度先增加、后减小，且和渗流阈值息息相关。适用于力电监测的石墨烯掺量取值基本在渗流阈值附近，低于这个值则基体性能更像高电阻率、低灵敏度的混凝土，高于这个值则灵敏度降低，且给均匀分散带来更大困难。

根据工程实际，加载条件包括加载幅值、加载次数和加载速率。在复合材料弹性变形范围内，电阻率变化率与加载幅值不是线性关系。随着压力线性增加，电阻率变化速度逐渐减小。在多次循环加载下，石墨烯水泥基复合材料的压敏具有良好的稳定性和重复性，且加载速率较低时，基本不受影响。当加载速率达到 40 mm/min（接近冲击荷载）时，电阻率变化幅值降低，材料压敏性受到轻微影响。

8.2 试验

8.2.1 试件制备

本节所有试件均采用先将石墨烯分散到水中再拌和成型的方法制备，石墨烯水泥基复合材料的配比如表 8.1 所示。

表 8.1　石墨烯水泥基复合材料配比

试样编号	水泥/g	硅粉/g	石墨烯/g	水/g	分散剂/mg	减水剂/g	消泡剂/g
G0	90	10	0	50	0	0	0
G0.5	90	10	0.5	50	15	0	0
G1	90	10	1.0	50	30	0	0
G1.3	90	10	1.3	50	39	0	0
G1.5	90	10	1.5	50	45	0	0.1
G1.7	90	10	1.7	50	51	0.2	0.1
G2	90	10	2.0	50	60	0.2	0.1
G2.3	90	10	2.3	50	69	0.2	0.2
G2.5	90	10	2.5	50	75	0.5	0.2
G2.7	90	10	2.7	50	81	0.8	0.3
G3	90	10	3.0	50	90	1.0	0.3

按表 8.1 的配比，预先配置石墨烯分散液，所需仪器设备主要有磁力搅拌机和超声波细胞破碎机，配制步骤如下：

(1) 称取所需质量的分散剂、减水剂、消泡剂和水倒入烧杯中，混合后用玻璃棒搅拌 2 min，静置待用。

(2) 称取所需质量的石墨烯粉末加入混合液中并磁力搅拌 10 min，使石墨烯粉末完全浸入混合液中。

(3) 将烧杯放入超声波细胞破碎机中，在室温下超声处理 50 min，得到石墨烯分散液。

按表 8.1 的配比，称取所需水泥和硅粉，倒入净浆搅拌机中混合均匀，边搅拌边倒入预先准备好的石墨烯分散液，充分搅拌后将浆体倒入模具中，适当震动以排除混入浆体内的气泡。向浆体中插入 4 个不锈钢丝网电极，再适当震动以确保浆体和电极接触良好。试件尺寸为 20 mm×20 mm×60 mm，不锈钢丝网的布置如图 8.1 试件示意图所示，试件实物如图 8.2 所示。试件成型后 24 h 脱模，放入水中养护 3 个月，以确保水泥和硅粉充分水化。另外，由于冻融试验对试件破坏严重，用于冻融试验部分的试件不插入不锈钢丝网，其他步骤保持一致。在硫酸盐侵蚀试验中，用于测试线性膨胀率的试件尺寸为 25 mm×25 mm×280 mm。

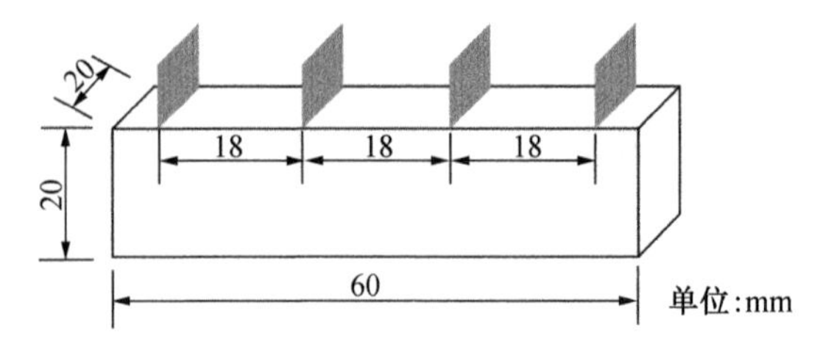

图 8.1　试件示意图

图 8.2 试件实物图

8.2.2 电阻率测试

水泥基导电复合材料电阻率测试通常采用直流二电极法、直流四电极法和交流法。直流法测试较为简便,四电极法可以有效消除接触电阻的影响。本书电阻率测试主要采用直流四电极法,测试电路连接图如图 8.3 所示。不锈钢丝网 1 和 4 连接直流电流表,测试通过试件的电流;不锈钢丝网 2 和 3 连接电压表,测试试件中间 2、3 段的电压。试件电阻率计算公式为:

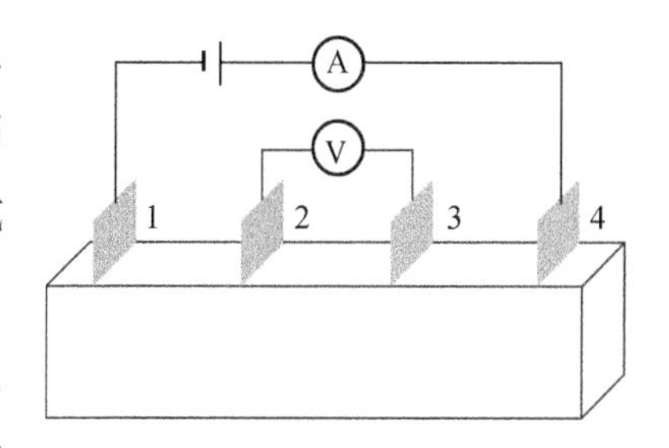

图 8.3 直流四电极法测试电路图

$$\rho=R\cdot\frac{S_0}{L}=\frac{U}{I}\cdot\frac{S_0}{L} \tag{8-1}$$

式中:R、U、I 分别为试件 2、3 段的电阻、电压和电流;S_0 为试件 2、3 段的截面积;L 为试件 2、3 段的长度。

8.2.3 压敏测试

待测试试件达到相应的温湿度后,竖向放置在万能试验机上,与压头接触的地方用绝缘垫片隔开,以防漏电。试件放置好以后,先连接电阻率测试设备,电流表及电压表(福禄克万用表)连接到计算机上以记录受压时的变化全过程。开动万能试验机前,先对试件进行电阻率测试使其完成极化,待电阻率稳定后,设定万能试验机加载速率为 0.5 kN/s,将试件压坏,并实时记录压力时间曲线。测试循环加载下的电阻率时,分别设定不同的最大荷载和加载速率：加载速率为 0.5 kN/s，最大荷载为 1 kN、2 kN 和 3 kN；最大荷载为 2 kN，加载速率为 0.2 kN/s、0.5 kN/s 和 1 kN/s。

8.3 石墨烯水泥基复合材料导电性

8.3.1 极化效应

图 8.4 给出了不同时石墨烯掺量的试件在干燥状态下电阻率随时间变化情况，其中图 8.4(a)和图 8.4(b)为放大图。由图 8.4 可见，在测量初始的 20 min 内，试件电阻率快速上升，之后缓慢增长或保持平稳。产生该现象的原因是石墨烯水泥基复合材料具有导电极化效应。在试件两端施加直流电压时，试件中的导电电荷向电压相反方向移动，产生一个与外加电场作用相反的电场，抵消一部分流过试件的电流，从而导致电阻率增大。随着测试

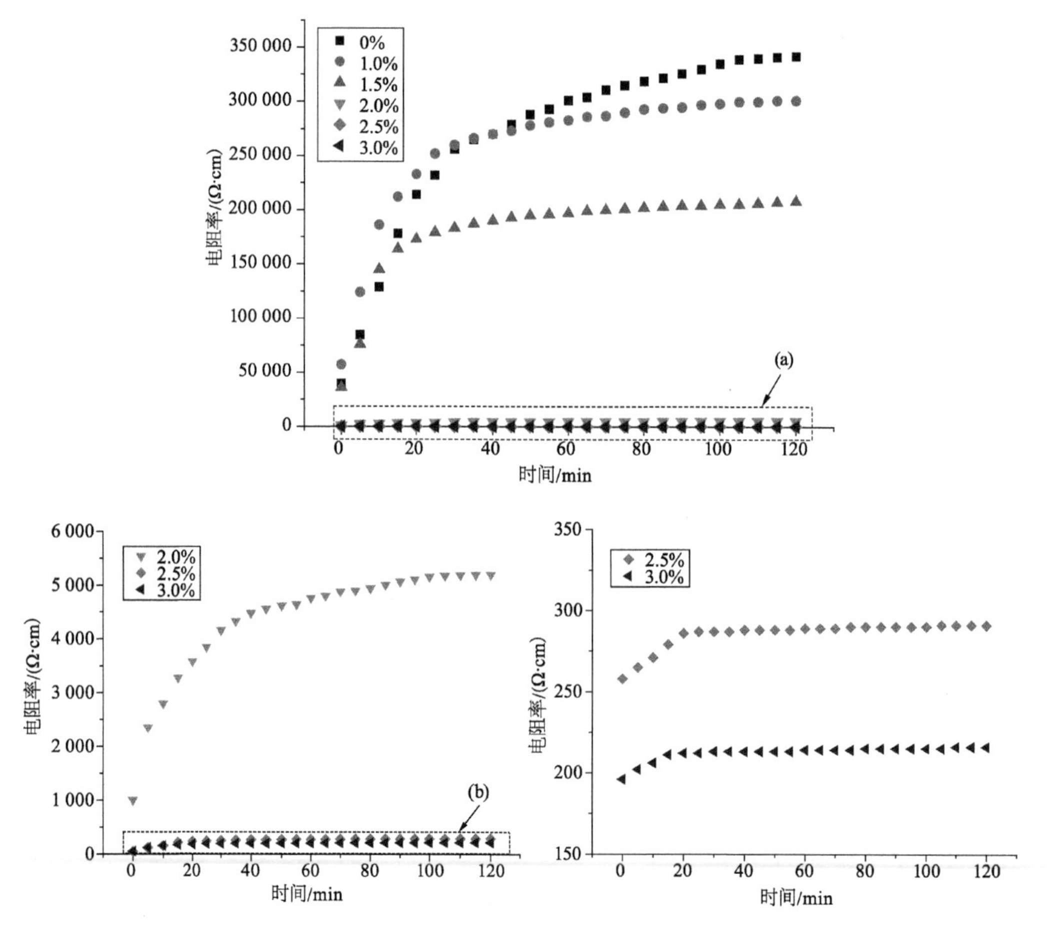

图 8.4 不同石墨烯掺量试件导电极化效应

时间延长，导电电荷积累到一定程度后将达到稳定状态，表现为电阻率值随时间变化缓慢。从图 8.4 可以看出，随着石墨烯掺量的增加，最终稳定的电阻率值越小，且达到稳定的时间越短。

本书将连续三次电阻率测量值增幅小于 2%时认为极化完成，并定义此时的时间为极化时间。图 8.5 给出了由图 8.4 中极化曲线得到的极化时间。从图 8.5 可以看出，水泥基体中掺入石墨烯使极化时间减小，且掺入越多，减小越大。如掺入 1%、2%和 3%的石墨烯，分别导致极化时间从 60 min 降低至 50 min、45 min 和 15 min，降低了 17%、25%和 75%。在干燥的水泥净浆基体中，导电载流子主要为化合物或氧化物中的自由电子，且数量较少。掺入石墨烯后，由于石墨烯的高导电性，水泥基体可由石墨烯上的自由电子和空穴进行导电。当石墨烯掺量达到一定程度时，又可进行石墨烯之间的隧道导电和接触导电，使极化快速完成的同时，极大地降低了水泥基体的电阻率。由此可见，导电载流子的浓度和种类是影响极化效应的重要因素。

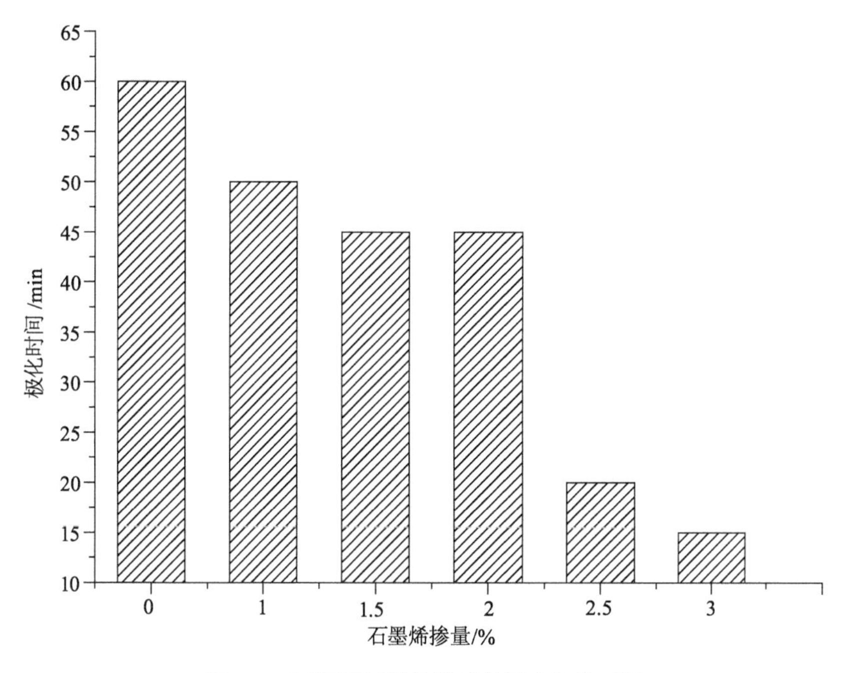

图 8.5 不同石墨烯掺量试件导电极化时间

8.3.2 渗流阈值

由第 8.3.1 节可知，石墨烯掺量是影响试件电阻率的主要因素。图 8.6 给出了试件电阻率随石墨烯掺量的变化规律，可见明显的渗流现象。试件电阻率随导电填料掺量的增加逐渐减小，但并不是按掺入量等比例减小，而是在导电填料掺量达到某一临界值后，电阻率先急速下降，之后下降速率又变得平缓。由图8.6可知，石墨烯水泥基复合材料的电阻率随石墨烯掺量变化可以粗略分为3个阶段：A阶段，石墨烯掺量在0%～1.5%范围内，定义为未渗流段。该段特点是石墨烯掺量对电阻率影响较小，试件电阻率大。此时石墨烯掺量低，彼此之间距离远，不能形成导电网络，只是稍微降低了基体电阻。B阶段，石墨烯掺量在1.5%～2.5%范围内，定义为渗流段，该段特点是电阻率随石墨烯掺量增加急剧降低，最终可降低3个数量级。此时石墨烯之间距离较近，虽然没有形成完整的导电通路，但彼此之间可以进行隧道导电，从而导致了电阻率的急速减小。C阶段，石墨烯掺量在2.5%以上至某一掺量范围内，定义为过渗流段。该段特点是石墨烯掺量对电阻率影响较小，试件电阻率小。此时石墨烯之间互相接触，形成了完整的导电通路，继续掺入石墨烯只是进一步完善导电网络。石墨烯掺量1.5%和2.5%分别为渗流区间的上阈值和下阈值，至于继续增加石墨烯掺量，有研究发现复合材料会出现二次渗流的现象，这不在本书研究范围内。

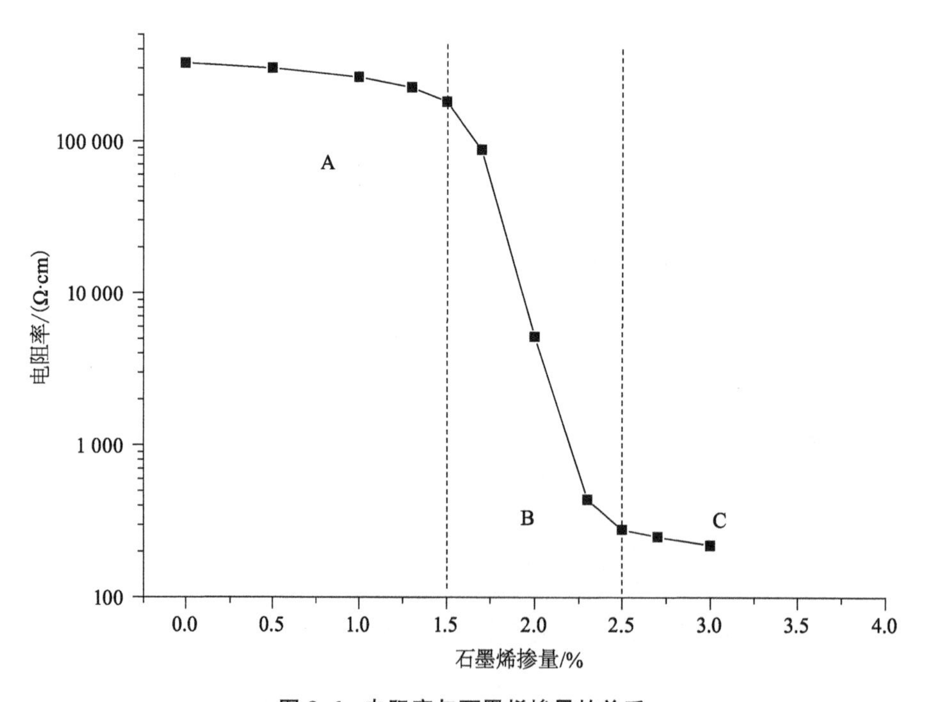

图8.6　电阻率与石墨烯掺量的关系

8.3.3　导电性电化学阻抗谱分析

电化学阻抗谱(EIS)法，是一种通过对材料施加小的交流扰动信号，测试材料对扰动信号的反应(一般采用复数阻抗)来分析判断材料内部结构性质的一种电化学方法。经过多年发展，目前EIS已经发展成为一种成熟、热门的分析方法，如在水化过程、孔隙特征、力学性能、耐久性能以及电学性能等方面的测试分析。

水泥净浆水化完全后是一种多孔的不均匀材料，可认为由固相(水化产物、未水化颗粒)、液相和气相(孔隙气体和气泡)组成。一般认为未水化颗粒和气相是不导电的，水化产物形成的基体是低导电能力的导电相，液相是高导电能力的导电相，在交流作用下，这些相互相连接形成整体电路网络。在 EIS 分析测试中，水泥基电路网络可以看作一个包括电阻、电容以及常数项的综合电化学体系，其简化的等效电路如图 8.7 所示。理想状态下，这个体系的阻抗谱呈现 Randles 型，它的 Nyquist 图由在高频区的半圆弧和低频区与实轴成 45°夹角的直线组成，如图 8.8 所示。

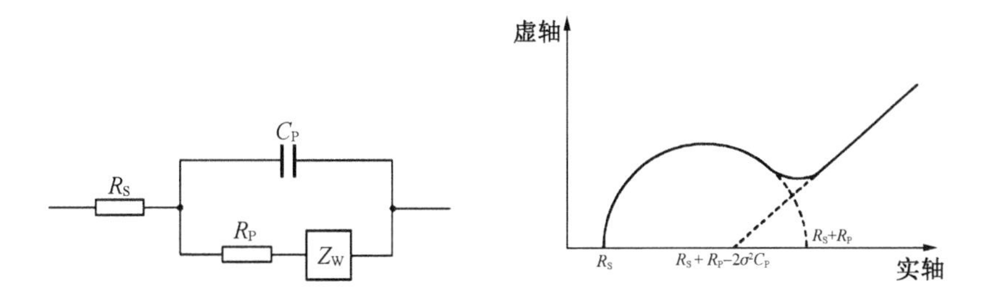

图 8.7 水泥基体等效电路图　　**图 8.8 水泥基体 Nyquist 图**

图 8.7 等效电路的总阻抗 Z 为：

$$Z=R_S+\frac{R_P+Z_W}{1+i\omega R_P C_P+i\omega Z_W C_P} \tag{8-2}$$

$$Z_W=\sigma\omega^{-1/2}(1-i) \tag{8-3}$$

式中：R_S 为孔溶液电阻；C_P 为双电层电容；R_P 为固液相电荷传递电阻；Z_W 为韦伯(Warburg)阻抗；σ 为比例常数；ω 为测试频率。

总阻抗 Z 的实部 Z_r 和虚部 Z_i 分别为：

$$Z_r=R_S+\frac{R_P+\sigma\omega^{-1/2}}{(1+\omega^{1/2}\sigma C_P)^2+\omega^2C_P^2(R_P+\sigma\omega^{-1/2})^2} \tag{8-4}$$

$$Z_i=i\left[\frac{\omega R_P^2C_P+2\sigma^2\omega^{1/2}C_PR_P+2\sigma^2C_P+\sigma\omega^{1/2}}{(1+\sigma\omega^{1/2}C_P)^2+\omega^2C_P^2(R_P+\sigma\omega^{-1/2})^2}\right] \tag{8-5}$$

当处于高频极限时 $(\omega\to\infty)$，$R_S\gg\sigma\omega^{-1/2}$，则 Z_r 和 Z_i 可化简成：

$$Z_r=R_S+\frac{R_P}{1+\omega^2C_P^2R_P^2} \tag{8-6}$$

$$Z_i=\frac{\omega C_P^2R_P^2}{1+\omega^2C_P^2R_P^2} \tag{8-7}$$

由式(8.6)和式(8.7)可得：

$$\left(Z_{\mathrm{r}}-R_{\mathrm{S}}-\frac{R_{\mathrm{P}}}{2}\right)^{2}+Z_{\mathrm{i}}^{2}=\left(\frac{R_{\mathrm{P}}}{2}\right)^{2} \tag{8-8}$$

式(8-8)为圆方程，在图 8.9 上与实轴有两个交点，分别为 $(R_{\mathrm{S}},\ 0)$ 和 $(R_{\mathrm{S}}+R_{\mathrm{P}},\ 0)$。

当处于低频极限时 $(\omega \rightarrow 0)$，Z_{r} 和 Z_{i} 可化简成：

$$Z_{\mathrm{r}}=R_{\mathrm{s}}+R_{\mathrm{P}}+\sigma\omega^{-1/2} \tag{8-9}$$

$$Z_{\mathrm{i}}=2\sigma^{2}C_{\mathrm{P}}+\sigma\omega^{-1/2} \tag{8-10}$$

则有：

$$Z_{\mathrm{i}}=Z_{\mathrm{r}}-R_{\mathrm{S}}-R_{\mathrm{P}}+2\sigma^{2}C_{\mathrm{P}} \tag{8-11}$$

式(8-11)为直线方程，在图 8.8 上与实轴有个交点 $(R_{\mathrm{S}}+R_{\mathrm{P}}+2\sigma^{2}C_{\mathrm{P}},\ 0)$。

在实际测试中，由于水泥基体的复杂性，Randles 型的 Nyquist 图往往向实轴发生偏转或压扁，如图 8.9 所示。

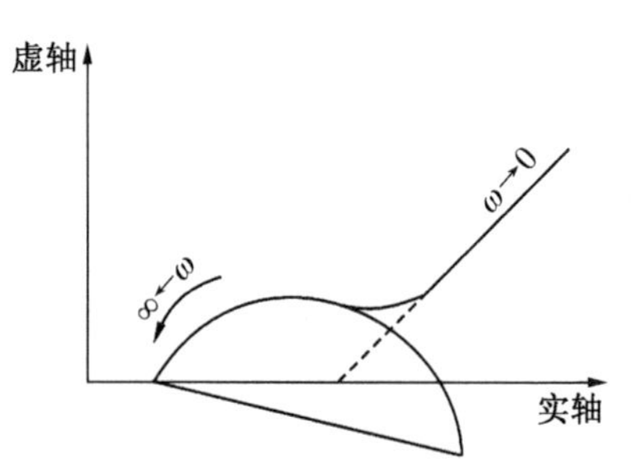

图 8.9　偏转的 Randles 型 Nyquist 图

图 8.10 给出了不同石墨烯掺量试件的交流阻抗谱。可以看出，石墨烯水泥基复合材料的交流阻抗谱曲线主要由两部分组成，即分别由高频区和低频区形成的容抗弧。其中高频区容抗弧与复合材料基体结构和导电组分有关，而低频区容抗弧则主要与基体中的扩散作用和电极电化学反应有关。在图 8.10 中，当石墨烯掺量为 1%时，复合材料的交流阻抗谱呈现出传统的 Randles 型。在高频区，因试件干燥没有溶液电阻，体系主要是基体中电荷转移电阻以及孔隙形成的表面电容，图谱为弧形；在低频区，电极不发生电化学反应，体系主要是电荷扩散控制的韦伯阻抗，图谱为线形，石墨烯在复合材料中分散开不接触，导电能力弱。当石墨烯掺量增加至 2%时，整个图谱向坐标轴左下移动，低频区图形失去线形发生弯曲，表明此时石墨烯在复合材料内部已经形成导电通路，体系导电性增强。当石墨烯掺量增加至 3%时，整个图谱进一步向坐标轴左下移动，图形和石墨烯 2%掺量时具有类似的拓扑结构，同时低频区弯曲弧度更大，此时复合材料导电性由石墨烯网络主导。

图 8.11 给出了分别掺 1%、2%和 3%石墨烯掺量试件的 SEM 图和简化图。在石墨烯掺量为 1%(未渗流区)的试件中，发现了直径约 20 μm 的石墨烯片层。由于掺量相对较低，石墨烯层是独立的，周围没有其他石墨烯存在。当石墨烯掺量增加到 2%(渗流区)时，发现石墨烯镶嵌在凝胶基体中，石墨烯团簇之间互相靠近甚至接触。当石墨烯掺量增加到 3%(过渗流区)时，石墨烯片层之间互相接触连续堆叠形成链。在简化图中，干燥条件下石墨

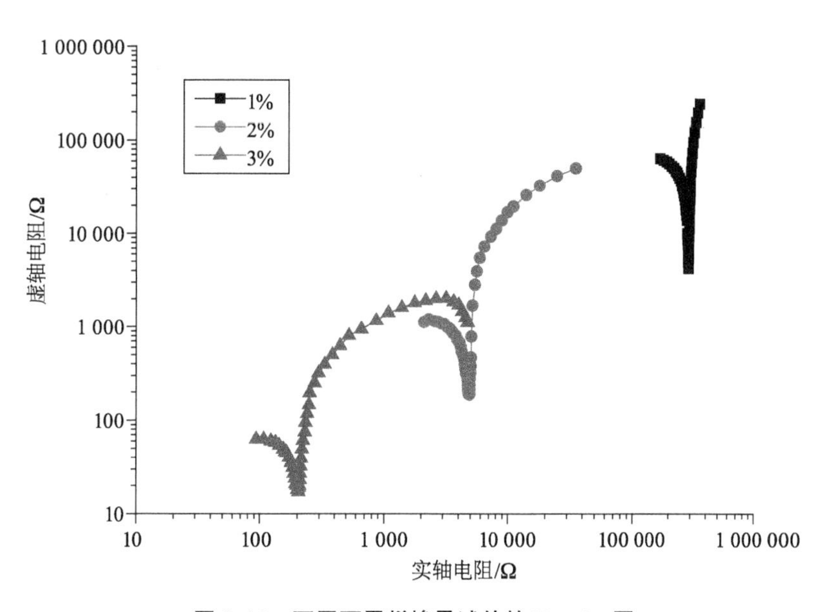

图 8.10 不同石墨烯掺量试件的 Nyquist 图

烯水泥基复合材料由凝胶基体、石墨烯和孔隙组成。由图 8.6 可知，未渗流区和过渗流区的电阻率相差了 3 个数量级，因此可以认为凝胶基体是低导电能力相而石墨烯是高导电相，石墨烯的掺入有助于形成新的导电网络。在未渗流区，少量石墨烯片层分布在凝胶基体中，系统电阻率略有降低。当石墨烯含量达到上渗流阈值(1.5%)时，电阻率发生突变并下降，直至达到下渗流阈值(2.5%)。在这种情况下，石墨烯团簇可以进行隧道导电。当石墨烯含量超过 2.5%时，体系的电阻率下降速度恢复平稳。石墨烯链形成了一个完整的导电网络，继续增加石墨烯掺量只是进一步增强导电网络。

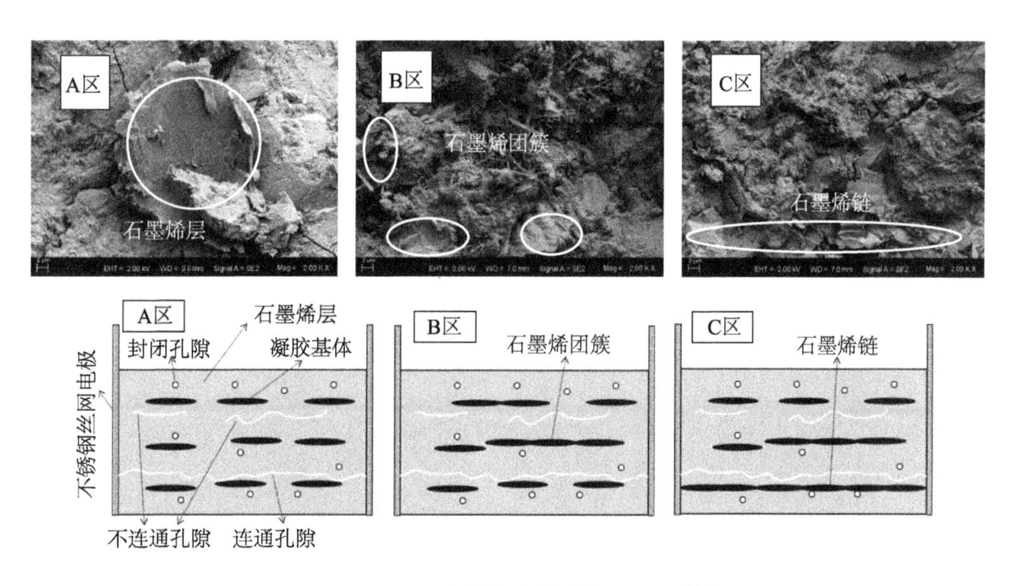

图 8.11 不同石墨烯掺量试件的 SEM 和简化图

注：A 区、B 区、C 区的石墨烯掺量分别为 1%、2%、3%。

基于以上分析，图 8.12 给出了石墨烯水泥基复合材料等效导电电路图。将复杂的导电体系看作电阻和电容的串、并联电路，认为凝胶基体不导电。间隔的石墨烯片层之间形成绝缘通路，由电容组成；靠近或接触的石墨烯团簇形成不连续的导电通路，由电阻和电容混连组成；石墨烯链形成连续的导电通路，由电阻组成。

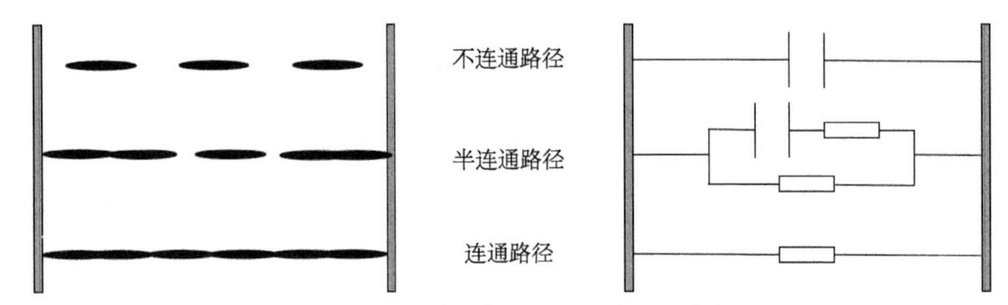

图 8.12　石墨烯水泥基复合材料等效导电电路图

图 8.13 给出了石墨烯掺量分别为 1%（A 区）、2%（B 区）和 3%（C 区）的等效电路图。其对应的电路模型分别为 $Q_1(R_{ct1}W_1)(Q_2(R_{ct2}W_2))$、$Q_1(R_{ct1}W_1)(Q_NR_N)(Q_2(R_{ct2}W_2))$ 和 $Q_1(R_{ct1}W_1)(Q_NR_N)(Q_2(R_{ct2}W_2))$，其中每个电路模型的最后一个元件 $Q_2(R_{ct2}W_2)$ 与水泥基体和不锈钢网电极之间的化学反应有关，与基体的电阻率无关。

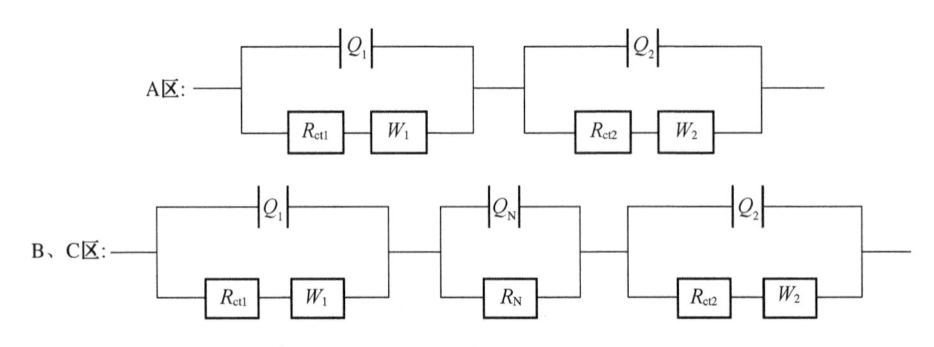

图 8.13　A 区、B 区和 C 区的等效电路图

因此，石墨烯水泥基复合材料在 A 区、B 区和 C 区的总阻抗（Z）可表示为：

$$Z_{\mathrm{A}}=\frac{1}{\dfrac{1}{Z_Q}+\dfrac{1}{Z_R+Z_W}}=\frac{1}{\mathrm{i}\omega Q_1+\dfrac{1}{R_{\mathrm{ct1}}+Z_{\mathrm{W}_1}}} \tag{8-12}$$

$$Z_{\mathrm{B}}=Z_{\mathrm{C}}=\frac{1}{\dfrac{1}{Z_Q}+\dfrac{1}{Z_R+Z_W}}+\frac{1}{\dfrac{1}{Z_Q}+\dfrac{1}{Z_R}}=\frac{1}{\mathrm{i}\omega Q_1+\dfrac{1}{R_{\mathrm{ct1}}+Z_{\mathrm{W}_1}}}+\frac{1}{\mathrm{i}\omega Q_1+\dfrac{1}{R_{\mathrm{ct1}}}} \tag{8-13}$$

式中：Q_1 为石墨烯与水泥之间的电容；R_{ct1} 水泥基体电荷转移电阻；W_1 为水泥基体电荷扩散韦伯阻抗；Q_{N} 为不连续接触石墨烯之间的电容；R_{N} 为连续接触石墨烯电阻。

根据以上建立的导电通路模型，利用电化学阻抗谱分析测试软件自带的 ZSim 部分进行归一化处理拟合,得到的结果如表 8.2 所示。

表 8.2 通过 $Q_1(R_{ct1}W_1)$ 和 $Q_1(R_{ct1}W_1)(Q_NR_N)$ 模型拟合得到的 R_{ct1} 和 R_N 值

石墨烯掺量/%	1	2	3
R_{ct1}/Ω	293 902	—	—
R_N/Ω	—	5 012	205.8

使用 EIS 法研究水泥基复合材料导电性能时,高频区与低频区曲线的交点电阻值和四电极法测得的直流电阻值有内在联系,如下式所示:

$$\frac{\sigma_c}{\sigma_m}=\frac{R_{DC}}{R_{cusp}}=1+[\sigma]_{\Delta}\varphi+0\varphi^2 \tag{8-14}$$

$$\Delta=\frac{\sigma_h}{\sigma_m} \tag{8-15}$$

式中:σ_c 为复合材料电导率;σ_m 为水泥基体电导率;σ_h 为导电掺料电导率;R_{DC} 为四电极法测得的电阻率;R_{cusp} 为 EIS 图谱上高频区与低频区交点;$[\sigma]$ 是 Δ 的一个函数,与材料导电性有关,当材料导电性好时 Δ 趋于∞,当材料绝缘时 Δ 趋于 0;φ 为导电材料的掺量。

通常情况下导电材料的掺量较低,将式(8-14)中的二次项省去。石墨烯作为导电性优异的材料,Δ 趋向∞。导电材料的固有电导率横向分量收敛为 2,纵向分量的计算公式为:

$$\alpha_L=\frac{2\left(\frac{L}{B}\right)^2}{\left[3\ln\left\{4\left(\frac{L}{B}\right)\right\}-7\right]} \tag{8-16}$$

式中:α_L 为导电材料固有电导率的纵向分量;$\frac{L}{B}$ 为长宽比。

因此 Δ 趋于∞时的 $[\sigma]_\infty$ 计算公式为:

$$[\sigma]_\infty=\frac{1}{3}\left(\frac{2(AR)^2}{[3\ln\{4(AR)\}-7]}+4\right) \tag{8-17}$$

表 8.3 给出了不同石墨烯掺量水泥基复合材料电阻率的四电极法实测值、EIS 拟合值和计算值。可以发现,拟合值和计算值均比实测值偏小,但变化规律相同,结果较为接近。

表 8.3 石墨烯水泥基复合材料电阻率的四电极法实测值、EIS 拟合值和计算值

石墨烯掺量/%	实测值/(Ω·cm)	拟合值/(Ω·cm)	计算值/(Ω·cm)
1	301 022	293 902	296 101
2	5 201	5 012	5 029
3	216	205.8	205.5

8.3.4 基于有效介质理论的导电模型研究

多相复合材料的电导率取决于基体和掺入相的电阻率、各相含量、形状和分布等因素。布鲁格曼(Bruggman)有效介质理论模型主要研究复合材料的导电行为与基体和掺入相的关系,处理方法是将复杂体系进行平均处理,所得结果往往也偏大。把基体认为是均匀介质,掺入相夹杂于均匀介质中,当掺入相是半径为 r 的球体时,电偶极矩 p 为:

$$p=\frac{Er^3(\sigma_1-\sigma_m)}{\sigma_1+2\sigma_m} \tag{8-18}$$

式中:E 为复合材料电场强度;σ_1 为掺入相电导率;σ_m 为复合材料电导率。当单位导电相内有 N 个颗粒时,电偶极矩密度 P_1 为:

$$P_1=\frac{Nr^3E(\sigma_1-\sigma_m)}{\sigma_1+2\sigma_m}=\frac{\phi E(\sigma_1-\sigma_m)}{\sigma_1+2\sigma_m} \tag{8-19}$$

基体相中电偶极矩密度 P_2 为:

$$P_2=\frac{(1-\phi)E(\sigma_2-\sigma_m)}{\sigma_2+2\sigma_m} \tag{8-20}$$

式中:σ_2 为基体电导率;ϕ 为掺入相体积分数。

若将复合材料 A 平均成电导率相同的均匀材料 B,则两者的电场强度是相等的,电场强度散度为:

$$\mathrm{div}E=-4\pi\mathrm{div}P \tag{8-21}$$

$$E_A-E_B=-4\pi(P_1+P_2)=0 \tag{8-22}$$

带入式(8-19)、式(8-20)、式(8-22)可得:

$$\frac{\phi(\sigma_1-\sigma_m)}{\sigma_1+2\sigma_m}+\frac{(1-\phi)(\sigma_2-\sigma_m)}{\sigma_2+2\sigma_m}=0 \tag{8-23}$$

式(8-23)即为有效介质理论(Effective Medium Theory, EMT)模型,由于前提假设掺入相是球体,在实际应用中存在很大的局限性。根据 EMT 模型,麦克拉克林(McLachlan)等提出了更具有普适性的有效介质方程(General Effective Media, GEM),其表达式为:

$$\frac{\phi(\sigma_h^{1/t}-\sigma_m^{1/t})}{\sigma_h^{1/t}+A\sigma_m^{1/t}}+\frac{(1-\phi)(\sigma_l^{1/t}-\sigma_m^{1/t})}{\sigma_l^{1/t}+A\sigma_m^{1/t}}=0 \tag{8-24}$$

式中:σ_h 为高导电相电导率;σ_l 为低导电相电导率;t 为复合材料体系关键指数,与基体空间维数和掺入相的尺寸和形态有关;A 为与渗流阈值 ϕ_c 有关的参数,如式(8-25)所示。

$$A = \frac{1-\phi_c}{\phi_c} \tag{8-25}$$

GEM 模型中复合材料电导率是掺入相体积分数的函数，基体和掺入相的电导率均可以由测试得到，通过拟合一组试验得到的复合材料电导率和掺入相体积分数，便可得到渗流阈值。图 8.14 和图 8.15 分别给出了 GEM 模型中当 t 值或 ϕ 值保持不变时复合材料电导率随掺入相掺量变化关系。当 t 值不变时，渗流阈值对复合材料电导率影响不大，渗流区间宽度基本一致，过渗流区电导率随着掺入相掺量增加趋于相同；当 ϕ_c 值保持不变时，改变 t 值对复合材料电导率影响明显，增大 t 值会缩减渗流区间，同时过渗流区的电导率值也明显增大。体系关键指数对复合材料电导率的影响要远远大于掺入相的渗流阈值。

复合材料中基体的电导率一般远大于掺入相的电导率，可以认为 σ_h/σ_l 近似等于零，则 GEM 模型可简化成：

$$\left(\frac{\sigma_m}{\sigma_l}\right)^{1/t} = \phi - \frac{1-\phi}{A} \tag{8-26}$$

此简化的 GEM 模型适用于掺入相体积分数大于渗流阈值时的情况，与柯克帕特里克(Kirkpatrick)渗流模型具有类似的表达式。柯克帕特里克渗流模型适用于掺入相体积分数在渗流阈值附近的电导率预测，如下式所示：

$$\sigma_m = \sigma_l(\phi - \phi_c)^t \tag{8-27}$$

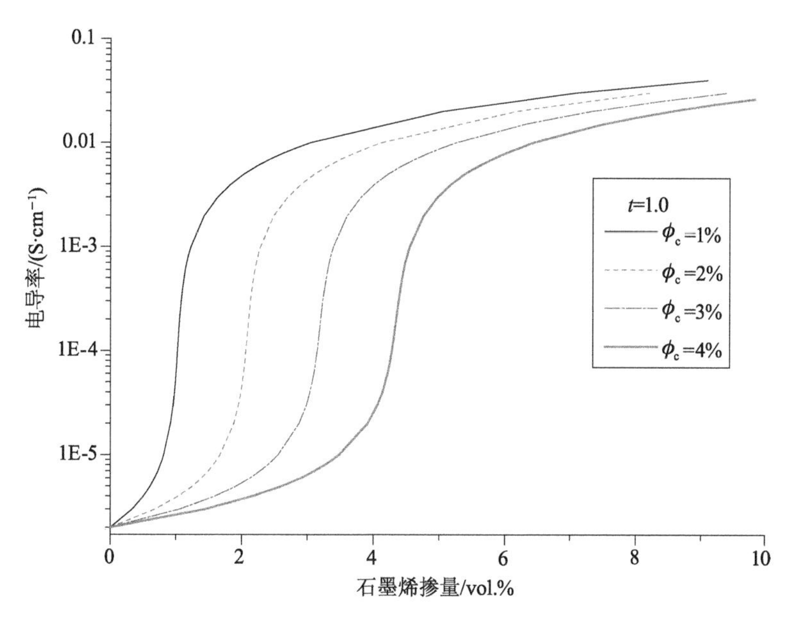

图 8.14　t 值不变时的 GEM 模型曲线

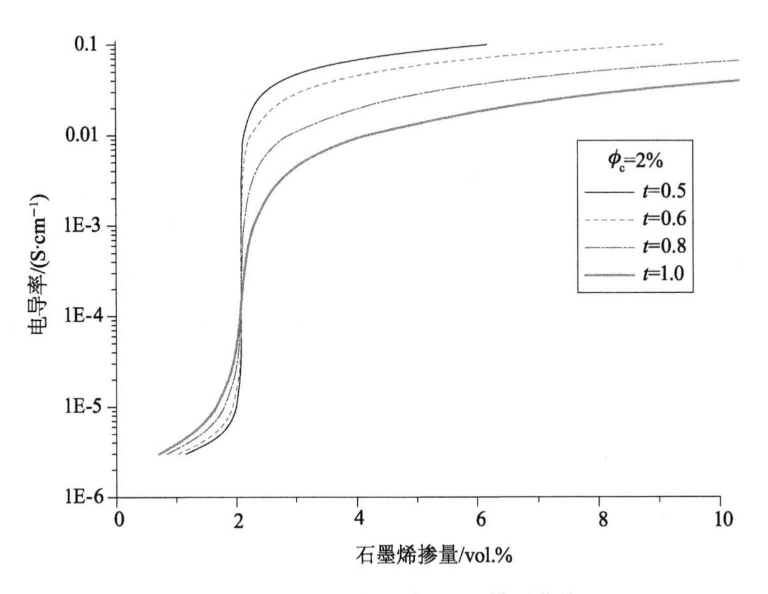

图 8.15　ϕ 值不变时的 GEM 模型曲线

式(8-24)是一个隐函数,要利用其对试验数据进行拟合,首先对 GEM 模型进行转换得到显函数表达式:

$$\phi=\frac{(\sigma_{\mathrm{l}}^{1/t}-\sigma_{\mathrm{m}}^{1/t})(\sigma_{\mathrm{h}}^{1/t}+A\sigma_{\mathrm{m}}^{1/t})}{\sigma_{\mathrm{m}}^{1/t}(\sigma_{\mathrm{l}}^{1/t}-\sigma_{\mathrm{h}}^{1/t})(A-1)} \tag{8-28}$$

不难发现,一个 σ_{m} 对应一个 ϕ,而一个 ϕ 对应两个 σ_{m},因此只能将 σ_{m} 看作自变量进行拟合。使用 MATLAB 拟合软件,调用 cftool、nlinfit 和 lsqcurvefit 等函数,得到的拟合结果如图 8.16 所示。

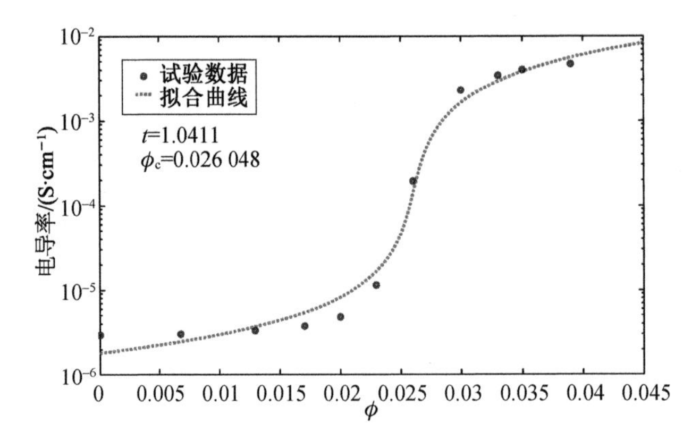

图 8.16　GEM 模型拟合电导率与石墨烯掺量曲线

从图 8.16 可以看出,石墨烯水泥基复合材料的渗流阈值为 0.026,在图 8.6 试验得到的渗流区间内,拟合曲线和试验数据较为接近。

8.3.5 石墨烯水泥基复合材料压敏性

8.3.5.1 单调加载下力电响应

水泥基复合材料在压力作用下会发生体积变形甚至破坏，从而影响内部的孔隙率和产生微裂纹，另外导电相之间的接触亦会发生改变，最终造成电阻率的变化，若外部压力与材料电阻率之间变化存在对应关系，便可实现应力监测。图 8.17 给出了单调加载下石墨烯掺量分别为 1%、2%和 3%的试件电阻率与压力之间的变化关系。从图 8.17 可以看出，在单调加载下，复合材料的电阻率变化可以概括为 3 个阶段：均匀下降期、平台稳定期和快速上升期。

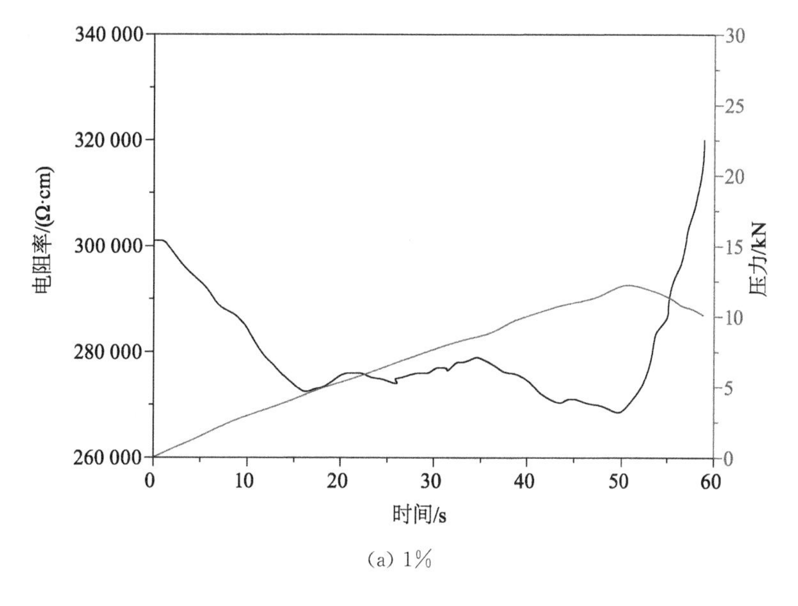

(a) 1%

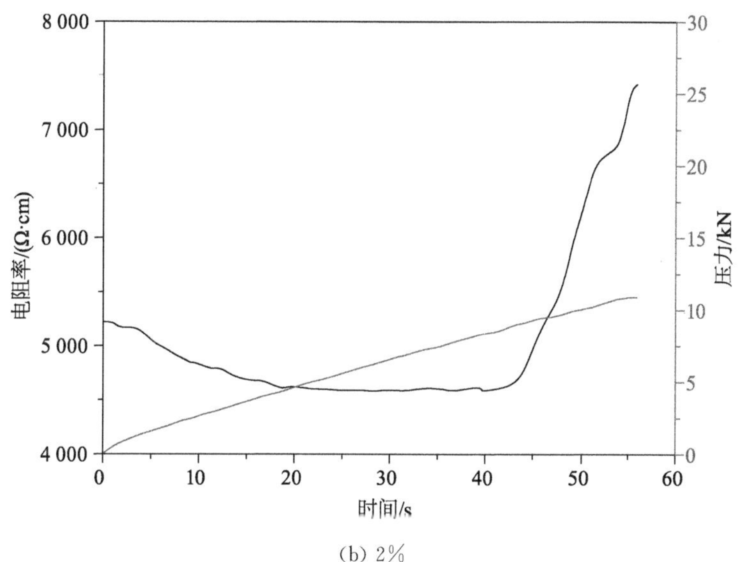

(b) 2%

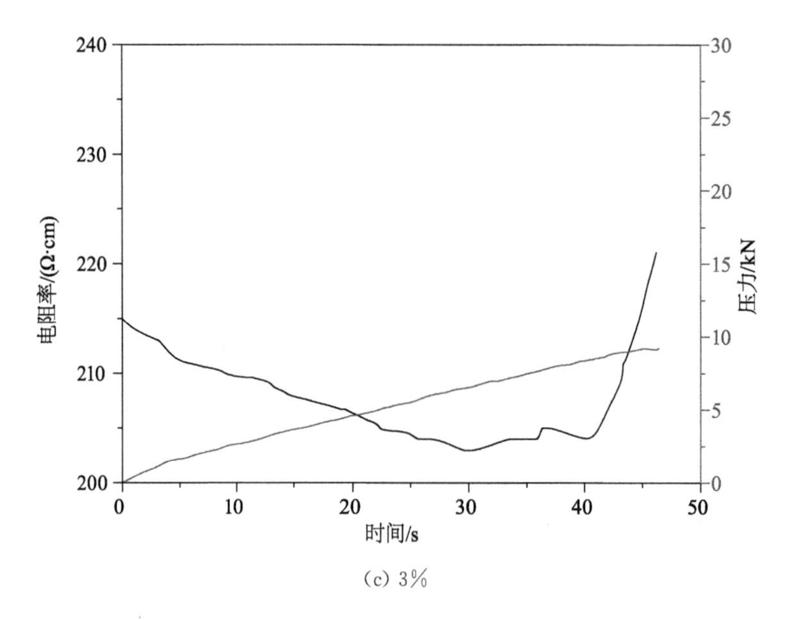

(c) 3%

图 8.17　单调加载下不同石墨烯掺量的试件电阻率与压力关系

在此首先定义一个石墨烯水泥基复合材料的压敏灵敏度概念，即某一应力下电阻率的变化率与材料空载电阻率的商，和电阻率曲线上某时刻的斜率有关，灵敏度表达式为：

$$s=\frac{d\rho}{\rho_0 dF}\times 100\% \tag{8-29}$$

式中：s 为灵敏度(%/kN)；ρ_0 为复合材料空载时的电阻率(Ω·cm)；ρ 为某时刻复合材料电阻率(Ω·cm)；F 为某时刻加载力值(kN)。

因本书中均匀加载，荷载与时间之间呈线性关系，灵敏度也可表示为：

$$s=\frac{d\rho}{\rho_0 k\,dt}\times 100\% \tag{8-30}$$

式中：k 为加载速率。

(1) 均匀下降期

水泥基复合材料在压力作用下产生应变，处于弹性形变范围内时，根据传统的水泥净浆应力-应变曲线，应变是单调但不均匀变化的。从图 8.17 中可以看出，此时复合材料的电阻率随荷载变化基本呈现出单调减小的现象，且近似呈线性相关，电阻率曲线的轻微抖动可能是由试验条件造成的，因此可进行外部的应力变化监测。在此阶段内，应力使石墨烯之间距离缩短，增强隧道导电，有利于形成和完善新的导电路径，导致电阻率降低。根据式(8-30)，1%、2%和 3%石墨烯掺量试件压敏灵敏度分别为−2.2%/kN、−2.8%/kN 和−0.9%/kN，负号表示负压敏效应，即电阻率随应力增大而减小。由此可见，随着石墨烯掺量的增加，复合材料的压敏灵敏度先增加后减小，石墨烯掺量在渗流区间内时的灵敏度最大。

(2) 平台稳定期

水泥基复合材料应力-应变曲线超过弹性阶段后开始下降,试件产生损伤,在电阻率曲线上呈现出平台稳定期。在此阶段内,试件电阻率随应力的增大变化较小,曲线在小范围内维持水平或在水平线上上下抖动,因此灵敏度接近 0,此时给出的信号可进行荷载破坏预警。对比三个图中的平台可以发现,石墨烯掺量越大,平台期越短,如石墨烯掺量为 2%的试件的平台期为 20~25 s,而石墨烯掺量为 3%的试件的平台期只有 10 s 左右,减少了一半多的预警时间。石墨烯掺量为 1%的试件的平台期虽然长,但是不如石墨烯掺量为 2%的试件的平台期曲线稳定。

(3) 快速上升期

水泥基复合材料在应力接近破坏荷载时,内部产生微裂纹并持续发展,增大石墨烯之间距离,破坏导电路径,使电阻率快速上升。此阶段内复合材料内部已经产生不可逆的损伤最终转变为完全破坏。由于石墨烯密度低,试件相同尺寸下,石墨烯掺量越大,水泥含量越少,使破坏荷载降低,上升期出现时的应力越小。

综合以上分析,石墨烯水泥基复合材料在均匀下降期和平台稳定期具有良好的压敏效应,可以进行外部应力的监测和预警,且石墨烯掺量处于渗流区内效果最好。

8.3.5.2 循环加载下力电响应

第 8.3.5.1 节阐明了在单调加载下,石墨烯水泥基复合材料在具有良好的压敏性,实际应用中往往经历多次应力作用。本节将研究在循环荷载下石墨烯水泥基复合材料压敏性在不同加载幅值和加载速率下的稳定性。

(1) 不同加载幅值

图 8.18 给出了不同石墨烯掺量试件在加卸载速率为 0.2 kN/s,最大加载压力分别为 1 kN、2 kN 和 3 kN 下电阻率与压力变化关系。由单调加载的结果可知,石墨烯水泥基复合材料的破坏荷载在 8~10 kN,最大加载力不超过 3 kN 时处于均匀下降期,在弹性变形范围内。

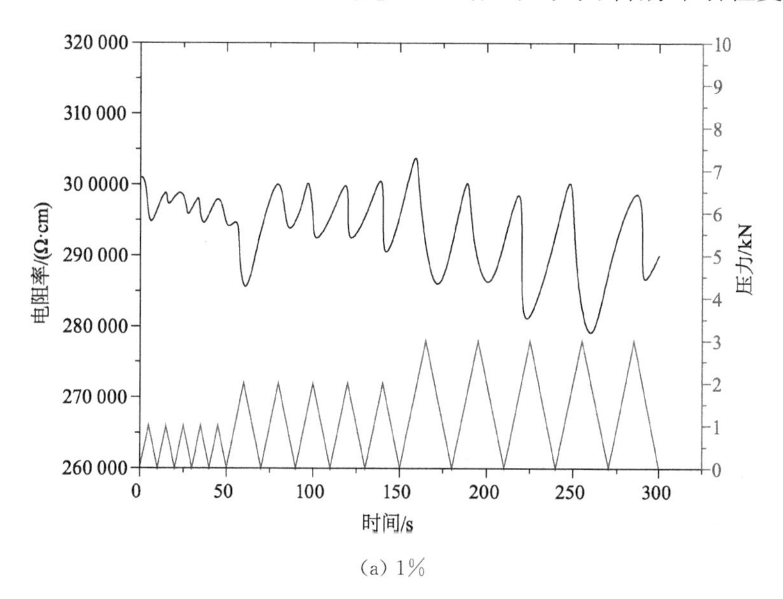

(a) 1%

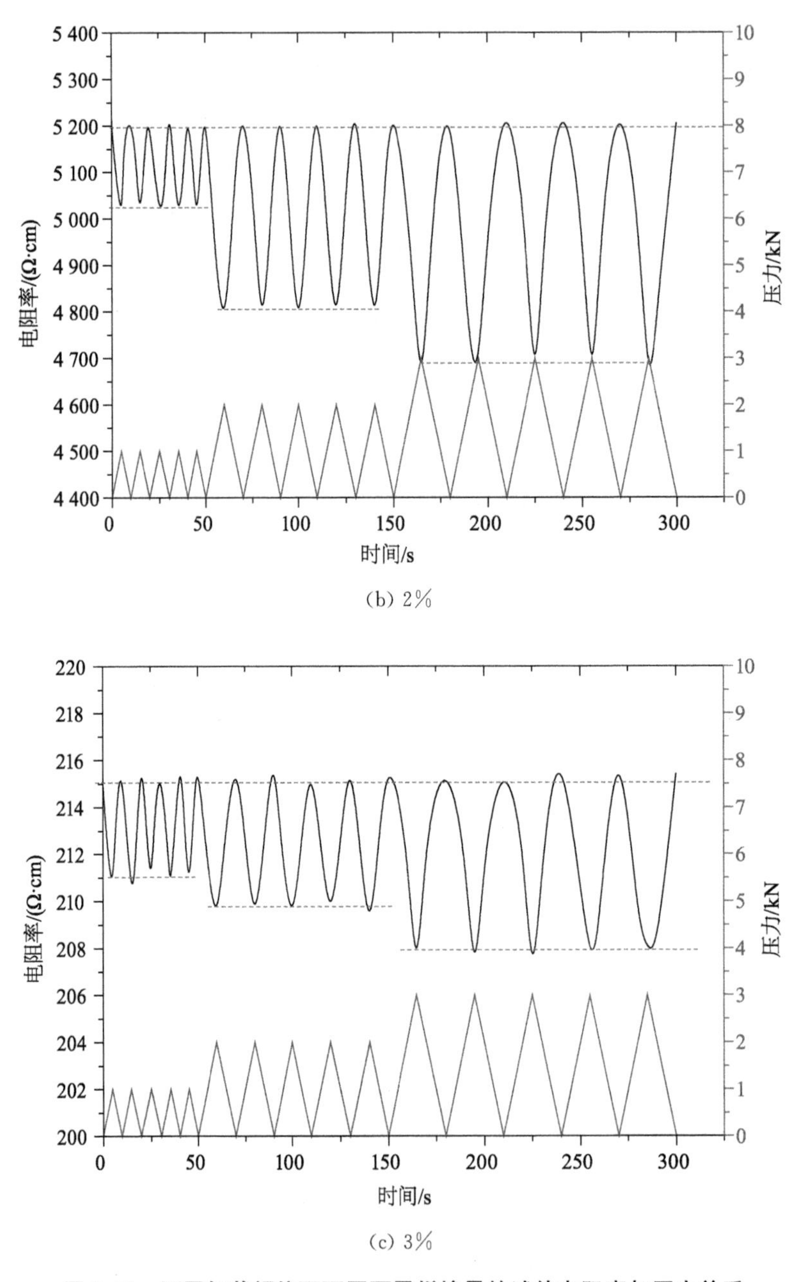

(b) 2%

(c) 3%

图 8.18 不同加载幅值下不同石墨烯掺量的试件电阻率与压力关系

当石墨烯掺量为 1%时，每次循环载下复合材料的电阻率与压力之间存在负压敏效应。但是同一次加卸载下电阻率曲线不对称，没有可逆性；相同最大加载压力下不同循环加载时的曲线差异很大，没有重复性。所以，石墨烯掺量为 1%的复合材料在循环加载下压敏性很差。

当石墨烯掺量为 2%和 3%时，电阻率曲线与压力曲线之间存在稳定一致的响应关系，可进行长期的应用。

(2) 不同加载速率

由单调加载的结果可知，石墨烯掺量为1%的试件在循环加载下压敏性很不稳定，因此在此不再对其进行加载速率的试验分析。图8.19给出了加载速率分别为0.2 kN/s、0.5 kN/s和1 kN/s下石墨烯掺量为2%和3%的试件电阻率与压力关系。从图8.19可以看出，石墨烯掺量为2%的试件在不同的加载速率下，电阻率幅值保持不变，电阻率曲线和压力曲线之间仍具有良好的对应关系，具有稳定的重复性。石墨烯掺量为3%的试件在不同的加载速率下的结果与之类似，不同的是随着加载速率增大，电阻率幅值出现轻微抖动，原因是加卸载过程中试样弹性形变没有完全发展和恢复。

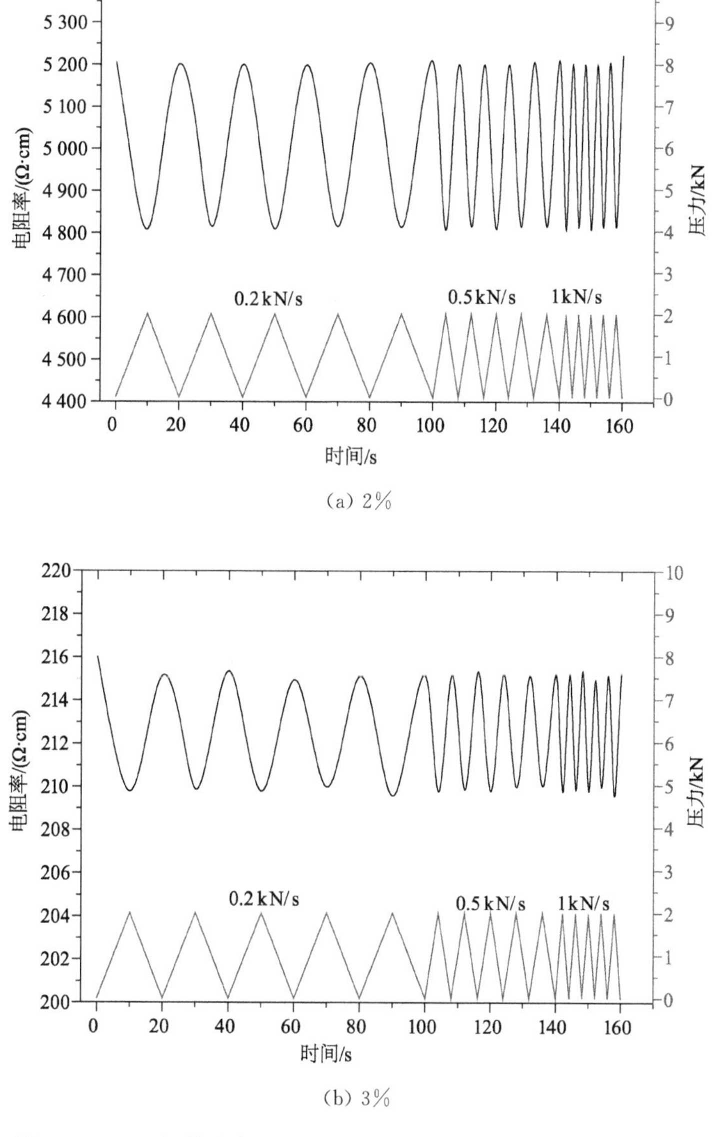

(a) 2%

(b) 3%

图8.19　不同加载速率下不同石墨烯掺量的试件电阻率与压力关系

综上所述，石墨烯水泥基复合材料压敏性的稳定性受到加载速率的轻微影响，表现在随着加载速率增大，电阻率幅值抖动变大。

(3) 基于隧道效应的力电响应模型

石墨烯掺量处于渗流区间内时，复合材料的压敏性表现最佳，此时石墨烯主要靠隧道导电。宏观隧道效应导电理论认为，导电粒子之间不必完全接触，在粒子之间距离大于 1 nm 的情况下仍可发生导电现象。量子力学隧道效应理论同样给出解释，复合材料导电依靠导电相形成的导电网络，但不必依靠导电相导电粒子之间接触导电，导电粒子之间存在能量势垒，只要粒子之间可以突破这个势垒，就可以发生跃迁从而进行导电。当石墨烯水泥基复合材料受力发生形变时，内部石墨烯片之间距离缩短，增强隧道导电，从而使电阻率降低。由试验结果可知应力与电阻率之间存在对应关系，在隧道导电占主导作用时，可建立基于隧道效应的压力-电阻率模型。

1) 模型假定

对石墨烯掺量处于渗流区间内的水泥基复合材料做出如下基本假定：①复合材料内部水泥基体均匀，石墨烯分散均匀；②导电载流子只有电子一种，且载流子进行漂移导电，不存在扩散导电；③水泥基体不导电，载流子只在石墨烯内漂移导电和石墨烯之间隧道导电。

基于以上假定，石墨烯水泥基复合材料的电阻由许多隧道电阻和石墨烯自身电阻两部分串联组成。

2) 模型建立

根据姚武等[205]的推导过程，由欧姆定律可知，导电材料的电阻率和载流子浓度之间的关系为：

$$\rho = \frac{1}{nq\mu} \tag{8-31}$$

式中：ρ 为电阻率；n 为载流子浓度；q 为电子带电量；μ 为电子迁移率。

需要说明的是此处载流子指可以突破势垒进行隧道导电的电子，根据隧道理论，电子对隧道势垒的贯穿系数 T 为：

$$T = \left| \frac{2\mathrm{i}k_1}{\mathrm{i}k_1 - k_2} \right|^2 \exp\left[-\frac{2a}{\hbar}\sqrt{2m(U_0 - E)} \right] \tag{8-32}$$

$$k_1^2 = \frac{2mE}{\hbar^2} \tag{8-33}$$

$$k_2^2 = \frac{2m(U_0 - E)}{\hbar^2} \tag{8-34}$$

式中：T 为电子对隧道垫垒的贯穿系数；m 为电子质量；E 为电子能量；U_0 为隧道势垒高

度；a 为隧道势垒宽度；$\hbar$ 为约化普朗克常数。

在沿电场方向上，若导电前由 N_0 个隧道势垒串联，载流子密度为 n_0，则通电后穿越个隧道势垒后的载流子密度为：

$$n = n_0 T^{N_0} \tag{8-35}$$

所以此时材料的隧道电阻率为：

$$\rho = \left[n_0 q\mu \left| \frac{2\mathrm{i}k_1}{\mathrm{i}k_1 - k_2} \right|^{2N_0} \right]^{-1} \exp\left[\frac{2aN_0}{\hbar}\sqrt{2m(U_0 - E)} \right] \tag{8-36}$$

令：$P = \left[n_0 q\mu \left| \frac{2\mathrm{i}k_1}{\mathrm{i}k_1 - k_2} \right|^{2N_0} \right]^{-1}$，$M = \frac{2N_0}{\hbar}\sqrt{2m(U_0 - E)}$，则

$$\rho = P\mathrm{e}^{Ma} \tag{8-37}$$

材料电阻由隧道电阻和石墨烯电阻（包括石墨烯自身电阻和石墨烯接触电阻）串联组成，所以总的电阻率为隧道电阻率和石墨烯电阻率之和。由于石墨烯的电阻率与隧道电阻相比很小，只考虑隧道效应下的电阻率变化。

若沿电场方向石墨烯复合材料的长度为 l，截面积为 s，受到压力 F（拉为正），产生的应变为 ε，在形变过程中有 φ 比例的部分导致了隧道势垒宽度发生了变化，其中每个单独的隧道势垒宽度变化为 Δa，则有：

$$\varphi\varepsilon l = N_0 \Delta a = N_0 (a - a_0) \tag{8-38}$$

式中：a_0 为材料空载时的隧道势垒宽度。对于同一种材料，φ 是一个常数。则有：

$$a = a_0 + \frac{\varphi\varepsilon l}{N_0} \tag{8-39}$$

将式(8-39)代入式(8-38)有：

$$\rho = P\exp\left[M\left(a_0 + \frac{\varphi\varepsilon l}{N_0} \right) \right] \tag{8-40}$$

当材料受力在弹性范围内时，由虎克定律可得到材料隧道电阻率和压力之间的关系：

$$\rho = P\mathrm{e}^{Ma_0} \cdot \exp\left(\frac{M\varphi Fl}{sE_0 N_0} \right) \tag{8-41}$$

式中：E_0 为材料弹性模量。

3）模型分析

根据式(8-41)可以看出，同一种石墨烯水泥基复合材料，其电阻率与压力之间呈指数相关，并不是简单的线性关系，这也解释了循环加载过程中压力越大、电阻率下降变慢的原

因。分析式(8-41)并作出新的定义,可以得出下式:

$$\rho = \rho_0 e^{fF} \tag{8-42}$$

式中:ρ_0 为复合材料不受力时的电阻率;f 为压力敏感性因子,与基体的弹性模量有关,f 越大,复合材料的压力敏感性越大。

$$f = \frac{k}{E_0} \tag{8-43}$$

式中:k 为基体弹性模量有关的常数。

当石墨烯掺量在渗流区间乃至过渗流区时,压敏性一般具有以下规律:复合材料在压力作用下,其电阻率减小,且压力越大,电阻率减小幅度越低;复合材料在拉力作用下,其电阻率增大,且拉力越大,电阻率增大幅度越高;复合材料电阻率对拉力变化比压力变化更加敏感;石墨烯掺量越大,相同压力下电阻率变化越小,即敏感性降低,前小结的试验中已经得到证实。

8.4 本章小结

本章研究开发了石墨烯水泥基复合材料作为力电响应传感器监测元件。主要结论为:石墨烯水泥基复合材料的电阻率可通过基于有效介质理论的导电模型来求解;基于隧道效应,建立了压力-电阻率模型 $\rho = \rho_0 e^{fF}$。

第九章　结论与展望

9.1　结论

本书围绕“养护模式对大掺量粉煤灰混凝土耐久性和力学性能影响研究”这一主题，针对大掺量粉煤灰混凝土常见而又重要的耐久性内容，如氯离子扩散、硫酸根离子侵蚀、冻融作用和碳化，研究了粉煤灰掺量、养护模式和氧化镁等因素对上述4种耐久性内容的影响规律，并建立了基于成熟度的大掺量粉煤灰混凝土氯离子扩散系数预测模型，探明了不同养护模式下大掺量粉煤灰混凝土的抗硫酸盐侵蚀性能和微观物相及结构演变规律，建立了基于EIS法的大掺量粉煤灰混凝土冻融损伤深度预测模型和基于成熟度的大掺量粉煤灰混凝土碳化系数换算和碳化深度预测模型。主要研究结论概括如下：

(1) 较高的养护模式会导致不掺粉煤灰的混凝土的抗压强度后期发生倒缩，相应地在养护过程中其氯离子扩散系数也出现了类似现象，即高的养护模式养护会导致混凝土抗氯离子扩散能力降低。对于掺粉煤灰的混凝土，养护温度的提高可以促进粉煤灰二次水化，降低或消除早期较高养护温度带来的负效应。随着粉煤灰掺量的增加，氯离子扩散系数先减小后增大，粉煤灰掺量为70%的混凝土虽然在养护28 d时有较大的氯离子扩散系数，当养护至60 d时有明显改善。大掺量粉煤灰混凝土在后期同样可以获得较低的氯离子扩散系数，较高的养护模式可提高粉煤灰混凝土抗氯离子扩散能力。在粉煤灰掺量一定时，混凝土在4种养护模式养护下的早期氯离子扩散系数从大到小的顺序为SDC＞ODC＞TMC＞SMC，28 d后差异变小。在相同养护模式养护下，扩散系数与龄期近似呈幂函数关系，且扩散系数随龄期的增加而减小。在不同养护模式下，混凝土氯离子扩散系数发展与成熟度关系密切。对于确定的混凝土配合比，可以通过测定混凝土的成熟度来推定氯离子扩散系数，也可反过来进一步优化对于抗氯离子扩散有特殊要求的混凝土配合比。

(2) 各试件表层位置自由氯离子含量随着粉煤灰掺量增加而增加。粉煤灰掺量超过50%时，结合氯离子含量变得非常少。氯离子结合率随着粉煤灰掺量的增加呈现先增加后减小趋势，具体为FA30＞PC＞FA50＞FA70。氯离子随着取样深度不同发生变化，大致上表层和内部略小于中间位置。养护模式对各取样位置的氯离子结合率影响不大。粉煤灰砂浆表观氯离子扩散系数随着粉煤灰掺量的增加先减小后增大，具体规律是 $D_{FA70}>D_{PC}>D_{FA30}\approx D_{FA50}$。粉煤灰掺量为 30%和 50%时，各养护模式养护下的试件拟合结果相近，影响较小。粉煤灰掺量为 70%时，蒸汽养护、室外养护和匹配养护下的试件拟合结果相比标准养护均降低 20%左右。

(3) 硫酸钠侵蚀下，粉煤灰掺量为 0%、30%和 50%的试件抗压强度均随时间先增大后减小，增大期的抗压强度最大增加值从大到小的顺序为 PC>FA30>FA50，减小期的抗压强度低于初始强度的时间顺序为 PC<FA30<FA50。粉煤灰掺量为 70%的试件在硫酸钠侵蚀下抗压强度仍持续缓慢增长。各试件掺入氧化镁后抗压强度变化减小，抗硫酸盐侵蚀能力提高。对于不掺粉煤灰的试件，蒸汽养护和匹配养护均比标准养护造成更多的强度损失，而室外养护与标准养护结果相当并有小幅度的改善。随着粉煤灰掺量的提高，不同养护模式养护的试件抗压强度变化结果与标准养护接近，大掺量的粉煤灰减小了养护模式对硫酸盐侵蚀造成的强度变化的敏感性。

(4) 浸泡在硫酸钠溶液之前，不掺氧化镁的试件呈现体积收缩，90 d 后收缩值随时间变化不大，随着粉煤灰掺量的增加而减小。掺氧化镁后试件呈现微膨胀状态，在养护 180 d 时体积稳定，最终膨胀值受粉煤灰掺量影响较大。粉煤灰掺量越多，最终膨胀值越小。养护模式对试件最终线性膨胀率影响较小，而对膨胀过程影响较大，越高的养护模式早期膨胀越快，完成变形的时间越短。浸泡在硫酸钠溶液中之后，试件在各个阶段的线性膨胀率从大到小的顺序为 PC>FA50>FA30>FA70，其中 PC 试件测试结果远大于掺粉煤灰的试件测试结果，粉煤灰掺量为 30%和 50%的试件测试结果较为相近，粉煤灰掺量为 70%的试件测试结果略小，尤其是测试后期增长仍缓慢。掺氧化镁的试件浸泡在硫酸钠溶液中的线性膨胀率增加比不掺氧化镁的试件小，试件轻微膨胀，孔隙率较未掺氧化镁的试件小，减缓了硫酸根扩散侵入速度。养护模式对大掺量粉煤灰的砂浆试件的线性膨胀率变化影响不大，不掺粉煤灰的砂浆试件的线性膨胀率变化速度有所加快。

(5) 试件中硫酸钠侵蚀的主要产物为钙矾石和石膏。在 6 个月的侵蚀龄期下，各试件石膏含量均较少，不易发现。侵蚀后不掺粉煤灰试件中钙矾石含量较多，粉煤灰掺量越大，侵蚀区的钙矾石含量越少。主要原因是大量粉煤灰替代水泥降低了氢氧化钙的含量，浆体 pH 值较低，硫酸盐侵蚀过程反应掉了残余的氢氧化钙，造成硫酸盐侵蚀产物减少，钙矾石在低 pH 值环境下失稳分解，最终向石膏转化。浆体中氧化镁水化生成的氢氧化镁在硫酸盐侵蚀前后含量和形貌无明显变化，不与硫酸根离子发生反应。养护模式不改变浆体中物相组成，较高的养护模式促进水泥、粉煤灰和氧化镁的水化反应，使大掺量粉煤灰试件的微观结构更加密实，从而减缓了硫酸根离子扩散侵入速度。

(6) 大掺量粉煤灰导致混凝土抗冻性能降低,且粉煤灰掺量越大,混凝土的相对动弹性模量下降越快。掺入适量氧化镁后,大掺量粉煤灰混凝土的相对动弹性模量随冻融次数增加下降变缓。较高的养护模式可以改善大掺量粉煤灰混凝土的抗冻性。

(7) 粉煤灰掺量和氧化镁对混凝土连通路径电阻有较大影响。大掺量粉煤灰情况下,粉煤灰掺量越大,连通路径电阻越小,说明混凝土孔隙结构越差。而掺入适量氧化镁后,连通路径电阻变大,混凝土更密实。在冻融作用下,混凝土的连通路径电阻随着循环次数增加而减小,且呈良好的线性关系,可用冻融前后连通路径电阻残余量来评价冻融损伤程度。用 EIS 法评价本书配比的混凝土冻融损伤程度时,可认为混凝土连通路径电阻残余量在77%以上为轻度破坏,55%以下为严重破坏。采用冻融循环作用下的混凝土等效电路模型拟合混凝土试样的 EIS 数据,可以计算出冻融损伤深度。当冻融循环次数较大,破坏较为严重时,由于边角效应,模拟计算结果误差较大。采用等效电路模型拟合计算时存在一定的局限性,且计算值的准确性有待验证。

(8) 在不同粉煤灰掺量下,同一种养护模式在各个龄期下对粉煤灰水化反应程度的增幅作用是类似的,但是增幅不同,粉煤灰掺量为 70%的粉煤灰水化反应程度增幅明显低于粉煤灰掺量为 50%的粉煤灰水化反应程度。蒸汽养护、室外养护和匹配养护下,早期粉煤灰水化反应程度均较标准养护有所提高。养护后期养护模式对粉煤灰水化反应程度影响越来越小,早期较高的养护温度使得后期粉煤灰水化反应程度仍高于标准养护。标准养护下粉煤灰水化反应程度和成熟度具有良好的相关性。不同养护模式养护下,将龄期转换成成熟度后,各个粉煤灰水化反应程度数据均在拟合曲线附近,可以用标准养护下的粉煤灰水化反应程度发展曲线来推测早期不同养护模式下的粉煤灰水化反应程度。从拟合曲线参数值还可得到粉煤灰的最终水化反应程度。

(9) 养护模式对早期的碳化系数影响较大,较高的温度促使碳化系数加速减小。中后期养护模式对混凝土碳化系数影响较小,到 90 d 时 4 种养护模式下混凝土的碳化系数较为接近。掺 70%粉煤灰的混凝土在不同养护模式下的碳化系数随龄期变化与掺 50%粉煤灰的混凝土类似,只是在早期和后期平稳时在数值上略高。标准养护下碳化系数和成熟度具有良好的相关性,进行龄期一成熟度转换后,不同养护模式下的碳化系数均在拟合曲线附近,可以用标准养护下的碳化系数随成熟度发展曲线来推测不同养护模式下的大掺量粉煤灰混凝土碳化系数,从拟合曲线参数值还可得到最终碳化系数。依靠标准养护下碳化系数与龄期关系求得不同养护模式下在不同龄期时的碳化系数,进而计算出不同龄期下的碳化深度。

(10) 同一种大掺量粉煤灰混凝土在养护龄期相同时,不同养护模式下的混凝土抗压强度和其碳化系数之间具有良好的线性关系。线性拟合公式中的斜率表征了混凝土碳化系数与抗压强度之间的敏感性。斜率越大，碳化系数随抗压强度变化越快。在相同粉煤灰掺量下，斜率随着养护龄期延长基本呈现出逐渐减小的趋势。在养护龄期相同时，粉煤灰掺量为70%时的斜率要比粉煤灰掺量为50%时的高。

(11) 在冲击荷载作用下，大掺量粉煤灰混凝土的峰值应力随着应变率的增加而增大，峰值应变随着应变率的增加而降低；纳米氧化钙比氧化钙对试件峰值应力和峰值应变均提高更多。蒸养大掺量粉煤灰混凝土的强度动态增长因子与应变率对数存在较好的线性关系；峰值应力在60 ℃前随蒸养温度升高而增大，混凝土的应变率效应增强，但在80 ℃时降低。综合考虑蒸养对粉煤灰水化和大掺量粉煤灰混凝土热损伤的影响，建议蒸养温度采用60 ℃，并适当提高恒温时间。

(12) 石墨烯水泥基复合材料的电阻率可通过基于有效介质理论的导电模型来求解；基于隧道效应，可建立压力-电阻率模型 $\rho = \rho_0 e^{fF}$。

9.2 创新点

本书研究主要创新点概括如下：

(1) 探明了不同养护模式下大掺量粉煤灰混凝土氯离子扩散系数随龄期和成熟度的发展规律，建立了基于成熟度的大掺量粉煤灰混凝土氯离子扩散系数预测模型。较高的养护模式会导致不掺粉煤灰混凝土氯离子扩散系数后期发生倒缩，即较高的养护模式养护会导致后期混凝土抗氯离子扩散能力降低。对于大掺量粉煤灰混凝土，养护温度的提高可以促进粉煤灰二次水化，降低或消除早期较高养护温度带来的负效应。在相同养护模式养护下，扩散系数与龄期近似呈幂函数关系，且扩散系数随龄期的增加而减小。在不同养护模式下，混凝土氯离子扩散系数发展与成熟度关系密切。对于确定的混凝土配合比，可以通过测定混凝土的成熟度来推定氯离子扩散系数，也可反过来进一步优化对于抗氯离子扩散有特殊要求的混凝土配合比。

(2) 探明了不同养护模式下大掺量粉煤灰混凝土的抗硫酸盐侵性能和微观物相及结构演变规律。在硫酸盐作用下，粉煤灰掺量为0%、30%和50%的试件抗压强度均随时间先增大后减小，增大期的抗压强度最大增加值顺序为PC>FA30>FA50，减小期的抗压强度低于初始强度的时间顺序为PC<FA30<FA50。粉煤灰掺量为70%的试件在硫酸钠侵蚀下抗压强度仍随时间持续缓慢增长。不同养护模式养护的试件抗压强度变化规律与标准养护接近，大掺量的粉煤灰减小了养护模式对硫酸盐侵蚀造成的强度变化的敏感性。浸泡在硫酸钠溶液中之后，试件在各个阶段的膨胀率大小顺序为PC>FA50>FA30>FA70，其中

PC试件测试结果远大于掺粉煤灰的试件测试结果，粉煤灰掺量为30%和50%的试件测试结果较为相近，粉煤灰掺量为70%的试件测试结果略小，尤其是测试后期增长仍缓慢。试件中硫酸钠侵蚀的主要产物为钙矾石和石膏。在6个月的侵蚀龄期下，各试件石膏含量均较少，不易发现。侵蚀后不掺粉煤灰试件中钙矾石含量较多，粉煤灰掺量越大，侵蚀区的钙矾石含量越少。

(3) 提出了基于EIS的大掺量粉煤灰混凝土冻融损伤程度评价方法和冻融损伤深度计算方法。在冻融作用下，混凝土的连通路径电阻随着循环次数增加而减小，且呈良好的线性关系，可用冻融前后连通路径电阻残余量来评价冻融损伤程度。用EIS法评价混凝土冻融损伤程度时，可认为混凝土连通路径电阻残余量在77%以上为轻度破坏，55%以下为严重破坏。采用冻融循环作用下的混凝土等效电路模型拟合混凝土试样的EIS数据，可以计算出冻融损伤深度。

(4) 提出了基于成熟度的大掺量粉煤灰混凝土碳化系数计算方法，建立了基于等效龄期的大掺量粉煤灰混凝土碳化深度预测模型。标准养护下碳化系数和成熟度具有良好的相关性，进行龄期一成熟度转换后，不同养护模式下的碳化系数均在拟合曲线附近，可以用标准养护下的碳化系数随成熟度发展曲线来推测不同养护模式下的大掺量粉煤灰混凝土碳化系数，从拟合曲线参数值还可得到最终碳化系数。依靠标准养护下碳化系数与龄期关系求得不同养护模式下在不同龄期时的碳化系数，进而计算出不同龄期下的碳化深度。

9.3 展望

本书研究了不同养护模式对大掺量粉煤灰混凝土的耐久性和力学影响，由于受到研究时间等限制，尚有较多内容有待后续展开深入研究。

(1) 本书研究中只采用了一种粉煤灰、一种水胶比。后续研究应扩大混凝土的配合比范围，同时拓展研究除本书之外的其他耐久性，如溶蚀、疲劳等。

(2) 进一步开展养护模式下多因素耦合作用下的大掺量粉煤灰混凝土耐久性影响研究。混凝土结构在实际运行中受到的耐久性降低破坏，基本都是多因素耦合造成的。在复杂环境下，一种耐久性内容的研究难以满足工程实际的需要，有必要进一步开展养护模式下多因素耦合作用下的大掺量粉煤灰混凝土耐久性影响研究。

(3) 本书研究大掺量粉煤灰混凝土硫酸盐侵蚀性能时只考察了全浸泡侵蚀下的影响，而由于半浸泡侵蚀时粉煤灰掺量越大、破坏越严重，后续研究须展开浸泡方式、离子种类等因素的影响。

(4) 本书研究提出的大掺量粉煤灰混凝土冻融深度预测方法需要进一步比较验证,研究不同的混凝土形状和尺寸对结果的影响,采用其他测试方法或手段确定实际破坏深度。

(5) 大掺量粉煤灰混凝土中粉煤灰水化反应程度较低,导致凝胶含量少,孔结构较差。后续研究应考虑掺加激发剂或其他掺合料,同时考虑养护模式的影响。

参考文献

[1] 蒋林华. 土木工程材料[M]. 北京：科学出版社，2014.

[2] HABERT G, D'ESPINOSE DE LACAILLERIE J B, ROUSSEL N. An environmental evaluation of geopolymer based concrete production: Reviewing current research trends[J]. Journal of Cleaner Production, 2011, 19(11): 1229-1238.

[3] DAVIS R E, KELLY J W, TROXELL G E, et al. Properties of mortars and concretes containing Portland-pozzolan cement[J]. Aci Structural Journal, 1935 (7).

[4] 谷章昭，杨钱荣，吴学礼. 大掺量粉煤灰混凝土[J]. 粉煤灰，2002，2(14)：25-28.

[5] 钱觉时. 粉煤灰特性与粉煤灰混凝土[M]. 北京：科学出版社，2002.

[6] 赵国藩，金伟良，贡金鑫，等. 结构可靠度理论[M]. 北京：中国建筑工业出版社，2000.

[7] KURDA R, DE BRITO J, SILVESTRE J D. Carbonation of concrete made with high amount of fly ash and recycled concrete aggregates for utilization of CO_2[J]. Journal of CO_2 Utilization, 2019, 29: 12-19.

[8] SHAIKH F U A, SUPIT S W M. Chloride induced corrosion durability of high volume fly ash concretes containing nano particles[J]. Construction and Building Materials, 2015, 99: 208-225.

[9] DINAKAR P, BABU K G, SANTHANAM M. Durability properties of high volume fly ashself compacting concretes[J]. Cement and Concrete Composites, 2008, 30(10): 880-886.

[10] 艾红梅，郭建华，杨晨光，等. 冻融和氯盐侵蚀耦合作用下的大掺量粉煤灰混凝土耐久性探讨[J]. 建材技术与应用，2015(2)：15-18.

[11] 姚立阳，汪潇，杨留栓，等. 路面大掺量粉煤灰混凝土耐久性能研究[J]. 粉煤灰，2013，25(3)：11-13.

[12] 唐强强，杨骞. 大掺量粉煤灰混凝土的耐久性研究探讨[J]. 价值工程，2011，30(21)：105.

[13] 蒋林华. 高掺量粉煤灰混凝土综述[J]. 水利水电科技进展，1998，18(1)：31-34，48.

[14] LONG G C, YANG J G, XIE Y J. The mechanical characteristics of steam-cured high strength concrete incorporating with lightweightaggregate[J]. Construction and Building Materials, 2017, 136: 456-464.

[15] 钱文勋，蔡跃波，张燕迟，等. 养护温度对高掺量粉煤灰水泥浆体水化的影响[J]. 建筑材料学报，2013，16(1)：33-36，75.

[16] 钱文勋，张燕迟，蔡跃波，等. 考虑内部温度历史的大坝混凝土强度发展[J]. 水利水运工程学报，2008

(4): 50-54.

[17] NASIR M, AL-AMOUDI O S B, AL-GAHTANI H J, et al. Effect of casting temperature on strength and density of plain and blended cement concretes prepared and cured under hot weather conditions[J]. Construction and Building Materials, 2016, 112: 529-537.

[18] LIU P, YU Z W, GUO F Q, et al. Temperature response in concrete under natural environment [J]. Construction and Building Materials, 2015, 98: 713-721.

[19] 王怀义,贺传卿. 大掺量Ⅱ级粉煤灰混凝土的冻融性能研究[J]. 粉煤灰,2008,20(4): 35-37.

[20] DURÁN-HERRERA A, JUÁREZ C A, VALDEZ P, et al. Evaluation of sustainable high-volume fly ashconcretes[J]. Cement and Concrete Composites, 2011, 33(1): 39-45.

[21] SAHMARAN M, YAMAN I O. Hybrid fiber reinforced self-compacting concrete with a high-volume coarse fly ash[J]. Construction and Building Materials, 2007, 21(1): 150-156.

[22] SIDDIQUE R. Performance characteristics of high-volume class F fly ashconcrete[J]. Cement and Concrete Research, 2004, 34(3): 487-493.

[23] SIDDIQUE R. Properties of concrete incorporating high volumes of class F fly ash and Sanfibers[J]. Cement and Concrete Research, 2004, 34(1): 37-42.

[24] BALAKRISHNAN B. Durability properties of concrete containing high volume Malaysian flyash[J]. International Journal of Research in Engineering and Technology, 2014, 3(4): 529-533.

[25] YOON S, MONTEIRO P J M, MACPHEE D E, et al. Statistical evaluation of the mechanical properties of high-volume class F fly ashconcretes[J]. Construction and Building Materials, 2014, 54: 432-442.

[26] SARAVANAKUMAR P, DHINAKARAN G. Strength characteristics of high-volume fly ash: Based recycled aggregate concrete[J]. Journal of Materials in Civil Engineering, 2013, 25(8): 1127-1133.

[27] SHAIKH F U A,SUPIT S W M, SARKER P K. A study on the effect of nano silica on compressive strength of high volume fly ash mortars and concretes[J]. Materials & Design, 2014, 60: 433-442.

[28] GESOǦLU M, GÜNEYISI E, ÖZBAY E. Properties of self-compacting concretes made with binary, ternary, and quaternary cementitious blends of fly ash, blast furnace slag, and silica fume [J]. Construction and Building Materials, 2009, 23(5): 1847-1854.

[29] SIDDIQUE R, PRINCE W, KAMALI-BERNARD S, et al. Influence of utilization of high-volume of class F fly ash on the abrasion resistance of concrete[J]. Leonardo Electron Journal Practices and Technologies, 2007, 10: 13-28.

[30] JIANG L H, MALHOTRA V M. Reduction in water demand of non-air-entrained concrete incorporating large volumes of flyash[J]. Cement and Concrete Research, 2000, 30(11): 1785-1789.

[31] SHAIKH F U A, SUPIT S W M. Mechanical and durability properties of high volume fly ash

(HVFA) concrete containing calcium carbonate ($CaCO_3$) nanoparticles[J]. Construction and Building Materials, 2014, 70: 309-321.

[32] DURAN C. Strength properties of high-volume fly ash roller compacted and workable concrete, and influence of curing condition[J]. Cement and Concrete Research, 2005, 35(6): 1112-1121.

[33] WU J H, PU X C, LIU F, et al. High performance concrete with high volume flyash[J]. Key Engineering Materials, 2006, 302/303: 470-478.

[34] AHMARAN M, KESKIN S B, OZERKAN G, et al. Self-healing of mechanically-loaded self consolidating concretes with high volumes of fly ash[J]. Cement and Concrete Composites, 2008, 30 (10): 872-879.

[35] BAERT G, POPPE A M, DE BELIE N. Strength and durability of high-volume fly ashconcrete[J]. Structural Concrete, 2008, 9(2): 101-108.

[36] SUA-IAM G, MAKUL N. Utilization of high volumes of unprocessed lignite-coal fly ash and rice husk ash in self-consolidating concrete[J]. Journal of Cleaner Production, 2014, 78: 184-194.

[37] SILVA P, DE BRITO J. Electrical resistivity and capillarity of self-compacting concrete with incorporation of fly ash and limestone filler[J]. Advances in Concrete Construction, 2013, 1(1): 65-84.

[38] WONGKEO W, THONGSANITGARN P, NGAMJARUROJANA A, et al. Compressive strength and chloride resistance of self-compacting concrete containing high level fly ash and silica fume[J]. Materials & Design, 2014, 64: 261-269.

[39] XU G D, TIAN Q, MIAO J X, et al. Early-age hydration and mechanical properties of high volume slag and fly ash concrete at different curing temperatures[J]. Construction and Building Materials, 2017, 149: 367-377.

[40] KURAD R, SILVESTRE J D, DE BRITO J, et al. Effect of incorporation of high volume of recycled concrete aggregates and fly ash on the strength and global warming potential of concrete[J]. Journal of Cleaner Production, 2017, 166: 485-502.

[41] VELANDIA D F, LYNSDALE C J, PROVIS J L, et al. Effect of mix design inputs, curing and compressive strength on the durability of Na_2SO_4-activated high volume fly ash concretes[J]. Cement and Concrete Composites, 2018, 91: 11-20.

[42] SUPIT S W M, SHAIKH F U A, SARKER P K. Effect of ultrafine fly ash on mechanical properties of high volume fly ash mortar[J]. Construction and Building Materials, 2014, 51: 278-286.

[43] MOON G D, OH S, CHOI Y C. Effects of the physicochemical properties of fly ash on the compressive strength of high-volume fly ashmortar[J]. Construction and Building Materials, 2016, 124: 1072-1080.

[44] SUKUMAR B, NAGAMANI K, SRINIVASA R R. Evaluation of strength at early ages of self-

compacting concrete with high volume flyash[J]. Construction and Building Materials, 2008, 22(7): 1394-1401.

[45] DAKHANE A, TWEEDLEY S, KAILAS S, et al. Mechanical and microstructural characterization of alkali sulfate activated high volume fly ash binders[J]. Materials & Design, 2017, 122: 236-246.

[46] YU J, LU C, LEUNG C K Y, et al. Mechanical properties of green structural concrete with ultrahigh-volume fly ash[J]. Construction and Building Materials, 2017, 147: 510-518.

[47] GHOLAMPOUR A, OZBAKKALOGLU T. Performance of sustainable concretes containing very high volume class-F fly ash and ground granulated blast furnace slag[J]. Journal of Cleaner Production, 2017, 162: 1407-1417.

[48] RAGHU P B K, ESKANDARI H, VENKATARAMA R B V. Prediction of compressive strength of SCC and HPC with high volume fly ash using ANN[J]. Construction and Building Materials, 2009, 23(1): 117-128.

[49] AMMASI A K, RAGUL. Strength and durability of high volume fly ash in engineered cementitious composites[J]. Materials Today: Proceedings, 2018, 5(11): 24050-24058.

[50] ŞAHMARAN M, YAMAN İ Ö, TOKYAY M. Transport and mechanical properties of self consolidating concrete with high volume fly ash[J]. Cement and Concrete Composites, 2009, 31(2): 99-106.

[51] WANG X Y, PARK K B. Analysis of compressive strength development of concrete containing high volume flyash[J]. Construction and Building Materials, 2015, 98: 810-819.

[52] 张扬,陈兵,赵社戌,等. 高掺量粉煤灰混凝土抗压强度的试验研究及回归分析[J]. 混凝土,2017(10): 56-57,67.

[53] 史静. 大掺量粉煤灰混凝土的力学性能研究[J]. 粉煤灰综合利用,2018,32(3): 68-70,75.

[54] 张雪松. 大掺量粉煤灰混凝土的早期强度研究[J]. 粉煤灰综合利用,2010,24(2): 26-28.

[55] 胡邦胜. 高寒地区大掺量粉煤灰混凝土的抗冻性能研究[D]. 重庆: 重庆交通大学,2017.

[56] 王祖琦,刘娟红,侯芳芳. 膨胀剂掺量及养护时间对大掺量粉煤灰混凝土强度的影响[J]. 江西建材,2014(12): 191-196.

[57] SHAIKH F U A, SUPIT S W M. Compressive strength and durability properties of high volume fly ash (HVFA) concretes containing ultrafine fly ash (UFFA)[J]. Construction and Building Materials, 2015, 82: 192-205.

[58] LIU M, TAN H B, HE X Y. Effects of nano-SiO_2 on early strength and microstructure of steam-cured high volume fly ash cement system[J]. Construction and Building Materials, 2019, 194: 350-359.

[59] SHAIKH F U A, SHAFAEI Y, SARKER P K. Effect of nano and micro-silica on bondbehaviour of steel and polypropylene fibres in high volume fly ash mortar[J]. Construction and Building Materials, 2016, 115: 690-698.

[60] MEI J P, TAN H B, LI H N, et al. Effect of sodium sulfate and nano-SiO_2 on hydration and microstructure of cementitious materials containing high volume fly ash under steam curing[J]. Construction and Building Materials, 2018, 163: 812-825.

[61] ZHANG M H, ISLAM J. Use of nano-silica to reduce setting time and increase early strength of concretes with high volumes of fly ash or slag[J]. Construction and Building Materials, 2012, 29: 573-580.

[62] LISANTONO A, WIGROHO H Y, PURBA R A. Shear behavior of high-volume fly ash concrete as replacement of Portland cement in RC beam[J]. Procedia Engineering, 2017, 171: 80-87.

[63] AREZOUMANDI M, VOLZ J S. Effect of fly ash replacement level on the shear strength of high-volume fly ash concrete beams[J]. Journal of Cleaner Production, 2013, 59: 120-130.

[64] AREZOUMANDI M, VOLZ J S, ORTEGA C A, et al. Effect of total cementitious content on shear strength of high-volume fly ash concrete beams[J]. Materials & Design, 2013, 46: 301-309.

[65] 李杰. 大掺量粉煤灰混凝土弹性模量试验研究[D]. 杨凌：西北农林科技大学，2010.

[66] 周艳. 大掺量粉煤灰混凝土的干燥收缩性能研究[D]. 杨凌：西北农林科技大学，2010.

[67] 郑剑之，陈楚鹏，刘青. 高掺量粉煤灰混凝土的收缩性能研究[J]. 北方交通，2015(6)：67-69.

[68] 陈波，张亚梅，郭丽萍. 大掺量粉煤灰混凝土干燥收缩性能[J]. 东南大学学报（自然科学版），2007，37(2)：334-338.

[69] 李飞. 混凝土早期约束应力发展与松弛过程研究[D]. 北京：清华大学，2009.

[70] KRISTIAWAN S A, NUGROHO A P. Creep behaviour of self-compacting concrete incorporating high volume fly ash and its effect on the long-term deflection of reinforced concrete beam[J]. Procedia Engineering, 2017, 171: 715-724.

[71] KRISTIAWAN S A, ADITYA M T M. Effect of high volume fly ash on shrinkage of self-compacting concrete[J]. Procedia Engineering, 2015, 125: 705-712.

[72] 艾红梅，孔靖勋，卢洪正，等. 大掺量粉煤灰海工混凝土耐久性探讨[J]. 建材技术与应用，2014(2)：21-25.

[73] APOSTOLOPOULOS C A, PAPADAKIS V G. Consequences of steel corrosion on the ductility properties of reinforcement bar[J]. Construction and Building Materials, 2008, 22(12): 2316-2324.

[74] ANGST U, ELSENER B, LARSEN C K, et al. Critical chloride content in reinforced concrete: A review[J]. Cement and Concrete Research, 2009, 39(12): 1122-1138.

[75] SHI X M, XIE N, FORTUNE K, et al. Durability of steel reinforced concrete in chloride environments: Anoverview[J]. Construction and Building Materials, 2012, 30: 125-138.

[76] 徐鹏，张岩，荆杰，等. 混凝土中氯离子侵蚀综述[J]. 混凝土，2017(9)：45-48.

[77] 冯庆革，姜丽，李浩璇，等. 不同水胶比下粉煤灰混凝土抗氯盐及碳化腐蚀性能研究[J]. 混凝土，2011(9)：44-46.

[78] 杨义，童张法，冯庆革，等. 大掺量高性能混凝土的抗氯离子渗透特性[J]. 武汉理工大学学报，2010，

32(15)：9-12.

[79] KAYALI O, SHARFUDDIN AHMED M. Assessment of high volume replacement fly ash concrete：Concept of performanceindex[J]. Construction and Building Materials, 2013, 39：71-76.

[80] 杨志伟，曹兴伟，丁华柱，等. 高掺量粉煤灰-硅灰对自密实混凝土抗压强度和抗氯离子渗透性能影响[J]. 建筑科技，2017，1(2)：25-27，52.

[81] 冯庆革，陈正，杨绿峰，等. 大掺量粉煤灰高性能混凝土中氯离子扩散研究[C]. 中国河南焦作，中国硅酸盐学会水泥分会首届学术年会，2009.

[82] 李飞，覃维祖. 大掺量粉煤灰混凝土抗氯离子侵蚀性能的试验研究[J]. 商品混凝土，2008(1)：24-26.

[83] 蒋琼明，杨绿峰，陈正. 粉煤灰掺量对氯盐环境下高性能混凝土服役寿命的影响[J]. 科学技术与工程，2018，18(24)：133-138.

[84] 彭艳周，刘俊，徐港，等. 粉煤灰掺量对膨胀混凝土抗冻性和抗氯离子渗透性的影响[J]. 三峡大学学报(自然科学版)，2019，41(1)：60-64.

[85] 张景华，田莉梅，于来刚. 大掺量粉煤灰混凝土氯离子渗透试验分析[J]. 粉煤灰综合利用，2014，28(4)：37-38.

[86] LIU J, OU G F, QIU Q W, et al. Chloride transport and microstructure of concrete with/without fly ash under atmospheric chloride condition[J]. Construction and Building Materials, 2017, 146：493-501.

[87] DONG B Q, GU Z T, QIU Q W, et al. Electrochemical feature for chloride ion transportation in fly ash blended cementitious materials[J]. Construction and Building Materials, 2018, 161：577-586.

[88] QIAO C Y, SURANENI P, NATHALENE WEI YING T, et al. Chloride binding of cement pastes with fly ash exposed to $CaCl_2$ solutions at 5 and 23 ℃[J]. Cement and Concrete Composites, 2019, 97：43-53.

[89] THOMAS M D A, HOOTON R D, SCOTT A, et al. The effect of supplementary cementitious materials on chloride binding in hardened cementpaste[J]. Cement and Concrete Research, 2012, 42(1)：1-7.

[90] 于永齐，赵晓娜. 粉煤灰掺量对混凝土抗氯离子侵蚀性能的试验研究[J]. 山东工业技术，2018(2)：207，203.

[91] SUPIT S W M, SHAIKH F U A. Durability properties of high volume fly ash concrete containing nano-silica[J]. Materials and Structures, 2015, 48(8)：2431-2445.

[92] KARAHAN O. Transport properties of high volume fly ash or slag concrete exposed to high temperature[J]. Construction and Building Materials, 2017, 152：898-906.

[93] HIGGINS D D, CRAMMOND N J. Resistance of concrete containing ggbs to the thaumasite form of sulfate attack[J]. Cement and Concrete Composites, 2003, 25(8)：921-929.

[94] ZHANG Y S, SUN W, LIU Z Y, et al. One and two dimensional chloride ion diffusion of fly ash

concrete under flexural stress[J]. Journal of Zhejiang University: Science A, 2011, 12(9): 692-701.

[95] RAMYAR K, INAN G. Sodium sulfate attack on plain and blended cements[J]. Building and Environment, 2007, 42(3): 1368-1372.

[96] ABD EL AZIZ M, ABD EL ALEEM S, HEIKAL M, et al. Hydration and durability of sulphate-resisting and slag cement blends in Caron's Lakewater[J]. Cement and Concrete Research, 2005, 35(8): 1592-1600.

[97] 聂宇,杜文汉,王孟,等.不同掺量粉煤灰及再生粗骨料混凝土在硫酸盐侵蚀下的抗压强度研究[J].江西建材,2014(20): 4-5.

[98] BINGÖL A F, BALANEJI H H. Determination of sulfate resistance of concretes containing silica fume and fly ash[J]. Iranian Journal of Science and Technology, Transactions of Civil Engineering, 2019, 43(1): 219-230.

[99] 苏建彪,唐新军,刘向楠,等.水胶比及粉煤灰掺量对混凝土抗硫酸盐、镁盐双重侵蚀性能的影响[J].粉煤灰综合利用,2014,28(5): 30-32.

[100] LIU S H, YAN P Y, FENG J W. Effect of limestone powder and fly ash on magnesium sulfate resistance of mortar[J]. Journal of Wuhan University of Technology (Materials Science Edition), 2010, 25(4): 700-703.

[101] LI Y, WANG R J, LI S Y, et al. Resistance of recycled aggregate concrete containing low-and high-volume fly ash against the combined action of freeze: Thaw cycles and sulfate attack [J]. Construction and Building Materials, 2018, 166: 23-34.

[102] YANG YY, CUI Z D, LI X Q, et al. Development and materials characteristics of fly ash-slag-based grout for use in sulfate-rich environments[J]. Clean Technologies and Environmental Policy, 2016, 18(3): 949-956.

[103] NGUYEN H A, CHANG T P, SHIH J Y. Effects of sulfate rich solid wasteactivator on engineering properties and durability of modified high volume fly ash cement based SCC[J]. Journal of Building Engineering, 2018, 20: 123-129.

[104] VELANDIA D F, LYNSDALE C J, PROVIS J L, et al. Evaluation of activated high volume fly ash systems using Na_2SO_4, lime and quicklime in mortars with high loss on ignition fly ashes[J]. Construction and Building Materials, 2016, 128: 248-255.

[105] NGUYEN H A. Utilization of commercial sulfate to modify early performance of high volume fly ash based binder[J]. Journal of Building Engineering, 2018, 19: 429-433.

[106] 严捍东,孙伟,李钢.大掺量粉煤灰水工混凝土的气泡参数和抗冻性研究[J].工业建筑,2001,31(8): 46-48,73.

[107] TOUTANJI H, DELATTE N, AGGOUN S, et al. Effect of supplementary cementitious materials on the compressive strength and durability of short-term cured concrete[J]. Cement and Concrete Research, 2004, 34(2): 311-319.

[108] 班瑾,韩明珍,张晶磊,等.含气量对粉煤灰混凝土抗冻性能影响的研究[J].水资源与水工程学报,2014,25(1):137-139.

[109] 杨文武.海工混凝土抗冻性与抗氯离子渗透性综合评价[D].重庆:重庆大学,2009.

[110] 王鹏,杜应吉.大掺量粉煤灰混凝土抗渗抗冻耐久性研究[J].混凝土,2011(12):76-78.

[111] 秦子鹏,杜应吉,田艳.寒旱区水利工程大掺量粉煤灰混凝土试验研究[J].长江科学院院报,2013,30(9):101-105,118.

[112] 陆建飞.大掺量粉煤灰混凝土冻融循环作用下的力学性能研究[D].杨凌:西北农林科技大学,2011.

[113] GOÑI S, LORENZO M P, GUERRERO A, et al. Calcium hydroxide saturation factors in the pore solution of hydrated Portland cement fly ash pastes[J]. Journal of the American Ceramic Society, 1996, 79(4): 1041-1046.

[114] 刘斌.大掺量粉煤灰混凝土的抗碳化性能[J].混凝土,2003(3):44-48.

[115] 朱艳芳,王培铭.大掺量粉煤灰混凝土的抗碳化性能研究[J].建筑材料学报,1999,2(4):319-323.

[116] 高任清,陈建兵.泵送混凝土的碳化及施工抑制措施的试验研究[J].混凝土,2007(5):80-82,85.

[117] 谢东升.高性能混凝土碳化特性及相关性能的研究[D].南京:河海大学,2005.

[118] 蔡跃波.掺活性掺合料混凝土研究与应用中的几个疑难问题[J].硅酸盐学报,2000,28(S1):52-56.

[119] 钱觉时,孟志良,张兴元.大掺量粉煤灰混凝土抗碳化性能研究[J].重庆建筑大学学报,1999,21(1):5-9.

[120] 陈金平.大掺量粉煤灰高性能混凝土碳化性能研究[J].施工技术,2010,39(4):87-89.

[121] 张小艳,许建民,杜应吉.大掺量粉煤灰混凝土的抗碳化性能研究[D].杨凌:西北农林科技大学,2010.

[122] 宋少民,李红辉,邢峰.大掺量粉煤灰混凝土抵抗碳化和钢筋锈蚀研究[J].武汉理工大学学报,2008,30(8):38-42.

[123] 黄春霞.大掺量粉煤灰混凝土碳化深度预测模型试验研究[D].咸阳:西北农林科技大学,2011.

[124] 阎培渝,王强.变温条件下粉煤灰对混凝土抗压强度的影响[J].混凝土,2008(3):1-3.

[125] 王成祥.二滩拱坝混凝土温度控制[J].水电站设计,1997,13(4):107-110.

[126] KLAUSEN A E, KANSTAD T, BJøNTEGAARD Ø, et al. The effect of realistic curing temperature on the strength and E-modulus of concrete[J]. Materials and Structures, 2018, 51(6): 168.

[127] Yan P Y, Wang Q. Influence of fly ash on the compressive strength of concrete under temperature match curing conditions[J]. Concrete, 2008, 3: 1-3.

[128] HAN F H, ZHANG Z Q. Hydration, mechanical properties and durability of high-strength concrete under different curing conditions[J]. Journal of Thermal Analysis and Calorimetry, 2018, 132(2): 823-834.

[129] BENTZ D P, STUTZMAN P E, ZUNINO F. Low-temperature curing strength enhancement in cement-based materials containing limestone powder[J]. Materials and Structures, 2017, 50

(3)：173.

[130] MUNAF D R, BESARI M S, IQBAP M M, et al. The mechanical properties of fly ash concrete prepared and cured at high temperatures[J]. ASEAN Journal on Science and Technology for Development, 2017, 18(2).

[131] BOUGARA A, LYNSDALE C, MILESTONE N B. The influence of slag properties, mix parameters and curing temperature on hydration and strength development of slag/cement blends[J]. Construction and Building Materials, 2018, 187：339-347.

[132] WANG Q, SHI M X, WANG D Q. Influence of elevated curing temperature on the properties of cement paste and concrete at the same hydration degree[J]. Journal of Wuhan University of Technology (Materials Science Edition), 2017, 32(6)：1344-1351.

[133] LI G, YAO F, LIU P, et al. Long-term carbonation resistance of concrete under initial high-temperature curing[J]. Materials and Structures, 2016, 49(7)：2799-2806.

[134] PICHLER C, SCHMID M, TRAXL R, et al. Influence of curing temperature dependent microstructure on early-age concrete strength development[J]. Cement and Concrete Research, 2017, 102：48-59.

[135] SOUTSOS M, HATZITHEODOROU A, KANAVARIS F, et al. Effect of temperature on the strength development of mortar mixes with GGBS and fly ash[J]. Magazine of Concrete Research, 2017, 69(15)：787-801.

[136] SOUTSOS M, KANAVARIS F, HATZITHEODOROU A. Critical analysis of strength estimates from maturity functions[J]. Case Studies in Construction Materials, 2018, 9：183.

[137] UPADHYAYA S, GOULIAS D, OBLA K. Maturity-based field strength predictions of sustainable concrete using high-volume fly ash as supplementary cementitious material[J]. Journal of Materials in Civil Engineering, 2015, 27(5)：04014165.

[138] HAN M C, SHIN B C. Effect of curing temperature on early age strength development of the concrete using flyash[J]. Journal of Environmental Science International, 2010, 19(1)：105-114.

[139] MI Z X, HU Y, LI Q B, et al. Maturity model for fracture properties of concrete considering coupling effect of curing temperature and humidity[J]. Construction and Building Materials, 2019, 196：1-13.

[140] ZHAO Z F, CHEN J, WANG W L, et al. Research on cracking resistance behavior of high volume fly ash concrete at early ages under two temperature histories[J]. Journal of Zhejiang University of Technology, 2017(4)：449-453.

[141] SHEN D J, JIANG J L, SHEN J X, et al. Influence of curing temperature on autogenous shrinkage and cracking resistance of high-performance concrete at an earlyage[J]. Construction and Building Materials, 2016, 103：67-76.

[142] FANG G H, HO W K, TU W L, et al. Workability and mechanical properties of alkali-activated fly

ash-slag concrete cured at ambient temperature[J]. Construction and Building Materials, 2018, 172: 476-487.

[143] ALMUHSIN B, AL-ATTAR T, HASAN Q. Effect of discontinuous curing and ambient temperature on the compressive strength development of fly ash based Geopolymer concrete[C]// MATEC Web of Conferences, 2018, 162: 2026.

[144] JONSSON J A, OLEK J. Effect of temperature-match-curing on freeze-thaw and scaling resistance of high-strength concrete[J]. Cement, Concrete, and Aggregates, 2004, 26(1): 1-5.

[145] AL-ASSADI G, CASATI M J, GÁLVEZ J C, et al. The influence of the curing conditions of concrete on durability after freeze-thaw accelerated testing[J]. Materiales de Construcción, 2015, 65 (320): 67.

[146] AL-ASSADI G, CASATI M J, FERNÁNDEZ J, et al. Effect of the curing conditions of concrete on the behaviour under freeze-thaw cycles [J]. Fatigue & Fracture of Engineering Materials & Structures, 2011, 34(7): 461-469.

[147] MARDANI-AGHABAGLOU A, ANDIÇ-ÇAKIR Ö, RAMYAR K. Freeze-thaw resistance and transport properties of high-volume fly ash roller compacted concrete designed by maximum density method[J]. Cement and Concrete Composites, 2013, 37: 259-266.

[148] YANG Q B, YANG Q R, ZHU P R. Scaling and corrosion resistance of steam-cured concrete[J]. Cement and Concrete Research, 2003, 33(7): 1057-1061.

[149] TIAN Y G, LI W G, PENG B, et al. Influence of steam-curing regimes on the freezing-thawing resistance of high strength concrete[J]. Journal of Building Materials, 2010, 13(4): 515-519.

[150] LIU H F, MA X W, HUANG F J. Effect of admixture on the frost resistance of steam-curing concrete[J]. Applied Mechanics and Materials, 2011, 99: 1222-1227.

[151] 张凯,王起才,王庆石,等.3 ℃养护下引气混凝土早期强度及抗冻性能研究[J].工业建筑,2015(2):5.

[152] ZHANG Z Q, LI M Y, WANG Q. Influence of high-volume mineral mixtures and the steam-curing temperatures on the properties of precast concrete[J]. Indian Journal of Engineering and Materials Sciences, 2017(5): 397-405.

[153] SO H S, CHOI S H, SEO C S, et al. Influence of temperature on chloride ion diffusion of concrete [J]. Journal of the Korea Concrete Institute, 2014, 26(1): 71-78.

[154] AL-ALAILY H S, HASSAN A A A. A study on the effect of curing temperature and duration on rebar corrosion[J]. Magazine of Concrete Research, 2018, 70(5): 260-270.

[155] MALTAIS Y, MARCHAND J. Influence of curing temperature on cement hydration and mechanical strength development of fly ashmortars [J]. Cement and Concrete Research, 1997, 27 (7): 1009-1020.

[156] 宁逢伟.基于实际养护模式的大坝混凝土抗裂性研究[D].南京:南京水利科学研究院,2013.

[157] 钱文勋.考虑温度历史的大掺量粉煤灰水化及其碱环境稳定性研究[D].南京:南京水利科学研究

院,2012.

[158] MO L W, DENG M, TANG M S, et al. MgO expansive cement and concrete in China: Past, present and future[J]. Cement and Concrete Research, 2014, 57: 1-12.

[159] GAO P W, LU X L, GENG F, et al. Production of MgO-type expansive agent in dam concrete by use of industrial by-products[J]. Building and Environment, 2008, 43(4): 453-457.

[160] 袁明道.外掺氧化镁微膨胀混凝土变形特性研究[D].武汉:武汉大学,2013.

[161] 李承木,陈学茂.外掺 MgO 混凝土基本力学性能的温度效应[J].水力发电,2006,32(8):31-33,37.

[162] 李承木,杨元慧.氧化镁混凝土自生体积变形的长期观测结果[J].水利学报,1999,30(3):54-58.

[163] 陈胡星,叶青,孙家平,等.粉煤灰对双膨胀水泥膨胀性能的影响[J].材料科学与工程,2000,18(3):70-72,47.

[164] GAO P W, XU S Y, CHEN X, et al. Research on autogenous volume deformation of concrete with MgO[J]. Construction and Building Materials, 2013, 40: 998-1001.

[165] 李维维,陈昌礼,方坤河,等.粉煤灰对外掺氧化镁混凝土压蒸膨胀变形和孔隙结构的影响[J].建筑技术,2014,45(1):80-83.

[166] 单继雄,陈伟,田亚坡,等.活性氧化镁对碱矿渣混凝土抗碳化性能影响研究[J].武汉理工大学学报,2015,37(1):10-15.

[167] 任金来.外掺氧化镁对混凝土耐久性的影响研究[J].江西建材,2015(13):6-7.

[168] 李鹏辉,许维.外掺氧化镁碾压混凝土抗冻性能试验研究[J].混凝土与水泥制品,2003(3):15-17.

[169] CHOI S W, JANG B S, KIM J H, et al. Durability characteristics of fly ash concrete containing lightly-burnt MgO[J]. Construction and Building Materials, 2014, 58: 77-84.

[170] 李承木.高掺粉煤灰对氧化镁混凝土自生体积变形的影响[J].四川水力发电,2000,19(S1):72-75.

[171] SAUL A G A. Principles underlying the steam curing of concrete at atmospheric pressure[J]. Magazine of Concrete Research, 1951, 2(6): 127-140.

[172] KIM J K, HAN S H, PARK S K. Effect of temperature and aging on the mechanical properties of concrete part Ⅱ. prediction model[J]. Cement and Concrete Research, 2002, 32(7): 1095-1100.

[173] 谭克锋,刘涛.早期高温养护对混凝土抗压强度的影响[J].建筑材料学报,2006,9(4):473-476.

[174] TANG L P, NILSSON L O. Chloride binding capacity and binding isotherms of OPC pastes and mortars[J]. Cement and Concrete Research, 1993, 23(2): 247-253.

[175] TANG L P, NILSSON L. Chloride diffusivity in high strength concrete at differentages[J]. Nordic Concrete Research, 1992, 11: 162-171.

[176] TANG L P, GULIKERS J. On the mathematics of time-dependent apparent chloride diffusion coefficient inconcrete[J]. Cement and Concrete Research, 2007, 37(4): 589-595.

[177] MANGAT P S, MOLLOY B T. Prediction of long term chloride concentration inconcrete[J]. Materials and Structures, 1994, 27(6): 338-346.

[178] JIANG L H, LIN B Y, CAI Y B. A model for predicting carbonation of high-volume fly ash concrete

[J]. Cement and Concrete Research, 2000, 30(5): 699-702.

[179] 张邦庆. 电场作用下结合氯离子失稳特性及高效电脱盐方法研究[D]. 南京：河海大学，2016.

[180] XIONG C S, JIANG L H, SONG Z J, et al. Influence of cation type on deterioration process of cement paste in sulfate environment[J]. Construction and Building Materials, 2014, 71: 158-166.

[181] VAN DEN HEEDE P, GRUYAERT E, DE BELIE N. Transport properties of high-volume fly ash concrete: Capillary water sorption, water sorption under vacuum and gas permeability[J]. Cement and Concrete Composites, 2010, 32(10): 749-756.

[182] 张士萍，邓敏，唐明述. 混凝土冻融循环破坏研究进展[J]. 材料科学与工程学报，2008，26(6)：990-994.

[183] 任旭晨，万小梅，赵铁军. 混凝土冻融及盐冻劣化机理研究进展及模型综述[J]. 混凝土，2012(9)：15-18.

[184] 张士萍，邓敏，吴建华，等. 孔结构对混凝土抗冻性的影响[J]. 武汉理工大学学报，2008，30(6)：56-59.

[185] 张云清，余红发，王甲春. 气泡结构特征对混凝土抗盐冻性能的影响[J]. 华南理工大学学报(自然科学版)，2010，38(11)：7-11.

[186] 余红发，孙伟，张云升，等. 在冻融或腐蚀环境下混凝土使用寿命预测方法 I：损伤演化方程与损伤失效模式[J]. 硅酸盐学报，2008，36(S1)：128-135.

[187] 王立久. 混凝土抗冻耐久性预测数学模型[J]. 混凝土，2009(4)：1-4.

[188] 慕儒. 冻融循环与外部弯曲应力、盐溶液复合作用下混凝土的耐久性与寿命预测[D]. 南京：东南大学，2000.

[189] JIN M, JIANG L H, LU M T, et al. Characterization of internal damage of concrete subjected to freeze-thaw cycles by electrochemical impedance spectroscopy [J]. Construction and Building Materials, 2017, 152: 702-707.

[190] 杨正宏，史美伦. 混凝土冻融循环的交流阻抗研究[J]. 建筑材料学报，1999，2(4)：365-368.

[191] 史美伦，张雄，吴科如. 混凝土中氯离子渗透性测定的电化学方法[J]. 硅酸盐通报，1998，17(6)：55-59，63.

[192] 吴立朋，阎培渝. 水泥基材料氯离子扩散性交流阻抗谱研究方法综述[J]. 硅酸盐学报，2012，40(5)：651-656.

[193] SONG Z J, LIU Y Q, JIANG L H, et al. Determination of calcium leaching behavior of cement pastes exposed to ammonium chloride aqueous solution*via* an electrochemical impedance spectroscopic approach[J]. Construction and Building Materials, 2019, 196: 267-276.

[194] 何兵. 交流阻抗谱监测混凝土膨胀开裂的可行性研究[D]. 重庆：重庆大学，2015.

[195] SONG G L. Equivalent circuit model for AC electrochemical impedance spectroscopy of concrete[J]. Cement and Concrete Research, 2000, 30(11): 1723-1730.

[196] NEITHALATH N, JAIN J. Relating rapid chloride transport parameters of concretes to

microstructural features extracted from electrical impedance[J]. Cement and Concrete Research, 2010, 40(7): 1041-1051.

[197] QIN X C, MENG S P, CAO D F, et al. Evaluation of freeze-thaw damage on concrete material and prestressed concrete specimens[J]. Construction and Building Materials, 2016, 125: 892-904.

[198] 李发千.混凝土成熟度新论[J].混凝土,2002(10):12-14,31.

[199] SINGH N, SINGH S P. Carbonation resistance and microstructural analysis of low and high volume fly ash self compacting concrete containing recycled concrete aggregates[J]. Construction and Building Materials, 2016, 127: 828-842.

[200] KHUNTHONGKEAW J, TANGTERMSIRIKUL S, LEELAWAT T. A study on carbonation depth prediction for fly ash concrete[J]. Construction and Building Materials, 2006, 20(9): 744-753.

[201] 牛建刚,张缜,翟海涛.粉煤灰混凝土碳化理论模型参数研究[J].混凝土,2011(4):48-50.

[202] 王甲春,阎培渝.基于等效龄期的粉煤灰混凝土抗压强度计算模型[J].中山大学学报(自然科学版),2014,53(4):83-87,93.

[203] KIM J K, HAN S H, LEE K M. Estimation of compressive strength by a new apparent activation energy function[J]. Cement and Concrete Research, 2001, 31(2): 217-225.

[204] HAN S H, KIM J K, PARK Y D. Prediction of compressive strength of fly ash concrete by new apparent activation energy function[J]. Cement and Concrete Research, 2003, 33(7): 965-971.

[205] 姚武,王瑞卿.基于隧道效应的CFRC材料的导电模型[J].复合材料学报,2006(5):121-125.